3D 스캐닝 역설계와 쾌속가공

• 이해원 저 •

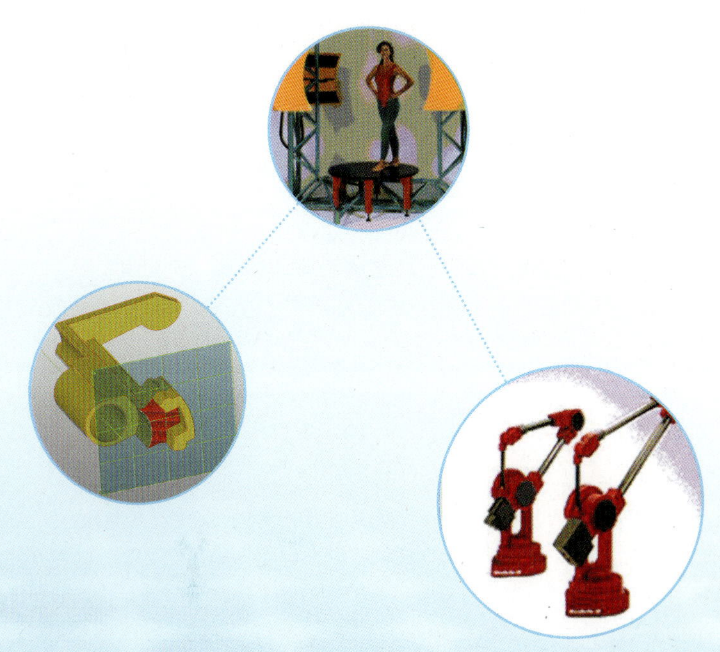

일진사

머리말 foreword

한 나라가 급변하는 사회와 세계 경제 속에서 앞서나가는 기술을 보유하려면 반드시 공업 발달을 위한 꾸준한 노력과 낮은 곳에서 묵묵히 어려운 일을 해내는 기능인들의 힘이 필요하다.

우리나라에는 특히 이런 경향 속에서 기계 공학을 전공하는 공학도가 많아 기계 공업의 괄목할 만한 성장을 이루었으며, 선진 대열에서도 리더 역할을 할 수 있었다. 이는 우리 국력의 신장을 상징하므로 앞으로도 계속 발전하고 성장하여 제일의 자리를 지켜야 할 것이다.

이러한 흐름에 따라 모든 기업들은 모델링과 디자인에 사활을 걸고 성능은 높게, 가격은 낮게 하여 소비자에게 공급함으로써 제품의 질적 경쟁을 하고 있다. 이를 위하여 제품을 상세히 분석하고 기본적인 설계 내용을 추적하는 시스템이 필요하게 되었는데, 그것은 역설계 시스템과 쾌속조형법이다.

이 책은 비접촉방식인 레이저 디자인 스캐너를 조작하여 스캐닝한 후 데이터와 시스옵의 쾌속조형 시스템을 이용하여 디자인한 것을 실물로 만들어 제품의 실용화에 활용함으로써 실무에 적용할 수 있도록 하였다. 역설계와 쾌속조형을 배우는 공학도들과 현장 실무자들에게 도움이 되는 기본서가 되었으면 한다.

끝으로 이 책으로 열심히 공부하는 학생들이 소정의 목표를 달성하기를 바라며 이 책을 출간할 수 있도록 실질적인 도움을 주신 레이저 디자인 이사님과 시스옵 관계자들에게 진심으로 감사를 드린다.

저자 씀

차 례 contents

Chapter >> 01 역공학(Reverse Engineering)

Chapter >> 02 3차원 측정(SSC 프로그램)

Chapter >> 03

NX를 이용한 역설계

Chapter >> 04

검사(Inspection)-Qualify

Chapter >> 05

쾌속조형(Rapid Prototyping)

| 3D Scanning Reverse Engineering & Rapid Prototyping |

C.h.a.p.t.e.r

01 역공학 (Reverse Engineering)

1-1 Reverse Engineering의 정의

역공학은 완성된 제품을 상세하게 분석하여 그 기본적인 설계 내용을 추적하는 것을 말한다. 특히 완성되어 있는 컴퓨터 소프트웨어의 설계 방침이나 내용을 추적하는 것을 말한다. 설계 방침 → 개발 작업 → 제품의 통상적인 공정을 역으로 추적한다는 의미에서 역공학이라고 부른다. 소프트웨어에 대한 역공학 자체는 위법 행위가 아니지만, 이러한 수법을 사용해서 개발한 제품은 지적 재산권을 침해할 위험성이 있다.

Reverse Engineering은 무엇이며, 개발 단계에서 어떠한 단계에 필요한 것인지, 또한 Reverse Engineering이 요구되는 것은 어떠한 것들이 있는지 정의하려 한다.

CAD 분야는 1960년 미국 보잉사의 보잉737 설계에 적용됨으로써 본격적으로 자동차 분야 및 제조 업체에서 활용하고 있다. 그래서 오늘날 CAD는 제조 산업 분야에 있어서 가장 중요하며 신뢰를 받고 있다. 또한 다기능의 효율적인 시스템 개발은 상품의 경쟁력과 비례한다고 볼 수 있으므로 회사의 경쟁력으로까지 표현할 수 있다. Reverse Engineering의 정의를 내리기 이전에 필요성이 부각된 환경에 대해서 거론하면 아래와 같다. 이러한 환경적인 요인이 앞으로의 Reverse Engineering의 중요성을 반영한다.

1 환경적인 요인

❶ 시대 변화에 따른 Design 자유도 향상

• 비선형 곡선 형상의 제품의 CAD 데이터화

❷ 제품 경쟁력을 위한 제품의 고정밀도 추구

• 소비자의 제품에 대한 수준 향상 및 기업 생존의 요소로 부각

❸ 제품 개발 Process의 다양성

• 개발 기간의 단축 및 첨단 장비 활용으로 Process 변화

❹ Digital 데이터에 의한 설계 및 Modeling System

• 모든 설계가 3D 설계 기반으로 변화
• Digital Data Interface 분야의 국제 규격화 추세

1-2 개발 프로세스 내에서의 위치

제조 업체들에게는 Project의 성격에 따라 개발 프로세스가 차이가 있겠지만 일반적인 프로세스로 아래와 같이 간략히 정의하려 한다.

Reverse Engineering은 국내에 처음 소개되면서 역설계(모방 개념)가 주로 이루어졌기 때문에 디자인 단계(점선)에서 많이 활용하였다. 하지만 이러한 기술이 최근에는 점차 다른 개발 단계에까지 적용되면서 설계 및 제품의 품질을 향상시킬 수 있는 Inspection이 새롭게 부각되어 이제는 개발 단계의 전 과정으로 활용하는 필수 Tool로 확대됨에 따라 Reverse Engineering 기술은 제품을 개발하는 과정에서 이제는 세계적으로 아주 중요한 기술이 되었다.

1-3 Reverse Engineering 기법 및 활용도

Reverse Engineering은 프로세스 내에서 역설계와 Inspection(검사)는 가장 중요한 단계로 사용되고 있다. 아래와 같이 정밀성을 요하는 3D 데이터 활용 방법과 데이터의 고정밀도를 요구하는 추세이므로 앞으로는 사용하기 편리하고 신속하며 정밀한 3D Scan 장비가 요구되어 가고 있다.

1 기존의 3차원 측정기(CMM) 활용

❶ Point Data를 사용한 3D Modeling
❷ Model 재질에 따라 Data 정도가 고르지 못하고 미세한 부위의 측정이 상대적으로 용이하지 못함으로 설계 시 어려움
❸ 측정 운영자에 의한 정도의 차이로 신뢰도가 떨어짐
❹ 단순한 길이 측정(전장, 전폭, 원)은 정밀하고 속도가 빠르나 자유곡면은 측정하기 어려움
❺ 단품 측정은 가능하나 조립성 및 변형 측정은 안됨

2 3차원 Laser 측정기 활용

❶ 비접촉 레이저를 이용하여 고정밀도의 Point Data를 얻어 설계하는 방식으로 많은 제조업체에서 활용
❷ 기존 접촉식 측정기로 할 수 없었던 부분까지 분석
❸ 디자인, 설계, 제품 검사까지 아주 다양한 개발 단계에 활용
❹ Data 정도 및 속도에서 활용 가치가 우수
❺ 단품 및 조립성 검사에 탁월
❻ 치수 검사 및 변형 검사까지 활용
❼ 고정밀도를 요하는 자동차 및 전자 산업에서는 Full size로 측정하여 설계에 활용

3 용 도

❶ **도면이 없는 부품 및 제품들의 3D CAD로 데이터화할 수 있다.**

- 제품의 3D & 2D 데이터화
- 시제품 제작 : NC & RP
- 노후 금형 복원

❷ **특정 제품의 Data Copy, 추출, 합성에 의한 새로운 제품을 개발한다.**

- 제품의 특정 부분 데이터화
- Benchmarking에 의한 데이터 활용
- 경쟁사 제품 해석

❸ **Design 및 금형 수정 Update**

- Design Mock-up 수정 부위를 CAD 데이터에 반영

• 수작업으로 수정된 금형 부위를 설계 데이터에 Update

❹ Inspection (검사)

• Try Out(T0, T1, T2) 단계에서 제품 전체를 측정하여 치수 및 조립성 검토
• 설계, 금형 등 여러 가지 조건에 의한 변형량 분석
• 치수 및 변형량 분석 후 설계 데이터로 Feed Back 후 Engineering solution
• 양산 시 Sampling하여 제품 검사
• 완성 제품의 업그레이드 활용

4 적용 분야

❶ 3D Modeling of Various Industrial Parts
❷ 2D & 3D Inspection
❸ FEA Analysis
❹ 3D Visualization / VR
❺ Factory Design and Simulation
❻ Entertainment(Film making)
❼ Jewelry
❽ Medical Application(implant production or surgical simulation)
❾ Civil and Architectural Engineering
❿ Virtual Museum etc

1-4 Reverse Engineering을 위한 기본 INFRA

1 CAID, CAD & Inspection Tool

세계적인 개발 관련 S/W에서 디자인, 설계, 가공 등에 사용하는 Tool은 수백 가지가 있지만 대표적이고 가장 많이 사용하는 S/W는 다음과 같다.

❶ **CAID :** Alias, Maya, Rhino3D, 3D Max, Softimage 등
❷ **CAD :** Uni-Graphics, Catia, Pro-Engineer, ICEM-Surf, Solid Edge, Solid Work 등
❸ **Inspection :** Geomagic, Rapid Form, Ploy work 등

또한, S/W 종류가 다양하지만 Reverse Engineering 분야에서 측정 데이터의 종류에 따라 활용하는 전용 S/W별로 구별하면 다음과 같다.

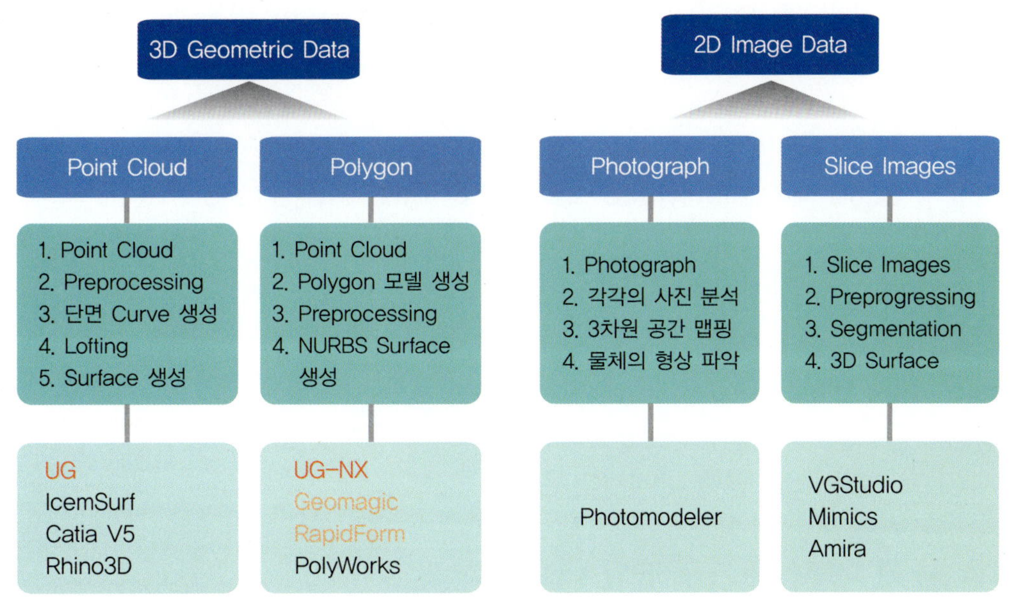

❷ 측정 시스템

대표적인 측정기는 접촉식 3차원 측정기(CMM), 3D 스캐너, CMM, Camera Type이 있으며, 크게 접촉식과 비접촉식으로 나눌 수 있다. 또한 비접촉식 중에서도 Laser를 이용한 방식과 백색광을 이용한 방법이 있다.

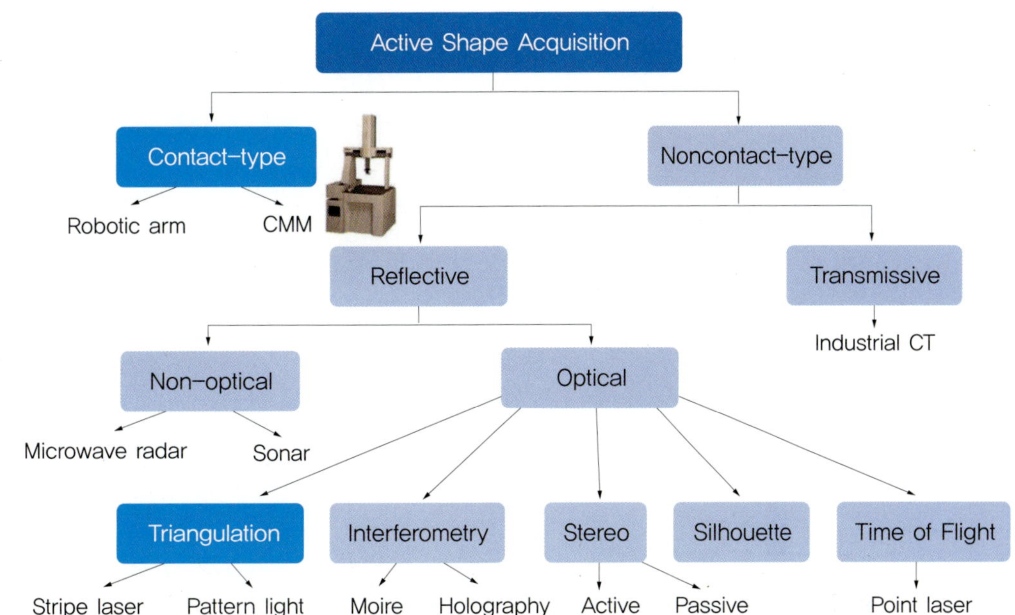

③ 데이터의 Interface

데이터의 정도가 보장되면서 완벽한 Interface를 위한 기본 운용 지식을 요하고 S/W 및 H/W의 운영 시스템에 대해서 전반적인 지식이 필요하다.

❶ **2D 데이터 Interface 포맷 :** DXF, ASCII, DAT 등
❷ **3D 데이터 Interface 포맷 :** STEP, IGES, PRT, VRML, STL 등

1-5 Reverse Engineering의 활용 방안

① Design 단계 내에서의 관점

❶ Design의 자유곡면의 제한 최소화 및 능동성

2D, 3D Tool로도 표현이 어려운 Item은 개발 초기부터 Manual로 개발함으로써 Design 자유도의 제한을 최소화하고 그 데이터를 기초로 한 Digital Design 개발이 가능해졌다.

❷ Design Model의 변경 정도 최대한 반영

변경 부위의 빠른 CAD 데이터로의 반영 및 Engineering 측면 동시 분석 검토 가능

❸ Design Data의 호환성

최종 Physical Model과 Digital Data의 호환성 유지로 업체의 데이터 관리 및 정도에서의 유리한 평가 획득

❹ Design과 Engineering 사이의 유연성

Design과 Engineering 사이에서의 원활한 Communication을 이룰 수 있으므로 전체 프로세스 운영의 유연성을 꾀할 수 있음

② 설계 및 금형 단계 내에서의 관점

❶ 설계 품질 향상

설계 초기부터 완벽한 3D로 설계함으로써 부품 간의 조립성을 검토하고 가공 및 금형의 오류를 최소화하여 설계 단계의 시간을 최소화할 수 있다.

❷ 금형 및 부품 품질 향상

이전의 방법은 금형 단계에서 많은 수작업으로 금형을 직접 수정하는 오류를 범하여 많은 시간과 비용을 지출하였다. 또한 금형을 직접 수정하다 보니 금형의 수명이 짧아지고 부품의 품질 또한 현저히 떨어지는 결과를 초래하여 개발 기간은 늘어나고 비용은 과다하게 지출하는 결과를 낳았다.

❸ 개발 일정 단축

디자인 설계, 금형, 이 모든 단계를 Reverse Engineering 기법으로 Digital 데이터를 확보하여 모든 계발 단계를 검증하고 반영함으로써 3D 데이터의 품질 및 완성도를 향상시킬 수 있다. 금형 제작 시 있을 수 있는 오류를 최소화하여 부품 품질을 향상시키고, 금형 제작 일정을 최소화하여 개발 기간을 단축하는 효과를 얻을 수 있다.

3 별도 프로세스 측면의 관점

❶ Infra 활용으로 별도 영업 전략 가능

❷ Idea 상품 및 자체 Brand 상품 개발 시 외부 의존도 최소화

1-6 Reverse Engineering의 미래

최근 Reverse Engineering 기법은 자동차, 가전, 일반제품, 의료, 항공, 선박 등 산업에 전반적으로 활용하고 그 응용 기술이 발달해 가고 있으며, 이제는 세계적인 필수 기술로 자리를 잡아가고 있다. 유행에 민감하고 라이프 사이클이 짧은 제품들이 많은 시대에는 앞을 내다보며 계획하고 시장 흐름을 선점하기 위한 머리싸움이 산업 현장의 과제가 되었다.

그래서 앞으로 주목할 만한 활용 분야가 역설계이다.

복제활동, 즉 물리적 모델을 재창조하여 디지털 모델에 활용하고 다음에 리모델링 과정을 거친다. 디지털 모델링 작업은 새로운 아이템을 불어넣고 재작업(재가공)을 하는 과정이 된다.

기존의 CAA/CAM/CAE를 활용하는 Digital Mock-up 시스템도 활용되고, 수가공으로 만든 시제품이나 타제품도 역공학의 복제작업 프로세스를 이용하여 구멍(hole), 필릿(fillet) 등의 형상 정보를 재구성하여 시장의 요구에 빠르게 대처할 수 있다.

여기서 간과해서는 안 될 점은 Copy, 복제 등으로 윤리적 · 법적 문제가 정밀하게 발달해 가는 역공학 기술과 S/W 활용으로 악용될 수 있다는 점이다.

활용하고 연구하고 배우는 사람들은 보다 업그레이드 되고 새로운 아이디어가 나오는 신기술 매체로 역공학을 활용 · 발전시켜야 한다.

C.h.a.p.t.e.r

02

3차원 측정
(SSC 프로그램)

2-1 SSC 프로그램 실행하기

❶ SSC(surveyor scan control)을 실행하기 위해 바탕화면에서 ▦을 클릭한다. (Homing)

❷ SSC 초기 화면이 열릴 것이다. 이 화면은 두 부분으로 나눌 수 있다. Data Collection Mode는 Scanning한 데이터(point data의 수, 포인트의 좌표값 등)를 보거나 수정할 수 있는 공간이며, Path Planning Mode는 path plan(스캔을 하기 위해 미리 경로를 설정하는 것, 스캔 경로)을 생성하고 편집할 수 있는 공간이다.

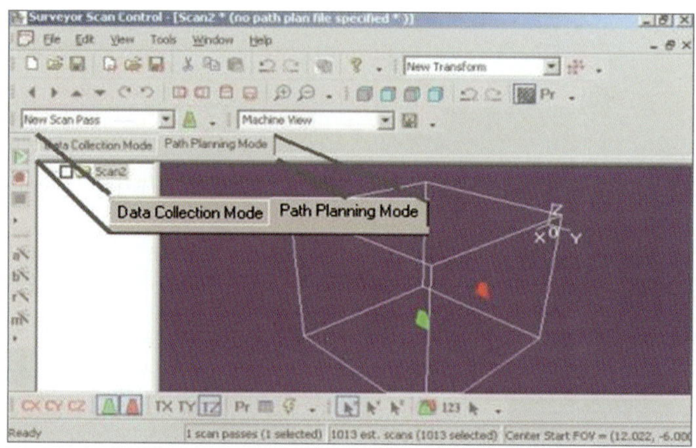

2-2   Probe Alignment

처음 사용을 위해서 Laser Probe Alignment를 해주어야 한다. (0번, 1번 센서의 사용에 있어서 그날의 온도나 습도에 의한 오차값을 줄이고 포인트를 공간상에 정확한 데이터로 인식시켜 주기 위해서이다. 적정 온도 : 19~22°C, 적정 습도 : 40~60%)

❶ 화면의 좌측 부분에서 ▨을 클릭하여 Alignment 화면을 연다.

❷ 다음 그림과 같은 화면이 열릴 것이다. Alignment를 할 때 화면 좌측 위에 sphere diameter를 입력하여야 한다. Alignment ball 사이즈는 Laser Probe 종류마다 틀리므로 아래의 표를 참고한다.

Laser Probe	Ball size	Units
450	12.7(0.5)	mm(in)
150	6.35(0.25)	mm(in)
120	6.35(0.25)	mm(in)

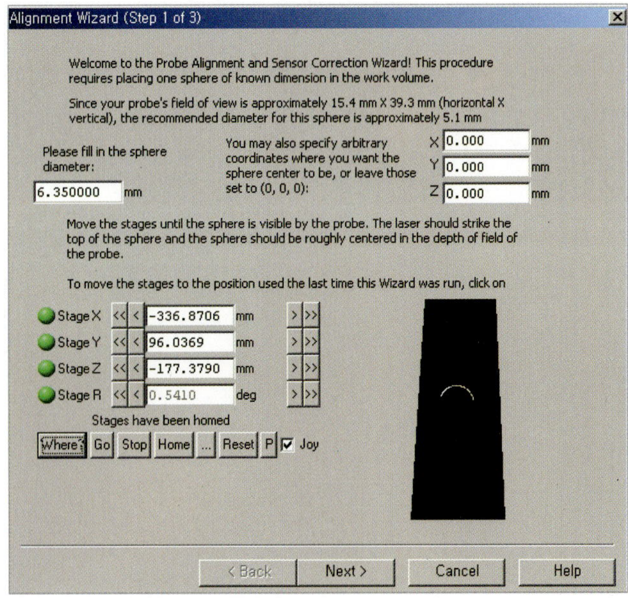

❸ 조이스틱을 사용하여 Laser Probe를 Ball의 중심에 올 수 있도록 이동하여 화면 우측 하단 부위의 사다리꼴의 검정 부분에 하얗게 둥근 반원이 그려지도록 한다. 그림과 같은 상태로 만든 후 [Where?] (현재 레이저 위치값 지정) 버튼을 클릭한다.

❹ [Next>] 버튼을 클릭한다. 아래와 같은 화면이 열릴 것이다.

그림의 화면에서 3rows×3columns 는 Alignment 시에 Ball의 구간을 9개의 구간으로 나누어 Scan한다는 것이다. 4×4, 2×2도 할 수 있지만 default 값으로 둔다.

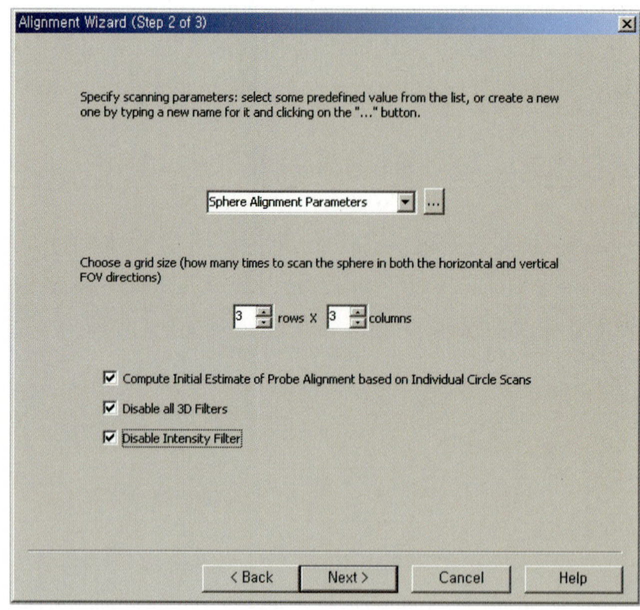

❺ 중앙의 Sphere Alignment Parameter 옆의 [...] 버튼을 클릭하여 Alignment ball scan 의 parameter 값들을 수정한다.

❻ 다음 그림에서는 scan하는 방식과 데이터 포인트 간의 간격을 설정할 수 있다.

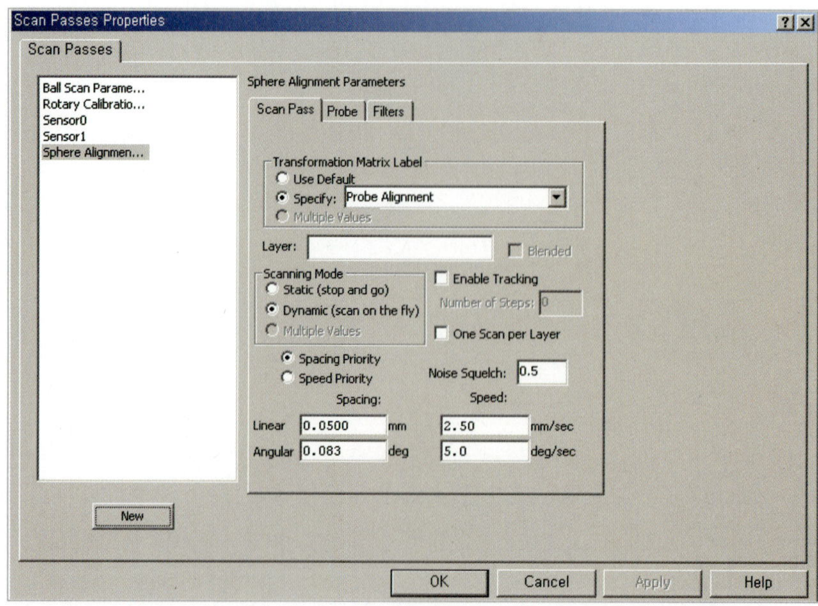

- Scanning Mode는 예전 버전에서 실행되었던 Static(stop and go) 모드와 현재 버전에서 실행되는 Dynamic(scan on the fly) 모드가 있다. Static 버전은 시간이 상당히 오래 걸리므로 Dynamic으로 체크하여 둔다.
- Enable Tracking 모드는 scan한 구간을 선택하였을 때 그 구간을 원하는 간격만큼 숫자를 기입하여 주면 그 숫자만큼 scan pass를 나누어 FOV에 자동으로 data가 중간에 위치하여 scan하므로 일일이 part의 scan 범위를 찾아 scan pass를 만드는 수고를 덜어준다. 하지만 특별히 사용하지 않을 때에는 선택하지 않는다.
- Scanning할 때의 포인트 간의 간격을 설정하기 위해서 Spacing Priority를 선택하고 Spacing의 간격을 0.01~2mm까지 원하는 값을 기입한다. 이 간격에 맞은 Scanning 속도는 자동으로 생성된다. Speed를 설정하고 그것에 맞은 Spacing가 자동으로 생성되도록 하기 위해서는 Speed Priority를 선택한다.

❼ 아래 그림에서는 Laser Probe의 감도 세기를 조절할 수 있다.

- 범위는 0.1~16까지 기입할 수 있고 가장 좋은 Exposure의 값은 line monitor에서 line 주위에 하얀 가로 라인들이 없어질 때까지 수치를 올려준다. 하지만 값을 너무 많이 올리면 라인이 굵어져 정확한 data를 얻기가 힘들므로 적당한 값을 구하도록 하여야 한다.
- [Sensor Number]에서 원하는 센서를 선택한다. (0, 1 sensor)
- [Hdw Read는 현재 설정된 값들을 현재 laser에서 읽어들이는 것이고 [Hdw Write]는 현재 설정된 값들을 기억시키도록 쓰는 것이다.
- [Video]는 laser line monitor의 화면을 프로그램상에서 화면으로 볼 수 있도록 해 준다. [Settings]는 laser의 값을 setting할 수 있는 버튼이다.

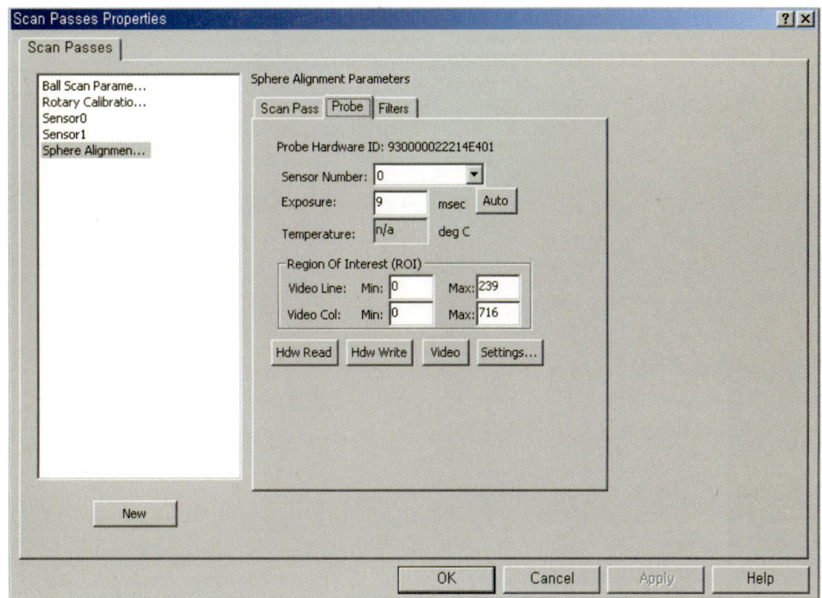

❽ 다음 그림에서는 ball scan 중에 생성되는 데이터 포인트에 적용할 수 있는 filter들을 설정할 수 있다.

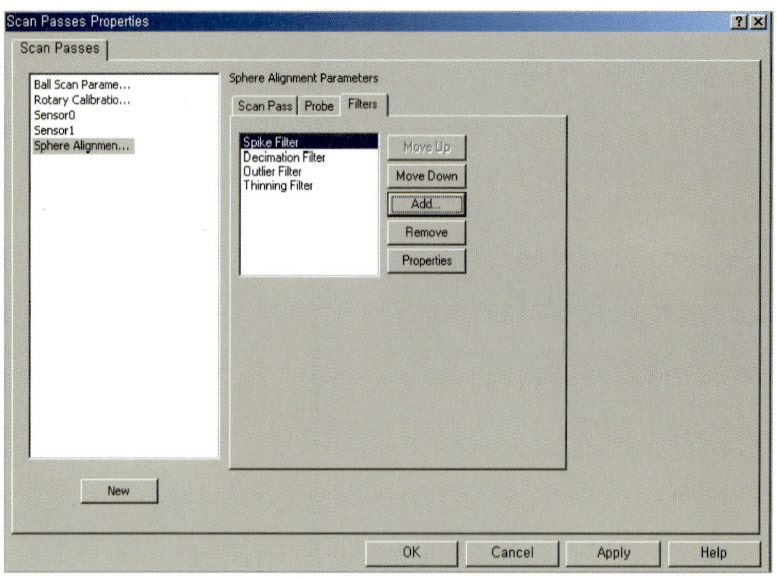

❾ 설정이 완료되면 [Apply] 버튼을 눌러 적용을 한 후 [Next〉]를 클릭한다.

❿ 다음 화면이 열릴 것이다. Offset과 Scaling 부분을 체크한 후 [Finish]를 클릭하여 설정을 마친다. 이제 Alignment가 시작될 것이다.

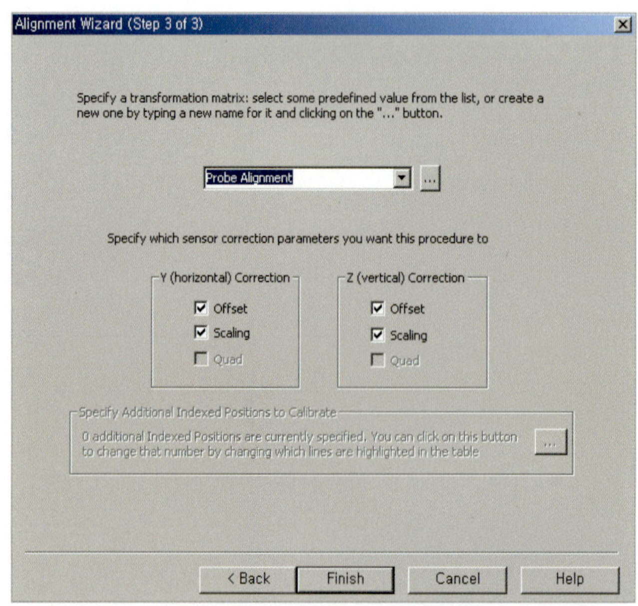

⓫ 완료되면 다음 그림과 같은 화면이 뜬다. [OK]를 클릭하여 보상값을 적용한다.

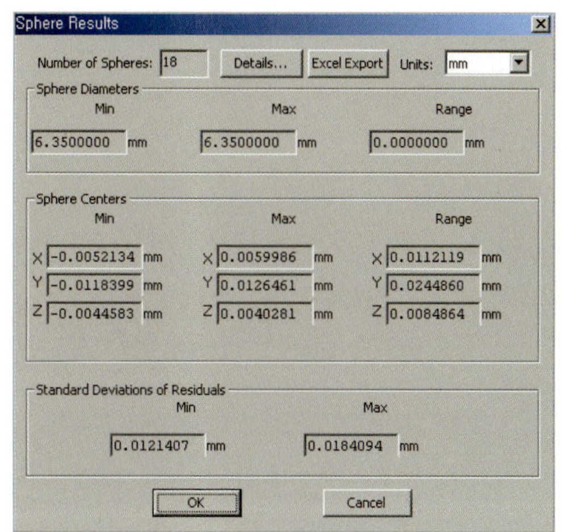

Layer Name	Center X	Center Y	Center Z	Diameter	Standard Devi...
Left 0 Top 0	−0.0044113	0.0060602	0.0030683	6.3500000	0.0121407
Left 0 Top 1	−0.0012965	0.0051127	0.0034706	6.3500000	0.0144103
Left 0 Top 2	0.0059986	0.0058318	0.0040281	6.3500000	0.0148445
Left 1 Top 0	−0.0028843	0.0104971	−0.0000005	6.3500000	0.0127496
Left 1 Top 1	−0.0025491	0.0126461	0.0030140	6.3500000	0.0155524
Left 1 Top 2	0.0022252	0.0060339	−0.0009098	6.3500000	0.0159292
Left 2 Top 0	0.0002804	0.0102742	−0.0041902	6.3500000	0.0132199
Left 2 Top 1	−0.0005912	0.0123647	−0.0044583	6.3500000	0.0154003
Left 2 Top 2	0.0036507	0.0096284	−0.0042427	6.3500000	0.0163376
Left 0 Top 0	0.0053336	−0.0098872	0.0029360	6.3500000	0.0123677
Left 0 Top 1	0.0015056	−0.0072226	0.0029143	6.3500000	0.0160571
Left 0 Top 2	−0.0052134	−0.0067195	0.0028516	6.3500000	0.0182818
Left 1 Top 0	0.0047883	−0.0083003	−0.0032067	6.3500000	0.0123623
Left 1 Top 1	−0.0043358	−0.0106305	−0.0024209	6.3500000	0.0166831
Left 1 Top 2	−0.0038689	−0.0054187	−0.0015324	6.3500000	0.0184094
Left 2 Top 0	0.0046488	−0.0089411	−0.0002755	6.3500000	0.0125183
Left 2 Top 1	−0.0000467	−0.0118399	0.0008352	6.3500000	0.0161929
Left 2 Top 2	−0.0032329	−0.0094872	−0.0018838	6.3500000	0.0178684

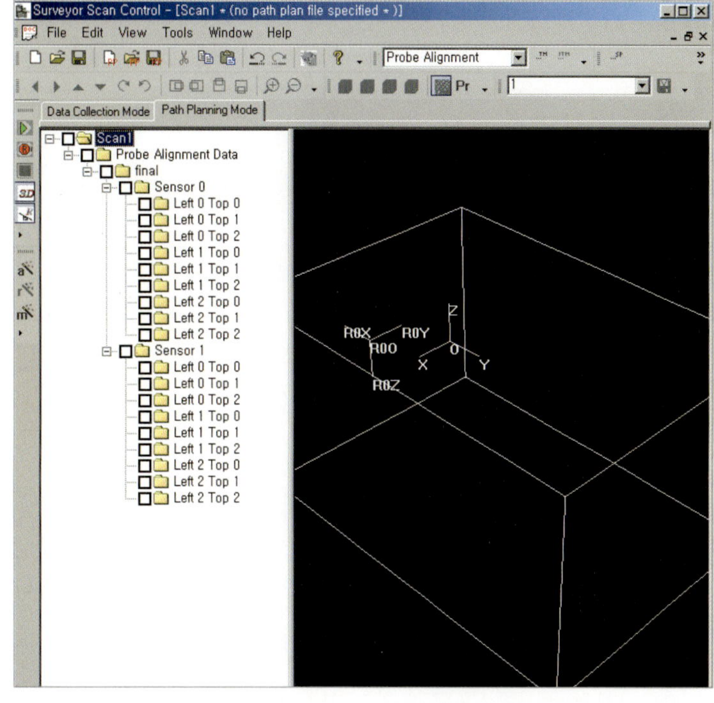

<table>
<tr><td>2-3</td><td># Rotary Calibration</td></tr>
</table>

❶ Alignment와 마찬가지로 Rotary Calibration을 한다. 버튼을 눌러 아래 그림이 열리면 sphere diameter를 입력하고 [Where?]를 클릭 후 [Next>]을 클릭한다.

· Rotary Calibration의 sphere diameter의 값은 12.7mm로 모든 laser probe에 동일하게 적용된다.

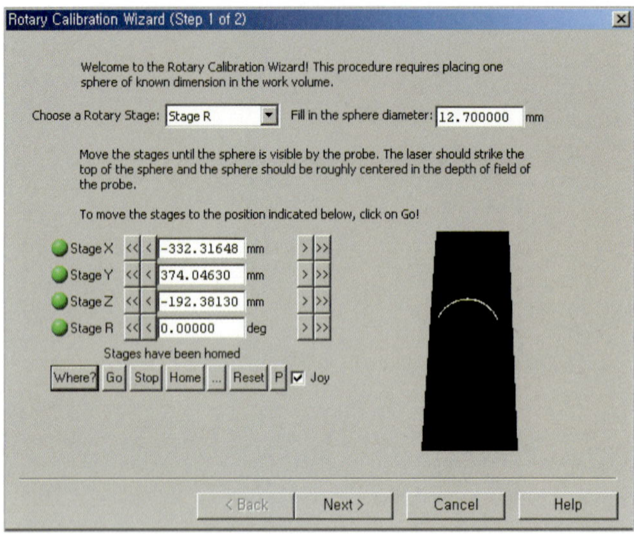

❷ 다음 그림이 열리면 ball과 Rotary의 중심의 거리를 잰 후 그 수치를 입력하여 준다. 그 다음 [Finish] 버튼을 클릭한다. 으로 ball scan parameter 값을 수정할 수 있다.

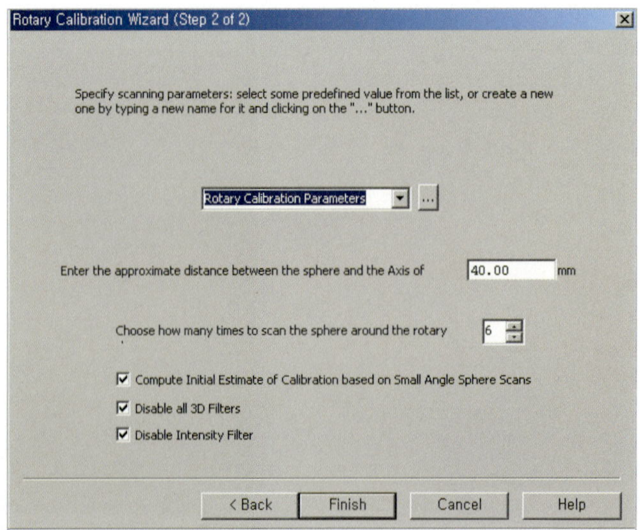

- Rotary와 ball의 거리를 기입하는 것은 어느 정도의 거리값을 입력해야 Rotary에서 그 거리를 기준으로 값을 계산하기 때문이다. 매우 정확한 거리값을 입력해 줄 필요는 없다. 여기서 주의해야 할 것은 좋은 Calibration의 값을 얻기 위해서는 ball의 위치를 25.4~50.8mm 정도로 위치시키는 것이 좋다. (이 위치값보다 더 길거나 짧은 곳에 ball을 두어도 무방하다.)
- 숫자를 6으로 선택하게 되면 Rotary의 구간 360°을 6구간으로 나누어 scan하게 된다.

❸ Calibration이 끝나게 되면 Alignment와 마찬가지로 다음 그림과 같은 화면이 뜬다. [OK]를 눌러 그 값들을 적용시켜 준다.

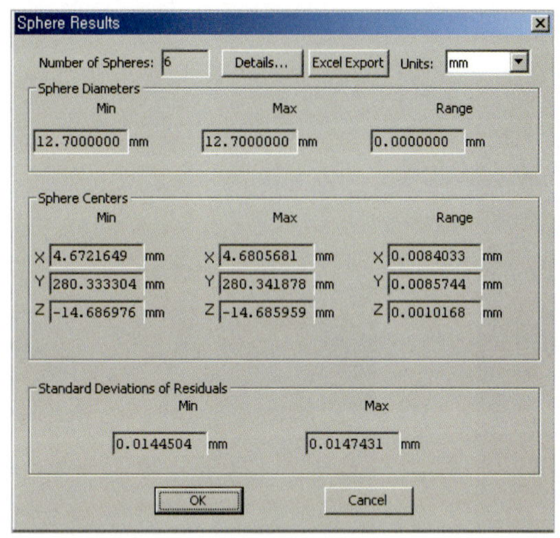

- Ball의 Alignment 위치값을 정확히 알고 싶은 경우 [Details]을 클릭하면 그 위치값들이 좌표상의 점으로 나온다. 만약 Excel로 파일을 저장하기 위해서는 [Excel Export]을 클릭한다. (컴퓨터에 Excel 프로그램이 설치되어 있어야 한다.)
- Rotary Calibration은 Alignment와는 개념이 약간 다르다. 이는 Rotary의 중심과 그 둘레에 각 각도마다 위치하여 있는 Sphere(Rotary Calibration Ball)의 위치를 계산하여 Rotary의 정확한 위치값과 회전하였을 때의 그 오차값을 계산하여 그 중심을 찾는 방법을 사용한다.

   장비를 껐다가 켜도 그 home의 위치가 변하지 않기 때문에 다시 해 줄 필요는 없다. 하지만 장비의 사용 중에 프로그램이 강제로 다운됐거나 RED 버튼(안전 버튼)을 눌렀다면 다시 해 주어야 한다. (Alignment는 다시 할 필요가 없다. Alignment는 Laser Probe를 기울였거나 움직였을 때는 반드시 다시 해 주어야 한다. Laser Probe를 움직였다는 것은 Laser가 인식하는 좌표상의 중심이 움직인 것이기 때문에 다시 인식시켜주기 위해서이다.)
- 안전 버튼(Red)을 눌러 Scanning를 멈추었다면 현재 모든 좌표상의 값들을 잊어버렸다고 생각하면 된다. 따라서 다시 SSC를 Reset하기 위해서 SSC 화면 안에서 Motion Control를 선택하고 [Reset] 버튼을 누른다.

   그렇게 되면 자동으로 모터가 on이 되며 그 후 [home] 버튼을 눌러 homing를 해준다. 이렇게 되면 다시 초기값으로 돌아가게 된다. 이렇게 한 후 다시 원하는 작업을 하면 된다. (Alignment나 Rotary Calibration을 다시 해 주는 것이 좋다.)

2-4   제품 Scanning

❶ 한 제품의 앞면과 뒷면을 Laser로 Scan한 뒤에 이를 합치려면(merge) 적어도 3개 이상의 Ball이 필요하다. Ball의 사이즈는 각각 12.7mm, 19.05mm, 25.4mm이며 Ball의 사이즈를 입력하여야 하는 화면이 있으므로 외워 두는 것이 좋다.

❷ Scan할 제품에 원하는 사이즈의 Ball을 붙인다. 제품을 장비의 중앙에 고정시킨 후 우선 앞과 뒤의 Ball을 합치기 위해 Ball을 Scan한다. 아래 그림은 Rotary 위에 Flip Plate Frame을 이용하여 3 Ball 방식으로 제품을 Scan하는 화면이다.

❸ 자동으로 part layer을 생성하고 레지스트리를 구성하기 위하여 SSC 화면 좌측에 ⬛ 버튼을 클릭한다. 다음 화면이 열릴 것이다. (한번 Layer를 생성하게 되면 그 Layer에서 생성된 ball들은 그 위치값들이 기억된다. 때문에 파트가 바뀌어도 Rotary 및 지그의 위치가 바뀌지 않으면 다시 Ball의 위치를 입력해 줄 필요는 없다.)

01 >>   새로운 Layer를 생성하려면 [Add] 버튼을 클릭하고 이름을 입력한다. Scanning한 제품의 Layer를 만드는 것이다.

02 >>   지우려면 Layer를 선택하고 [Delete]를 클릭한다. Scanning한 새로운 Layer를 수정 등을 위해 없앨 때 사용한다.

03 >>   이름을 바꾸고 싶으면 [Rename]를 클릭한다. Scanning한 Layer의 특성에 맞게 이름을 만들 수 있다.

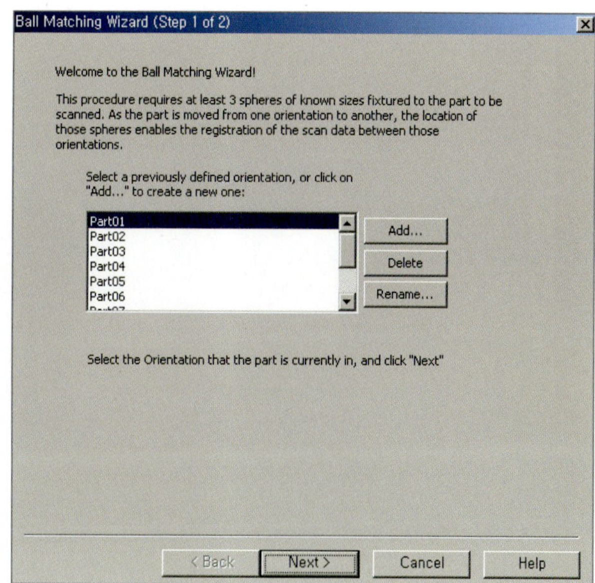

❹ Layer 생성이 완료되면 [Next]를 클릭한다. 아래 그림이 열릴 것이다.

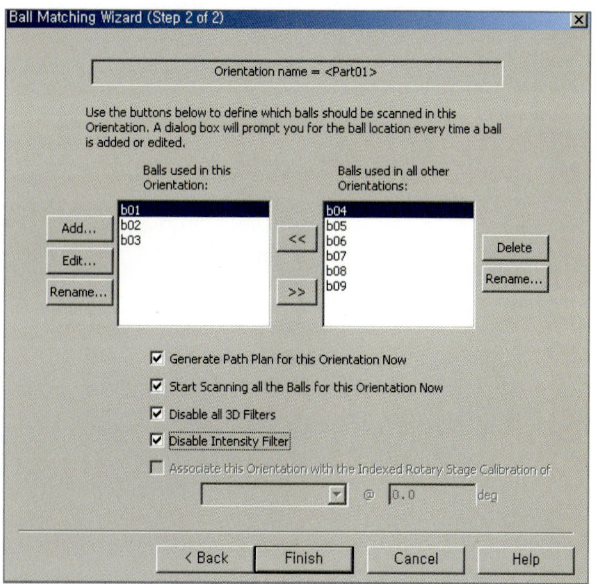

01 >> 우측 화면에 Ball들을 생성한다.

02 >> ◄◄를 클릭하여 생성된 Ball들 중에서 사용할 Ball을 좌측 화면으로 옮긴다.

03 >> Ball을 옮길 때마다 다음 화면이 뜰 것이다. Laser의 중심이 Depth of Field 화면의 중앙에 오도록 한 후 [Where?] 버튼을 클릭하고 Ball 사이즈를 기입한다. 완료되면 [Next]를 클릭한다.

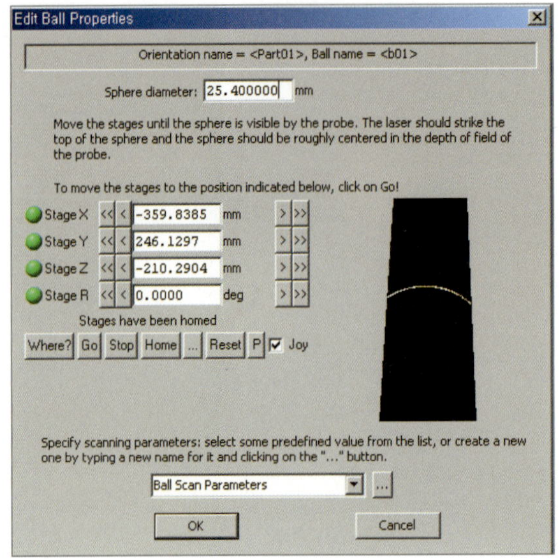

❺ 3개의 Ball을 위와 같은 방법으로 Scan한다. 생성이 완료되면 Ball Scan을 시작하고 3개
   의 Ball에 자동으로 Best Fit Data Sphere가 생성된다. 마우스로 Scan Data Layer를 클
   릭하여 그 화면을 지정한 다음 제품을 Scan한다.

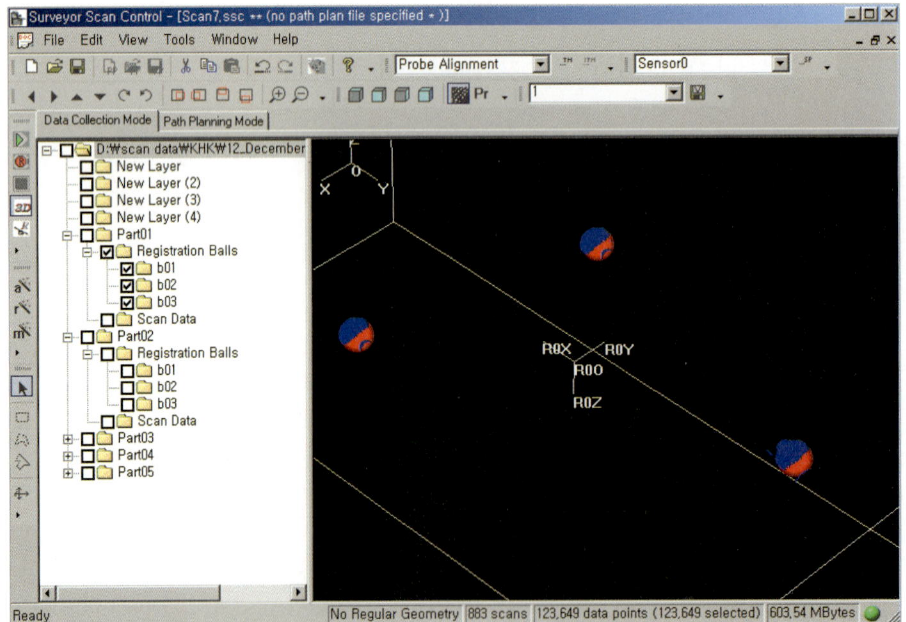

❻ 제품의 Scan이 완료되면 파트를 뒤집거나 움직여 Scan하길 원하는 방향으로 고정시킨다.
   그런 후 다시 Ball을 위와 같은 방법으로 Scan한다.

• 방법은 위와 동일하며 기억해야 할 점은 Ball의 이름이 동일해야 한다는 것이다. 또한 처음
  Layer를 Part01로 생성하였다면 제품을 뒤집어서 Ball을 Scan할 때는 Part02와 같이 다
  른 이름으로 생성하여야 한다.

❼ Scan part를 합친다.

01 >> Compute from Sphere Scans ➡ Part Registration을 클릭한다.

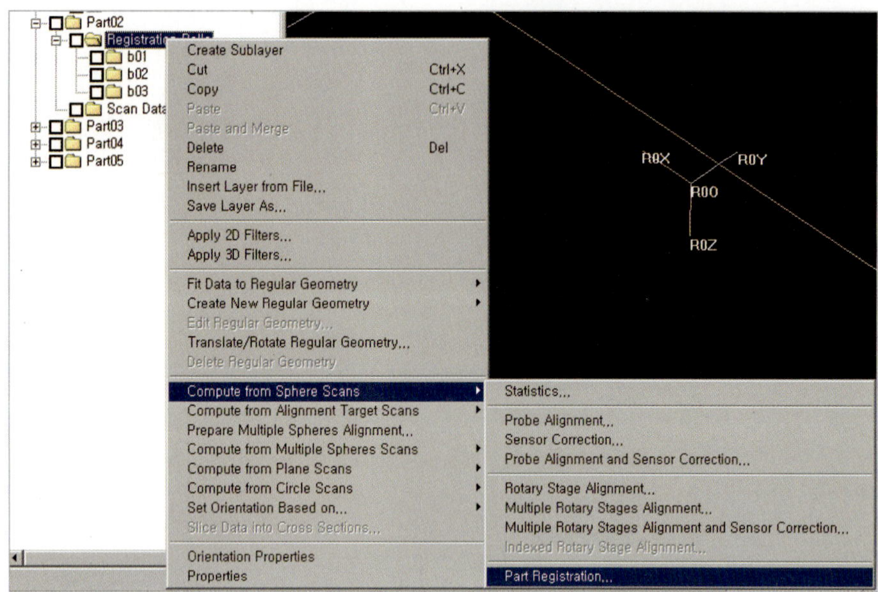

02 >> 기준 Ball이 있는 Layer를 선택하고 [OK]를 누른다.

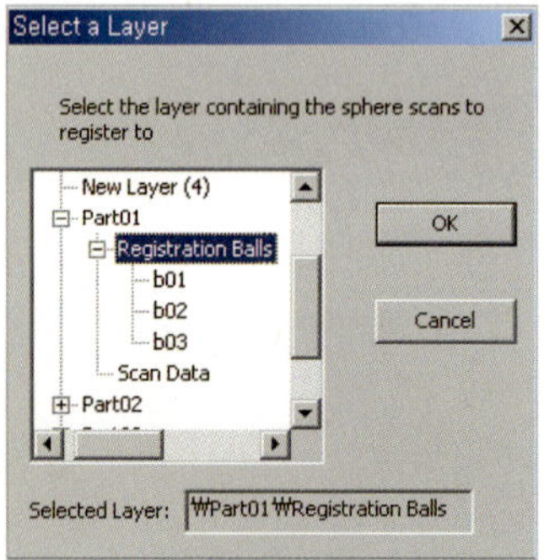

03 >> 오른쪽 화면이 뜨면 [OK]를 누른다.

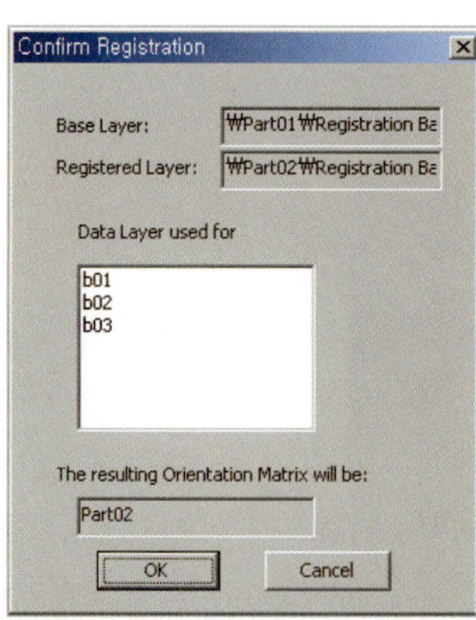

❽ Marge가 완료되면 Ball 간의 오차값이 생성되며 완료 화면이 뜬다.

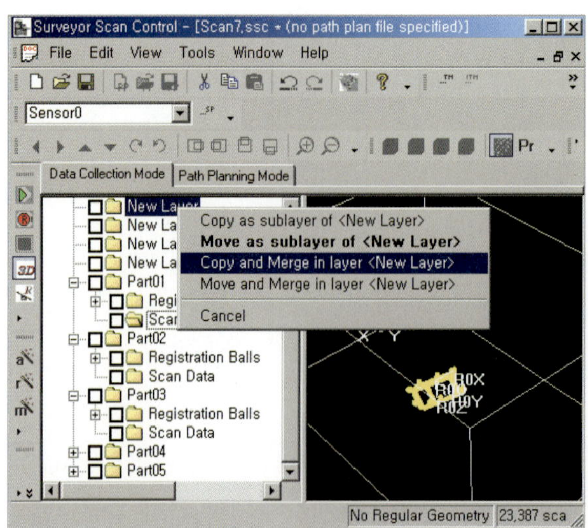

❾ Point Data를 합쳐서 보기 위해서는 최상위 Layer에 폴더를 생성한 후 Scan Data Layer 를 복사하여 Copy and Merge in layer를 선택한다. (마우스로 드래그 앤 드롭을 이용하여 폴더를 복사하는 방식)

• Copy as sublayer of ⟨New Layer⟩ : layer를 복사하여 이동시킨다.

• Move as sublayer of ⟨New Layer⟩ : layer를 이동시킨다.

• Copy and Merge in layer ⟨New Layer⟩ : layer를 ball merge한 값으로 data를 복사한 후 합친다.

• Move and Merge in layer ⟨New Layer⟩ : layer를 ball merge한 값으로 data를 이동시킨다.

<table><tr><td>2-5</td><td>

Scan Pass

</td></tr></table>

❶ 제품을 Scanning하기 위해서는 경로를 지정해 주어야 한다.
[CX CY CZ] [도구모음]의 화면에서 ▲를 클릭한 후 화면의 사각박스 안의 중앙을 클릭하면 Path Plane이 하나 생길 것이다. 더블 클릭하여 값을 설정한다.

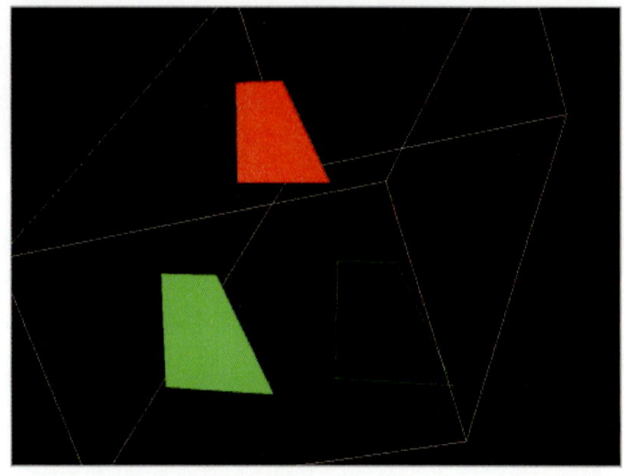

01 >> Scan Pass 메뉴에서 Linear Spacing 값을 입력한다.(기타 사항들은 setting 값이므로 특별한 사항이 아니면 수정할 필요가 없다.)

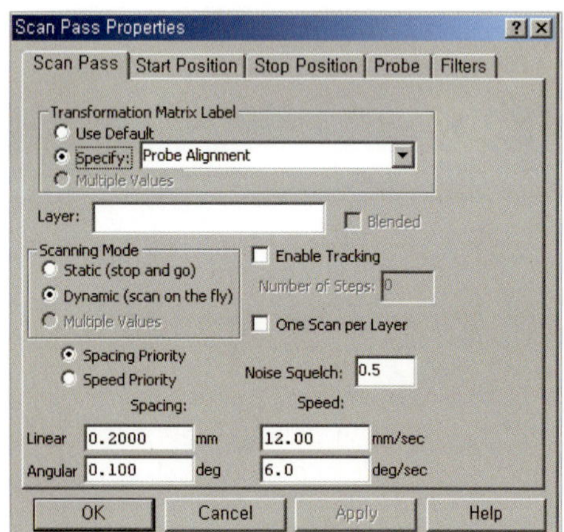

02 >> 조이스틱을 이용하여 시작 위치로 Laser Probe를 이동시킨 후 [Where?]를 클릭한다. (시작 위치값 지정)

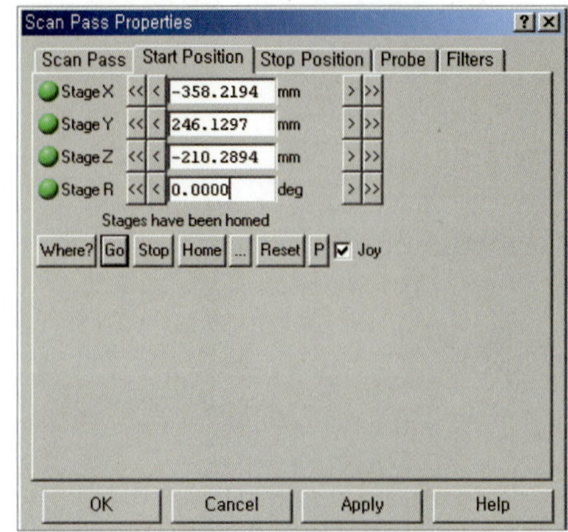

03 >> 조이스틱을 이용하여 끝 위치로 Laser Probe를 이동시킨 후 [Where?]를 클릭한다.(끝 위치값 지정)

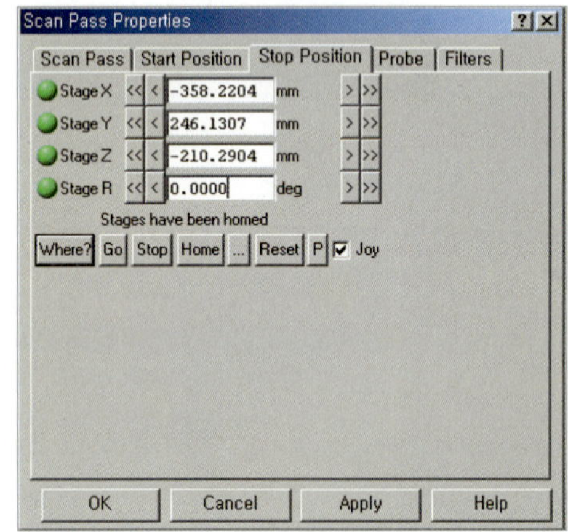

04 >> 수치값 옆에 있는 ◄◄, ◄ 버튼을 클릭하면 Laser Probe를 정해진 수치값만큼 좌우측, 상하로 이동할 수 있다.

05 >> [Go] 버튼을 클릭하면 적혀 있는 수치 값의 위치로 probe가 이동한다.

06 >> [Stop]을 누르면 멈춘다.

07 >> [Home]을 누르면 home position으로 이동한다.

08 >> ..., [Reset]을 누르면 장비를 초기화시킨다.(설정값이므로 수정하지 않는다.)

09 >> [P]를 누르면 Parking Position으로 이동한다.

10 >>   시작과 끝 위치를 지정하였으면 원하는 크기의 laser exposure 값과 scan하길 원하는 센서를 선택한다.

11 >>   Laser의 감도와 세기 및 센서를 조절한다.

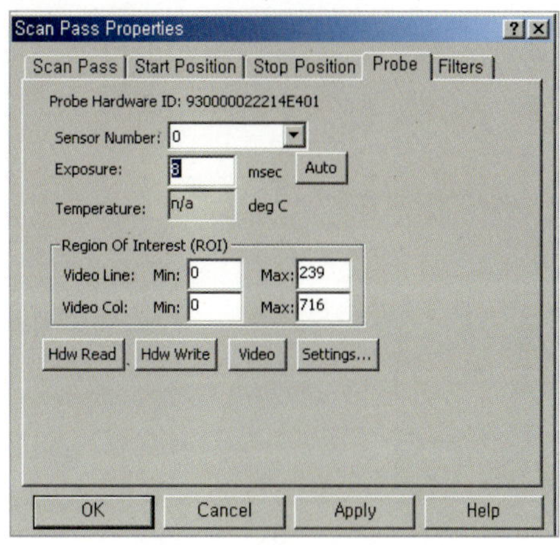

12 >>   Scanning 중에 적용될 Filter들을 설정하여 준다.

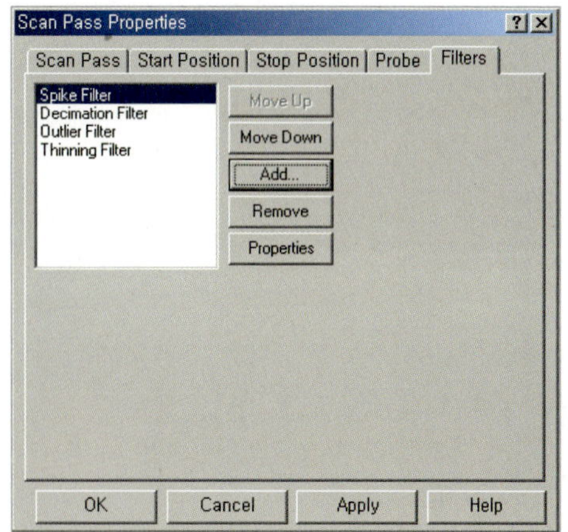

2-6 Key Board 단축키

Key Board Shortcuts		
F1		도움말
File Functions		
Ctrl + N		새 창
Ctrl + O		파일 불러오기
Ctrl + S		저장
Ctrl + V	Shift + Insert	붙여 넣기
Ctrl + X	Shift + Delete	잘라내기
Ctrl + C	Ctrl + Insert	복사
Wizards		
Ctrl + B		Ball Scan 화면
Ctrl + M		Ball Matching 화면
Ctrl + R		Rotary Calibration 화면
Ctrl + W		Probe Alignment 화면
View Functions		
←		화면 좌측으로 회전
→		화면 우측으로 회전
↑		화면 위쪽으로 회전
↓		화면 아래로 회전
Shift + ←		화면 좌측 이동
Shift + →		화면 우측 이동
Shift + ↑		화면 위로 이동
Shift + ↓		화면 아래로 이동
Ctrl + D		Zoom Extents
Upper Case Z	+	Zoom In
Lower Case Z	−	Zoom Out
Ctrl + T		Path Plan Tabular 화면
Data Functions		
Ctrl + Z	Alt + Backspace	되돌리기
Ctrl + Y		되살리기
Delete		삭제
Ctrl + A		전체 선택
Ctrl + U		전체 해제
Ctrl + I		선택한 것 반전시키기
Shift + Ctrl + L		3D Plane Filter
Shift + Ctrl + P		3D Proximity Filter

Mouse Shortcuts	
Left Mouse Button	Zoom Window Tool
X + Left Mouse Button	Free Form Selection Tool
Shift + Left Mouse Button	Polygonal Selection Tool
C + Left Mouse Button	Virtual Caliper
Right Mouse Button	Pop-up Menu
Middle Mouse Button	Rotate
Alt + Right Mouse Button	Pan
Ctrl + Any Selection Tool	Unselect Region
Shift + Right Mouse Button	Zoom

2-7 Pass Plane Window Menu (하위 메뉴)

```
Cut                                                    Ctrl+X
Copy                                                   Ctrl+C
Paste                                                  Ctrl+V
Delete                                                 Del

Fill in...
Generate Best Path Plan
Swap Start and Stop
Force Scan Path to be Perpendicular to Laser Plane
Execute Selected Scan Passes
Duplicate with other Sensor...
Optimize
Set Angular Spacing based on Linear Spacing
Select Scan Passes that have Missed Execution
Center View on closest data point or path plan
Move the Stages to the closest data point or path plan
Properties
```

Control	Function
Cut	Scan Pass 잘라내기
Copy	Scan Pass 복사
Paste	Scan Pass 붙여 넣기
Delete	Scan Pass 삭제
Fill in	2, 4개의 Scan Pass을 선택하여 적용, 처음과 두 번째 Scan Pass 사이에 Scan Pass를 알맞은 숫자로 삽입
Generate Best Path Plan	Rotary 사용 시 지정된 각도 값을 기준으로 각 각도마다 Scan Pass를 Fill in 하여 삽입
Swap Start and Stop	선택된 Scan Pass의 시작과 끝을 반전시킴
Force Scan Path to be Perpendicular to Laser Plane	Laser가 비추는 방향으로 Scan Pass를 자동으로 조절하여 줌(point to point로 생성된 Scan Pass를 이용 시 유용함)

Execute Selected Scan Passes	선택된 Scan Pass만을 Scanning함
Duplicates with Other Sensor	선택된 Scan Pass의 센서를 반대로 바꾸거나 0, 1 번 센서 모두 사용
Optimize	모든 Scan Pass를 선택하여 적용하면 이동 경로의 최적화를 시켜줌(따라서 시간이 절약됨)
Set Angular Spacing based on Linear Spacing	Rotary Scanning 시에 Scan Pass의 위치가 틀릴 때 Linear Spacing를 기준으로 로터리의 속도를 계산하여 최적화시켜 줌(Scan Pass가 안쪽으로 이동할수록 속도가 빨라져야 함)
Select Scan Passes that have Missed Execution	Scanning 중에 Scan 되지 않은 Scan Pass를 선택함(Scanning 도중에 장비를 멈추어 scan하지 않은 Scan Pass만을 다시 Scan할 때 사용) * Scan Pass의 설정값을 수정하거나 실수로 Pass를 이동시켰을 때는 선택되지 않음)
Center View on closest data point or path plan	Data Point or Path Plan를 화면의 중앙에 오도록 함
Move the Stages to the Closest Data Point or Path Plan	선택된 Data Point or Path Plan으로 laser probe를 이동시킨다. Rotary는 이동하지 않으며 merge 된 layer에서는 적용되지 않는다
Properties	Scan Pass Properties 화면을 연다.

<table><tr><td>2-8</td><td>

Scanning Toolbar

</td></tr></table>

Icon	Function
	생성된 Path Plan으로 Scanning 시작
	매뉴얼 Scanning(수동 Scan)
	Scanning 멈춤
	3D Filters 사용(Scanning 중 적용 – 체크를 하면 사용, 체크를 풀면 사용하지 않음)
	Intensity Filter 사용
	Rotary 사용 아이콘(체크를 하면 사용하지 않음, 체크를 풀면 사용함)

2-9 매뉴얼 Scan 후 Pass Plan 생성 및 이동

❶ ⊛ 버튼을 누른 후 조이스틱을 움직여 제품을 Scanning한다. (수동 Scanning)

❷ Scan한 data point를 기준으로 ⚒ 버튼을 이용하여 한쪽 끝의 point와 다른 쪽 끝의 point를 마우스로 드래그하면 data point와 data point 사이에 pass plan이 만들어진다.

❸ 생성된 pass plan을 자신이 원하는 방향으로 움직이며 data가 plan의 범위 안에 들어 오는지 확인한다. 이때 사용되는 아이콘들은 다음과 같다.

01 >> plan의 start와 stop 중 하나만을 이동할 수 있도록 해준다.

    `CX CY CZ` 🔺🔺 `TX TY TZ Pr` 📋 ⚡ ▾

- TX, TY, TZ를 클릭하게 되면 클릭한 부분의 이동이 제한된다.
- ↖을 체크하게 되면 X축 이동이 제한되기 때문에 TX 버튼을 해제하여 사용한다 하더라도 start와 stop plan 어느 쪽도 움직일 수 없게 된다. 두 명령에 대한 사용법을 정확히 숙지하여야 한다.

Icon	Function
CX	Center selected Scan Pass in X
CY	Center selected Scan Pass in Y
CZ	Center selected Scan Pass in Z
🔺	모든 Scan Passes의 시작 위치를 보여준다.
🔺	모든 Scan Passes의 끝 위치를 보여준다.
TX	Scan Pass 시작과 끝을 X에서 제한
TY	Scan Pass 시작과 끝을 Y에서 제한
TZ	Scan Pass 시작과 끝을 Z에서 제한
Pr	Scan Pass Properties 메뉴를 보여준다.
📋	Path Plan 설정값들을 보여준다.
⚡	Live Scan 화면을 연다.

02 >> plan의 start와 stop를 같이 움직일 수 있도록 해준다.

Icon	Function
	Scan Pass의 X축 움직임을 잠금
	Scan Pass의 Y축 움직임을 잠금
	Scan Pass의 Z축 움직임을 잠금
	새로운 Scan Pass
	Data Point들 사이에 Scan Pass 생성
	Zoom
	Scan Pass를 사각형으로 선택
	Scan Pass를 자유롭게 선택
	Scan Pass를 Polygon 형식으로 선택

• 여러 개의 path plan을 선택 시에는 원하는 path plan의 start와 stop 모두를 선택하여야 path plan를 선택할 수 있다.

2-10 Live scan 모드

 버튼을 클릭하여 사용한다. 이 명령어는 하나의 plan 안에 중간의 위치값을 삽입하여 시작값과 끝값을 넣어 줌으로써 여러 개의 path의 연속됨으로 path가 생성된다. 따라서 굴곡이 있는 part에는 이 방법을 사용한다.

01 >> 을 클릭하여 화면을 연다.

02 >> Laser를 scan할 부분의 첫 부분에 위치시키고 [start] 버튼을 누른다.

03 >> 곡면이 파트에서 원하는 부위로 Laser를 이동시킨 후 Intermediate를 클릭한다.

04 >> 선택이 끝나면 [Stop]을 클릭한다. (Tracking 기능과는 다르다.)

이렇게 Intermediate 버튼을 누르게 되면 눌렀을 때 시작과 끝 값을 동시에 갖는 pass plan이 만들어진다.

따라서 scanning하길 원하는 한 부분에 여러 개의 pass plan이 삽입되어 만들어지는 것이다.

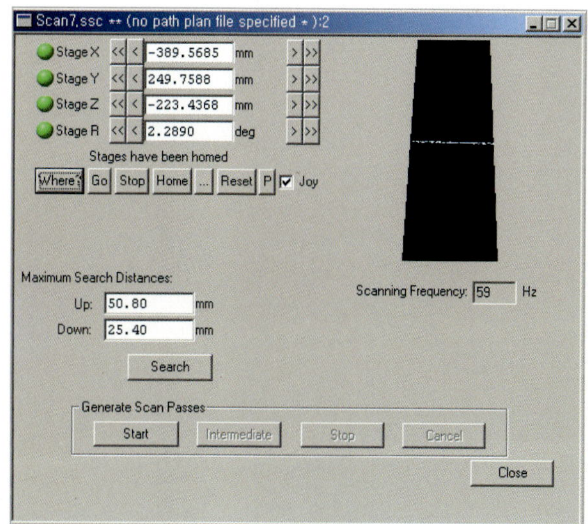

2-11   2D Filters

2D Filters는 scan한 data를 기초로 하여 선택된 형상 안에서 의심스러운 point를 수정하거나 관계없는 point를 제거한다. 사용자는 tolerance 값을 정할 때 관계없는 data의 값이 얼마나 될지 충분히 고려하여 결정하여야 한다.

❶ Applying a 2D Filter

01 >>   Scan하여 얻은 data가 있는 Scan layer에서 마우스 오른쪽 버튼을 클릭하여 하위 메뉴를 연다. 이것은 이미 Scan한 Data에 적용시키기 위하여 2D Filter을 선택하는 것이다.

02 >>   2D Filter를 적용시키기 위하여 "Apply 2D Filter"을 클릭한다.

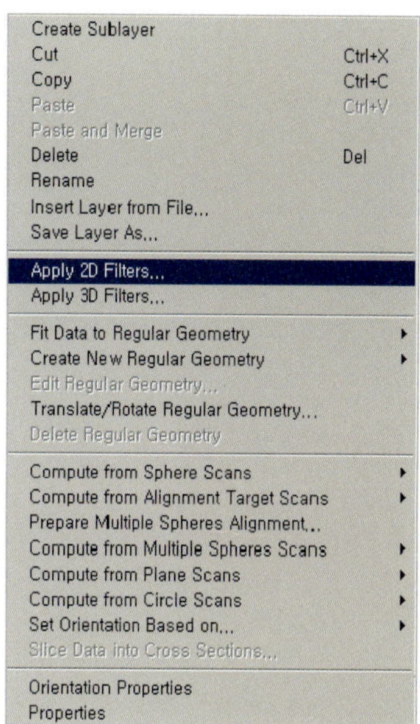

03 >> Apply 2D Filter 화면이 열린다. 여기서 [Add]를 클릭한다.

04 >> Choose 2D Filter 화면이 열린다. 하위 리스트 중에서 하나의 Filter를 선택한다.

05 >> Filter는 dialog 안에서 정렬된 명령의 순서대로 계속해서 적용된다.

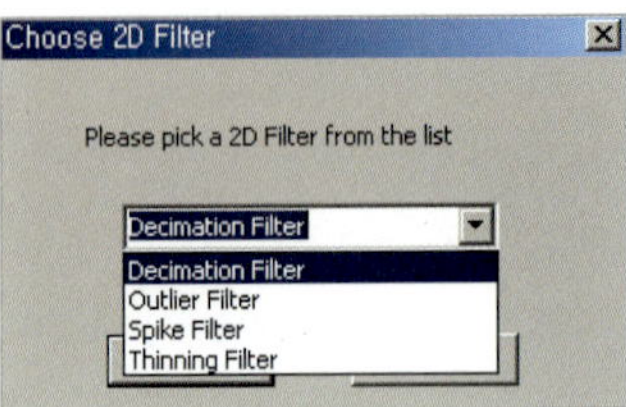

> **Note** 2D Filters는 scan하는 동안에도 data line에 적용할 수 있다. Scan Pass Properties에서 Filters에 들어가면 된다. 이는 Scanning 중에 적용되므로 사라진 point data들은 되살릴 수 없다.

1 Thinning Filter

이 Filter는 2D 공간상에 있는 point들 중에서 가장 작은 공간상에 있는 data들을 수정하여 준다. 또는 작은 공간상에 있는 data 중에서 지정된 수치값 안에 있는 point들은 삭제한다.

> **Note** 수치값은 Scan Properties에 linear spacing 값을 기준으로 그 값보다 적게 입력한다. 예를 들어 linear spacing을 0.3mm로 주었다면 Thinning Filter는 약 0.1~0.2mm 사이로 주는 것이 좋다. Laser probe가 움직이는 방향(가로방향)과 직각(세로방향)으로 생성되는 point들 또한 삭제시키므로 그 point들을 삭제시키지 않으려면 0.05mm 이하로 주어야 한다.

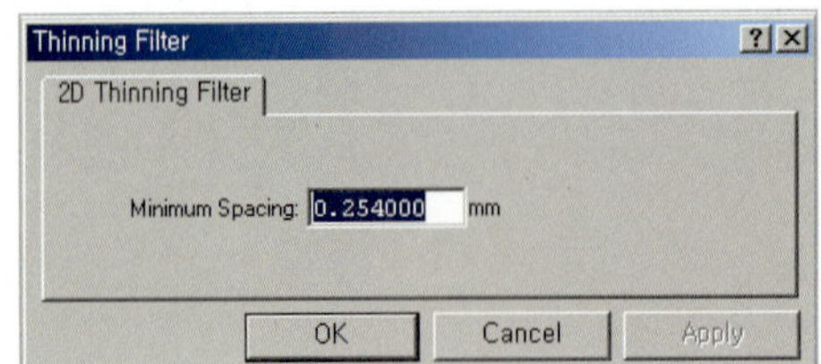

 **Outlier Filter**

이 Filter는 2D 공간상에 있는 point들 중에서 가장 큰 폭의 data들을 수정하여 준다. 또는 지정된 가장 큰 공간 값에서 벗어나는 data들을 삭제시켜 준다.

> **N**ote 수치값은 Scan Properties에 linear spacing 값을 기준으로 그 값보다 크게 입력한다. 예를 들어 linear spacing을 0.3mm로 주었다면 Outlier Filter는 약 0.5~0.6 mm 사이로 주는 것이 좋다. Laser probe가 움직이는 방향(가로방향)과 반대 방향(세로방향)으로 생성되는 point들보다 수치 입력 값이 대부분 크므로 이 부분은 크게 신경 쓰지 않아도 된다.

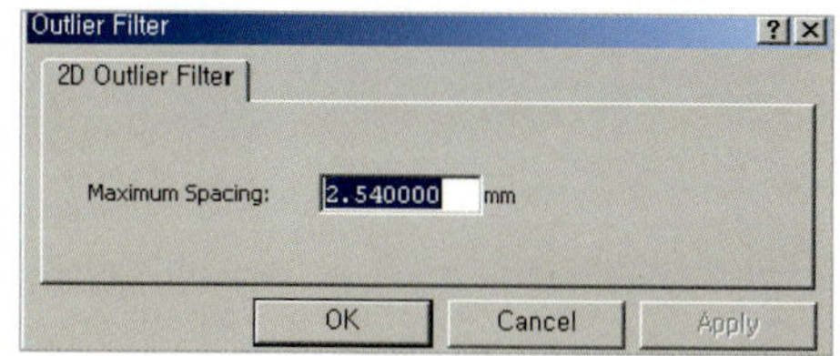

③ Decimation Filter

Decimation Filter는 선택된 형상으로부터 관계없는 포인트들을 제거한다. 사용자가 정의하는 tolerance 값은 관계없는 data가 무엇인지 충분히 고려하여 결정하여야 한다. Decimation Filter는 특별한 데이터들(곡률이 있는) 주위의 중요한 것들은 보존하고, 평평한 면과 관계되는 data들은 제거된다.

Decimation Filter는 scan하였을 때 생성되는 3개의 연속적인 point들을 고려하여 계산한다. 하나의 가공의 line이 첫 번째 point와 세 번째 point 사이에 생성된다.

만약에 수직으로 생성된 line(첫 번째와 세 번째 포인트 사이에 생성된 line에 의해 생성된 line)의 거리가 Tolerance 값보다 더 크다면 두 번째 포인트는 의미 있는 point로 간주되어 계속 유지된다. 두 번째 포인트는 그 다음 Filter 계산을 위해 첫 번째 point가 된다.

만약에 tolerance 값 안에 두 번째 point가 있다면, 그것은 제거된다.

그렇게 되면 첫 번째 point는 같게 되고, Filter의 명령에 의해 세 번째 포인트는 두 번째 포인트가 된다.

01 >> pull-down list로부터 Decimation Filter를 선택한다. Decimation Filter Tolerance 화면이 열릴 것이다.

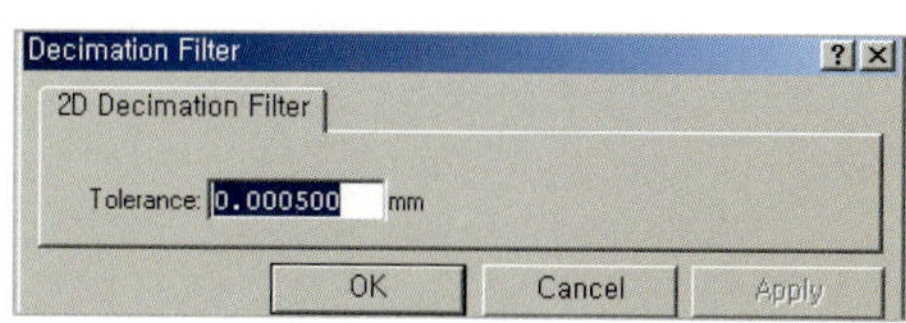

02 >> Decimation Filter를 사용하기 위해 Tolerance 값을 입력한다.

4 2D spike Options

2D Spike Filter는 Scan한 데이터로부터 뾰족하게(곡선으로) 생성된 데이터들을 제거한다. 그것은 많은 spike 검출 알고리즘 중의 하나에 의해서, 선택된 포인트를 제거하거나 움직인다.

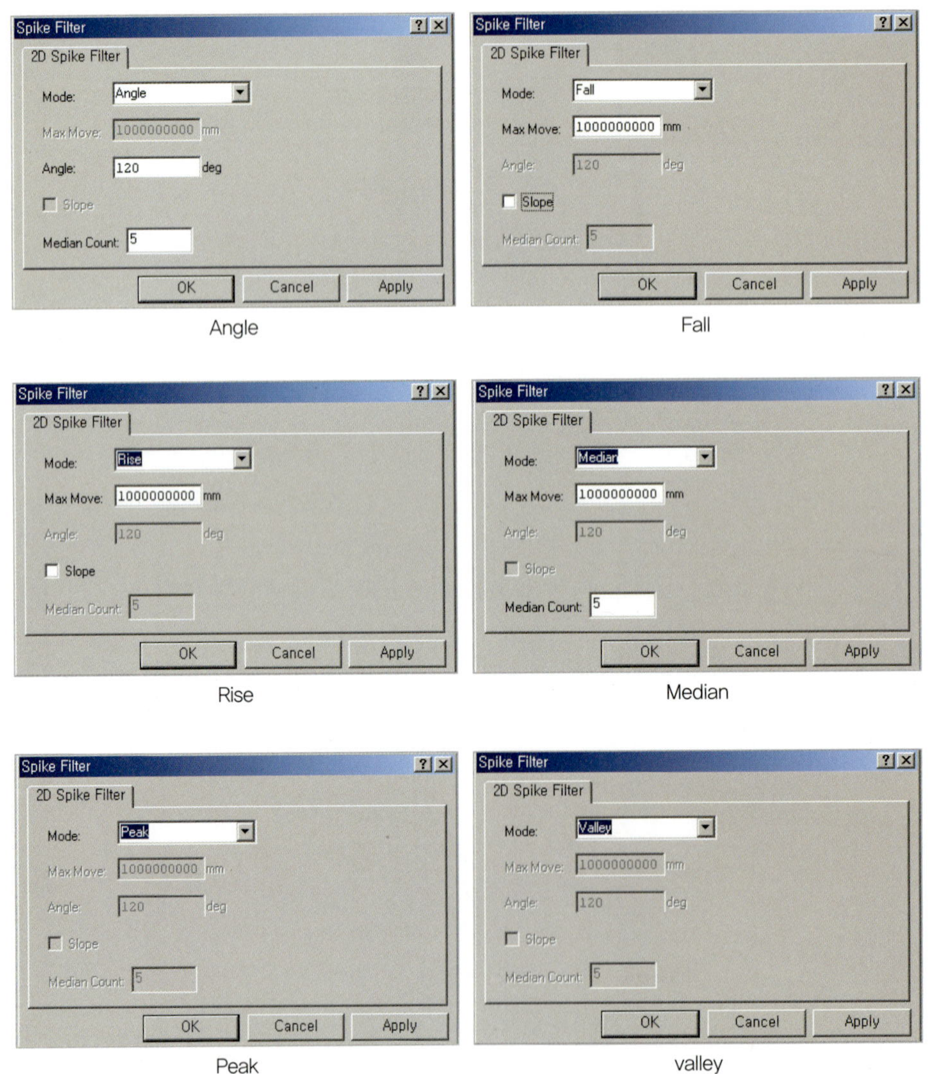

Angle

Fall

Rise

Median

Peak

valley

❶ Angle Filter는 scan data 안의 각각 선택된 포인트들에서 읽어들인 line의 한 부분과 주위에 있는 데이터 사이에서 형성된 각을 계산한다. 만약 이 각이 주어진 Angle Parameter 값보다 적다면 그 포인트는 삭제된다.

> **Note** 수정값은 보통 120°로 입력하여 준다. 이는 3개 포인트에서 생성된 각도 중에서 각도가 120°보다 작으면(0~120°) point를 삭제시킨다.

❷ Fall과 Rise Spike Filter는 point를 올리고 내리는 믿을 수 있을 만한 spike filtering 알고리즘을 기초로 한다. 기본적으로, 이 filter는 Z축을 기준으로 가장 높거나 또는 가장 낮은 좌표 값의 scan point 간의 거리를 각각 계산하여 point를 결정한다. 한 Line에서 증가하거나 감소되는 Point들이 계산에 의해 기준점으로 결정되면 그 외의 Point들 중 Z축으로 높거나 낮은 data들은 삭제시킨다.

❸ Median Filter는 median spike filtering 알고리즘을 사용한다. Median 알고리즘은 연속적인 Median Count number을 이용하여 FOV의 수직으로 거리를 계산하여(laser plan의 Z axis) 각각 나누어진 부분에서 중간의 축 좌표값으로 point를 이동시킨다. 이 과정은 각각의 나누어진 부분에서 반복적으로 수행되며 계산을 위해 Median Count number는 항상 홀수이어야 한다.

❹ Peak Filter는 scan data에서 "peak"의 마지막 point의 밖에 있거나 첫 번째 point의 안에 있다고 선택된 point들을 제거한다. 하나의 peak는 수직의 FOV 좌표가 그것보다 앞서거나 뒤에 오는 축 좌표의 point들을 즉시 계산하여 같거나 더 큰 point에 의해 정의된다.

❺ Velley Filter는 scan data에서 "peak"의 마지막 point의 밖에 있거나 첫 번째 point의 안에 있다고 선택된 point들을 제거한다. 하나의 peak는 수직의 FOV 좌표가 그것보다 앞서거나 뒤에 오는 축 좌표의 point들을 즉시 계산하여 같거나 더 작은 point에 의해 정의된다.

2-12 3D Filter

3D Filter는 겹쳐지는 data를 일정한 간격으로 만들어 주어 data file 사이즈를 줄일 수 있도록 해 준다. 2D Filter와는 다르게 부분으로 행하여지는 scan에 적용되는 것이 아니라 전체적인 scan data를 기준으로 하여 각 point data를 계산에 의해 제거한다. 이 Filter는 쉽게 data를 움직일 수 있게 해 주며 file 사이즈를 손쉽게 다루기 위해 필요하다.

❶ 3D Proximity Filter

이 3D Proximity Filter는 사용자가 지정한 값만큼 point의 간격이 정렬을 이룬다. 하나의 point를 기준으로 구의 형상을 지정한 값만큼 구성한 다음 그 안에 들어 있는 point들을 제거시킨다.

❶ 3D Proximity filter를 사용하기 위하여 scan layer의 하위 메뉴를 열어 3D filter를 선택

하거나 scan property에서 scan 메뉴 난의 3D filter을 선택하여 사용할 수 있다.

❷ 다음 그림의 화면이 나타나면 [Add] 버튼을 눌러 Filter를 추가한다.

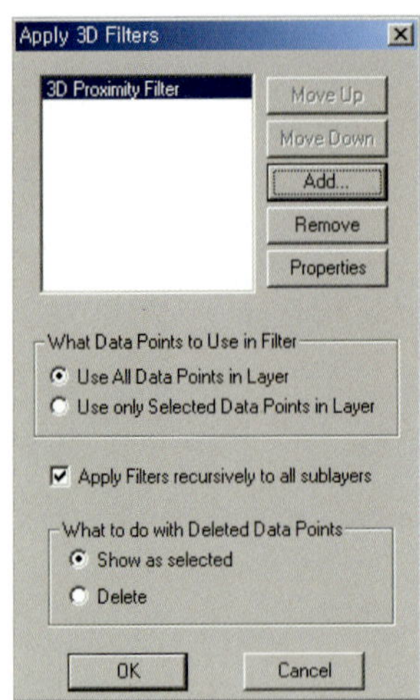

❸ 다음 그림의 화면이 나타나면 3D Proximity Filter를 선택한다.

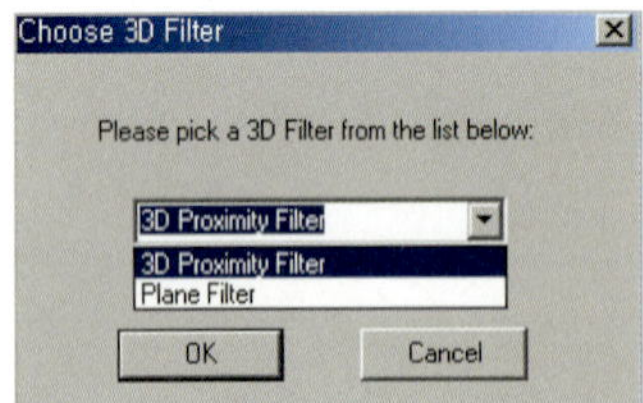

❹ 다음 그림의 화면이 나타나면 원하는 point data의 Tolerance 값을 입력하고 화면을 닫는다.

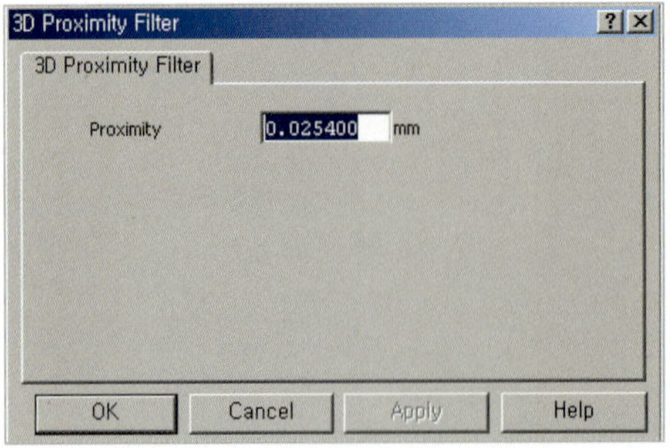

> **Note** Tolerance 값은 scan linear spacing 간격보다 적게 입력한다. 예를 들어 0.3mm의 간격으로 scan을 한다면 3D Proximity filter의 Tolerance는 0.1~0.2 사이로 지정하여 주는 것이 좋다. Point가 너무 많이 사라질 수 있으므로 주의한다.

❺ 만약 현재 선택한 layer에만 적용시키려면 Apply Filters recursively to all sublayers의 체크를 해제하고 모든 하위 layer에 적용시키기 위해서는 이것을 체크한다.

❻ 만약 현재 layer의 모든 point에 적용시키려면 Use All Data Point in Layer를 체크하고, 원하는 부분만을 적용시키기 위해서는 먼저 그 부분을 선택하고 나서 Use Only Selected Data Point in Layer를 체크한다. 그 후에 [OK]를 누른다.

❼ 만약 적용되어 삭제되기 위해 선택된 point를 보기 위해서는 Show as selected를 체크하고, 바로 적용과 동시에 삭제하기를 원한다면 Delete를 체크한다. 그 후에 [OK]를 누른다.

❽ Tolerance를 수정하고 싶다면 ❷의 그림에서 [Properties]를 선택하여 수정한다. 각각의 Filter들은 적용되는 순서가 화면의 상위부터 시작되므로 Move Down, Move Up을 눌러 순서를 설정한다.

② Plane Filter

Plane Filter는 정의된 Plane의 아래 또는 위쪽의 data를 삭제시켜 준다. 예를 들어 자신이 원하지 않는 fixture data가 scanning 중에 나타난다면 이 Filter를 적용하여 삭제할 수 있다. 이 Filter를 사용하기 위해서는 Plane를 먼저 만들어야 하며 적용할 시에는 data가 생성된 후에 삭제시킬 수 있고, 또는 scanning 중에 적용하여 삭제시킬 수 있다.

❶ Scan layer에서 하위 메뉴를 선택한 다음 Fit data to Regular Geometry / Plane을 선택하여 아래의 창을 연다.

❷ 모든 data point를 기준으로 plane를 생성하려면 Use All Data Point in Layer를 체크하고, 선택한 data point를 기준으로 plane를 생성하려면 먼저 point를 선택한 후 Use only Selected Data Points in Layer를 생성한다.

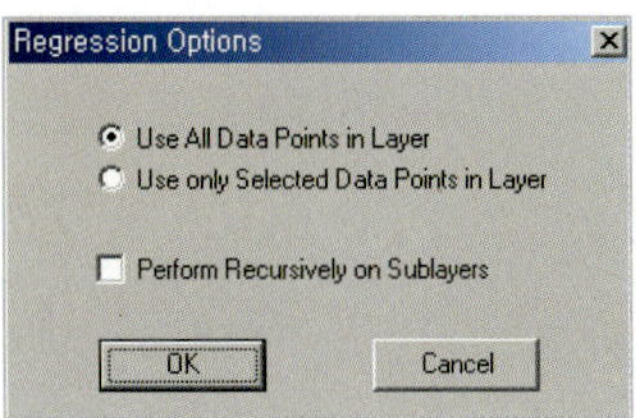

❸ 모든 하위 메뉴의 layer에 적용시키기 위해서는 Perform Recursively on Sublayers를 선택한다.

❹ Plane이 생성되었으면 layer의 하위메뉴 중 3D Filter를 선택한 후 Add 버튼을 눌러 Plane Filter를 선택하여 추가시킨다.

❺ 생성한 plane을 기준으로 위쪽의 data를 삭제시키려면 High Z Values를 체크하고 반대로 plane을 기준으로 아래쪽의 data를 삭제시키려면 Low Z Values를 체크한다.

❻ 다음 우측은 plane를 생성하고 적용하였을 때 삭제되는 부분이 파란색으로 선택되어 있는

화면이다. 빨간 부분은 plane이고 초록색의 영역은 scan data이다.

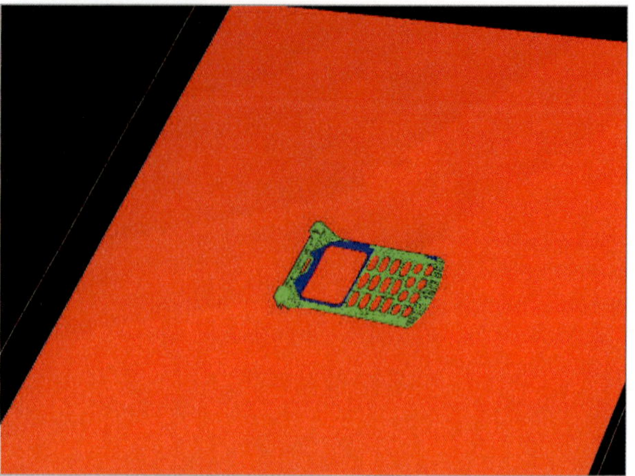

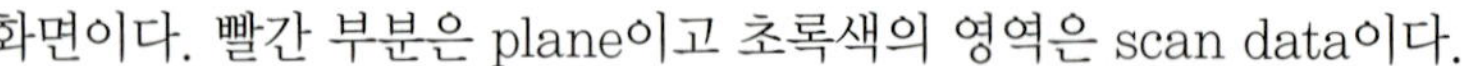

> **Note** 만약 scanning 중에 3D filter들을 적용시키고 싶다면 SSC 프로그램 화면에서 Properties → Scan → 3D filter를 체크한 후 원하는 filter를 선택하여 적용시킨다. 그런 후 **3D** 아이콘을 누른 다음 Play 버튼을 눌러 적용시킨다. 여기서의 지정값은 차후에 바뀌지 않으므로 사용 시 값을 항상 확인하여 준다. 또한 사용 후 되살리기로 data를 재생성시킬 수 없으므로 주의한다. 2D Filter를 scanning 중에 사용하기 위해서는 Scan Pass Plane의 filter에서 추가 및 삭제를 하고 Play 버튼을 누른다. 이 또한 scanning 중에 적용되는 것이므로 사라진 data들을 재생성시킬 수 없다. '되돌리기', '되살리기'를 사용하여 사라지는 data를 관리하고자 한다면 먼저 모든 scan을 마친 후에 layer의 하위 메뉴를 이용하여 삭제시키는 것이 좋다.

2-13 Intensity Filter (RPS Laser Probes Only)

Intensity Filter는 laser로 part를 scan했을 때 생성되는 난반사된 data들이나 정확하게 data를 읽어들이지 못하는 부분을 계산하여 laser의 밝기에 의해 data를 삭제시키는 Filter이다. 이 Filter로 어두운 제품이나 투명한 제품으로 인해 생성되는 noise data들을 삭제시킬 수 있다.

scan을 할 때 aser.cfg를 updating함으로써 intensity filter의 값을 변경시킬 수 있다. Intensity Filter의 parameter 값을 변경시켜 적용시키기 위해서는 SSC 프로그램을 재실행하여야 한다. 아래는 parameter 값들을 나타낸 것이다.

- **intensity_filter_enable** : filter on 그리고 off. 0=OFF, 1=ON (0)
- **intensity_filter_exposure** : Nominal Calibration을 하기 위해 사용되는 micro seconds 안의 Exposure Time (8333)

- **intensity_filter_min_line** : material이 체크될 때의 픽셀들의 열 숫자(설정값의 위쪽으로 적용), 유효한 수치는 0에서 239이고, 이 값은 intensity_filter_max_line의 값보다 작아야 한다. (0)
- **intensity_filter_max_line** : material이 체크될 때의 픽셀들의 열 숫자(설정값의 아래쪽으로 적용), 유효한 수치는 0에서 239이고, 이 값은 intensity_filter_min_line의 값보다 커야 한다. (239)
- **intensity_filter_cutoff_factor** : intensity를 적용하여 data를 무시할 때 계산하여 적용되는 값을 퍼센트로 적용시킨다. (낮은 값) 값은 100 = 10%이다. (500)
- **intensity_filter_ceiling_factor** : intensity를 적용하여 data를 무시할 때 계산하여 적용되는 값을 퍼센트로 적용시킨다. (높은 값) 값은 100 = 10%이다. (2000)

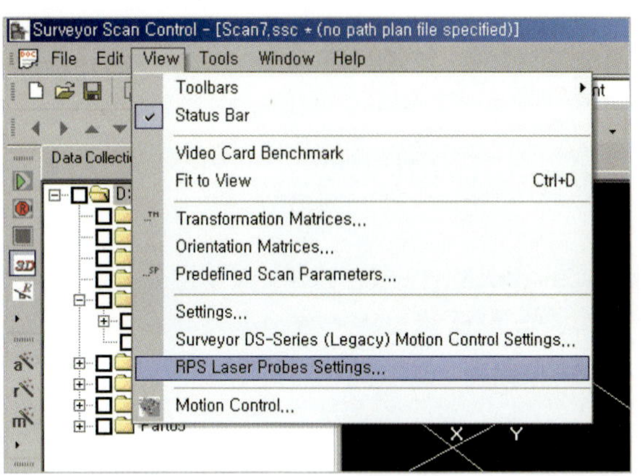

❶ Intensity Filter Setup

Configuration file 안에 기본값을 한 번 설정하여 주면 Surveyor Scan Control을 사용할 때마다 그 값들이 나타나 사용할 수 있고 이러한 값들을 매번 바꿀 수 있다. 여러 가지 방법으로 Intensity Filter Setting을 할 수 있다. Either through View의 하위 메뉴에서 RPS Line Scanning을 선택하거나 Path Plan Properties에서 Settings 버튼을 선택함으로써 사용할 수 있다. 이같은 경우에는 RPS Line Scanning Tab으로 가야 한다.

❶ Filter를 사용하기 위해 Enable Intensity Filtering 체크 박스를 클릭한다.

❷ Ceiling Filter를 설정하기 위해 Ceiling을 선택하여 퍼센트 수를 입력한다. Ceiling Filter는 퍼센트 값보다 높은 감도의 point들을 받아들이지 않을 것이다. 100%와 같거나 적은 값은 대부분 받아들이지 않을 것이다. Ceiling Filter를 사용하지 않기 위해서는 500%와 같이 높은 값으로 퍼센트를 설정한다.

❸ Cutoff Filter를 설정하기 위해 Cutoff 박스 안에 퍼센트를 입력한다. Cutoff Filter는 퍼센트 값보다 적은 감도의 포인트들을 날려 버릴 것이다. 100%와 같거나 더 큰 값들은 data의 대부분을 받아들이지 않을 것이다. Cutoff Filter를 사용하지 않기 위해서는 0%로 값을

설정한다.

④ Nominal Calibration를 하기 위해 [Nominal] 버튼을 클릭한다. (아래 참조)

⑤ Material Calibration를 하기 위해 [Material] 버튼을 클릭한다. (아래 참조)

⑥ [Set Properties...] 버튼을 클릭하여 Video Monitor 화면을 연다.

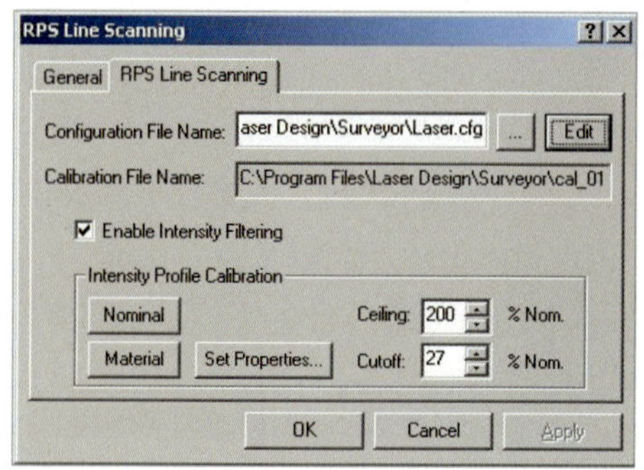

② Nominal Calibration

❶ Nominal Calibration을 하기 위해 타깃을 선택한다. 이것은 scanning을 위해 도포 작업의 공간이 될 수 있는 평평한 형태이어야 한다. 갈색과 같은 어두운 색깔의 견본 조각에 일을 잘 수행하기 위해 도포를 한다.

❷ Nominal을 위해 타깃에 최적의 exposure 세팅값을 결정한다. (아래 참조)

❸ laser.cfg 안의 intensity_filter_exposure 값을 update하고 SSC 프로그램을 재실행한다.

❹ FOV의 센터에 오도록 laser를 타깃 위에 이동시킨다.

❺ RPS Line Scanning 하위 메뉴를 연다.

❻ Nominal 버튼을 누른다.

❼ Nominal Calibration은 지금 완료되었으며 값은 레지스트리에 저장되었다. 일주일 정도 Nominal Calibrations을 할 필요가 없다.

③ Material Calibration and Path Planning

❶ Material Calibration은 정확히 파트에 설정하여야 하고 scanning을 하는 중에 물질이 바뀔 때마다 매번 재수행되어야 한다.

❷ Material을 위해 최적의 exposure 세팅값을 결정한다. (아래 참조)

❸ Path Plan Properties 윈도 또는 미리 정의된 Scan Parameters 윈도에서 최적의 값으로 각각의 sensor에 exposure를 설정하였다. Probe는 현재 최적의 exposure 값으로 설정하여 세팅되었으며 확실히 적용되었다.

❹ FOV의 센터에 오도록 laser를 파트 위에 이동시킨다.

❺ RPS Line Scanning 하위 메뉴를 연다.

❻ [Material] 버튼을 클릭한다.

❼ 제품에 calibration이 완료되었다. Laser는 정확한 exposure time으로 제품에 calibration 되었다.

❽ path plans을 생성할 때 최적의 값으로 exposure time 을 확실하게 설정한다.

4 Finding the Optimal Exposure Time Value

❶ Exposure time은 Nominal Calibration과 Material Calibration을 위해 올바르게 설정한다. 이것은 이러한 intensity filter의 올바른 사용을 위해 필요하다.

❷ 타깃이나 파트에 laser를 이동시키고 FOV의 센터에 올 수 있도록 조정한다.

❸ RPS Line Scanning 안의 버튼 Set [Properties..]을 클릭하거나 Probe tab of Path Plan Properties의 Video을 클릭하여 Video Monitor dialog을 연다.

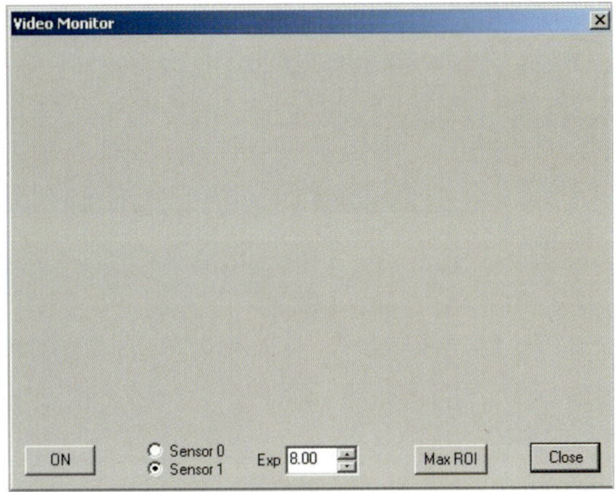

Radio 버튼과 함께 하나의 센서를 선택한다. 그리고 나서 비디오 화면을 켜기 위해 ON을 누른다. 그 윈도는 실시간으로 센서가 무엇을 보는지 화면으로 보여줄 것이다. 화면 오른쪽에는 laser 라인에서 각 픽셀들의 감도를 전체적으로 나타내어 histogram과 함께 보여주고 있다.

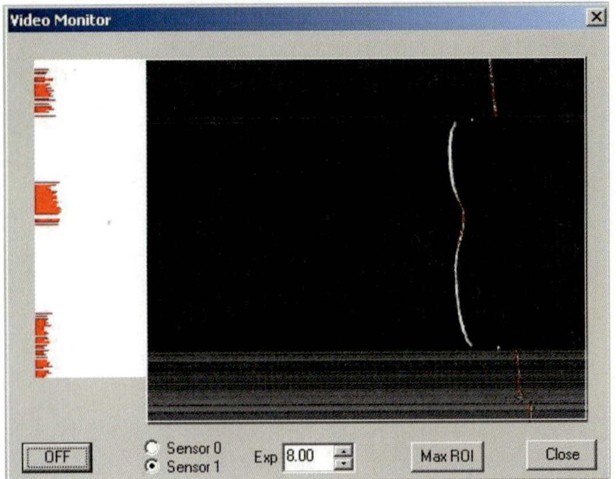

histogram이 깨끗이 보이고 파트의 교차되는 면이 좋은 물결 라인으로 보일 때까지 Exp. (exposure time)을 증가 또는 감소시킨다.

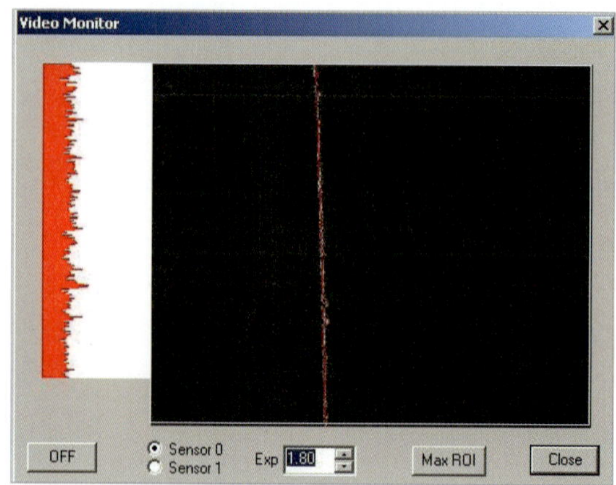

활성화된 부분을 줄이기 위해 윈도 화면의 측면을 드래그할 수 있는 커서를 사용할 수 있다. 이것은 laser가 또 다른 부분 안에 있거나 FOV의 한 부분 안에 파트의 경향을 볼 때의 상황에서 유용하다. 이러한 방법으로 계산된 것으로부터 fixture를 제거할 수 있다.

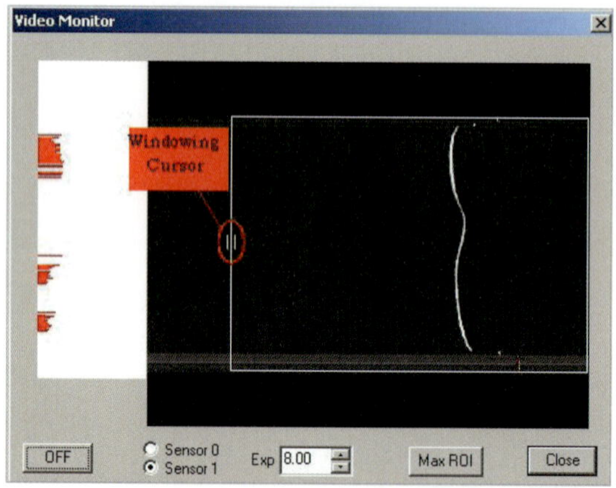

RPS Laser Probe 종류별 Ball Scan 정밀도

LASER		SPHERE CENTERS RANGE (Rotary Calibration)	SPHERE CENTERS RANGE (Probe Alignment)	STANDARD DEVIATION MAX
RPS 120	MAX	0.01273 mm	0.0254 mm	0.0127 mm
	Typical	–	0.0101~0.0152 mm	0.0063 mm
RPS 150	MAX	0.0228 mm	0.0305 mm	0.0254 mm
	Typical	–	0.0254 mm	0.0190 mm
RPS 450	MAX	0.0279 mm	0.0508 mm	0.0508 mm
	Typical	–	0.0381 mm	0.0203 mm

　Full size로 윈도 화면을 재설정 하기 위해서 Max ROI 버튼을 누른다. 한 번만 각 센서들의 최적화된 exposure 확인이 되면 윈도를 닫을 수 있다. (그들은 같을 것이다. 그러나 확인을 위해 각 센서들을 선택하여야 한다.) 그리고 계속적으로 Nominal 또는 Material Calibration를 수행할 수 있다.

• 현재의 값에서 많이 벗어난다면 Laser Probe Recalibration을 하여야 한다.

C.h.a.p.t.e.r

03 NX를 이용한 역설계

3-1 역설계 실습 – 마우스

1 mouse 파일 생성

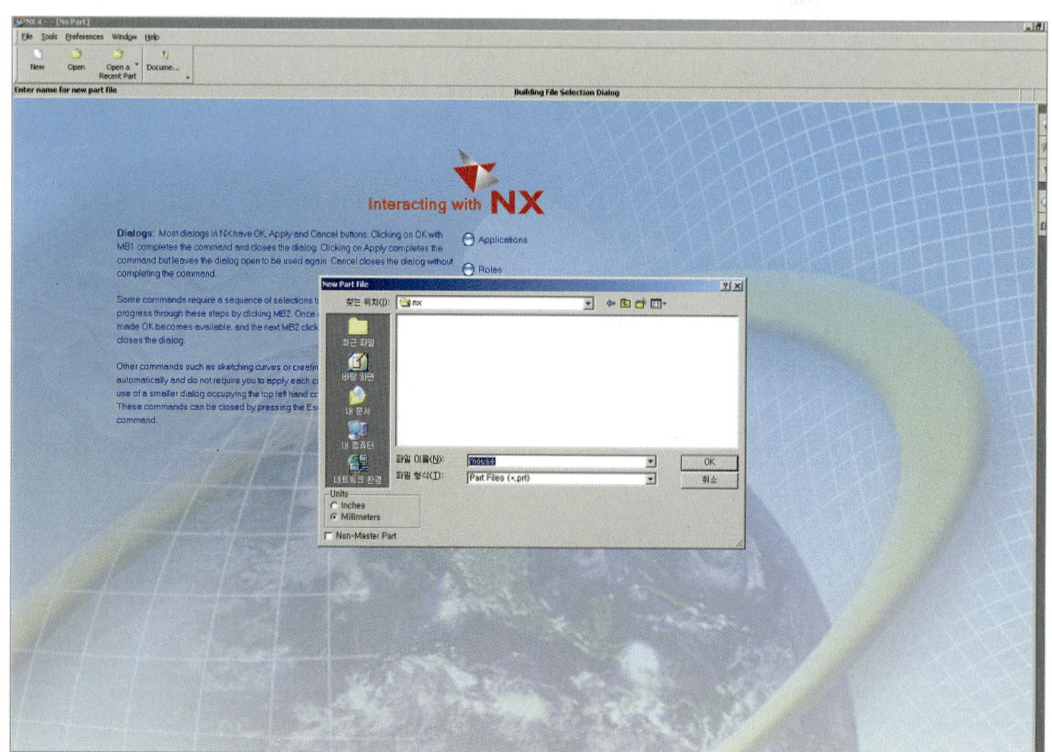

❶ NX를 실행 후 새로운 Part 파일을 생성한다.
❷ File ➡ New(파일 이름에 mouse를 작성한다.)

② Modeling Application 실행

NX의 모델링 작업 화면 전환

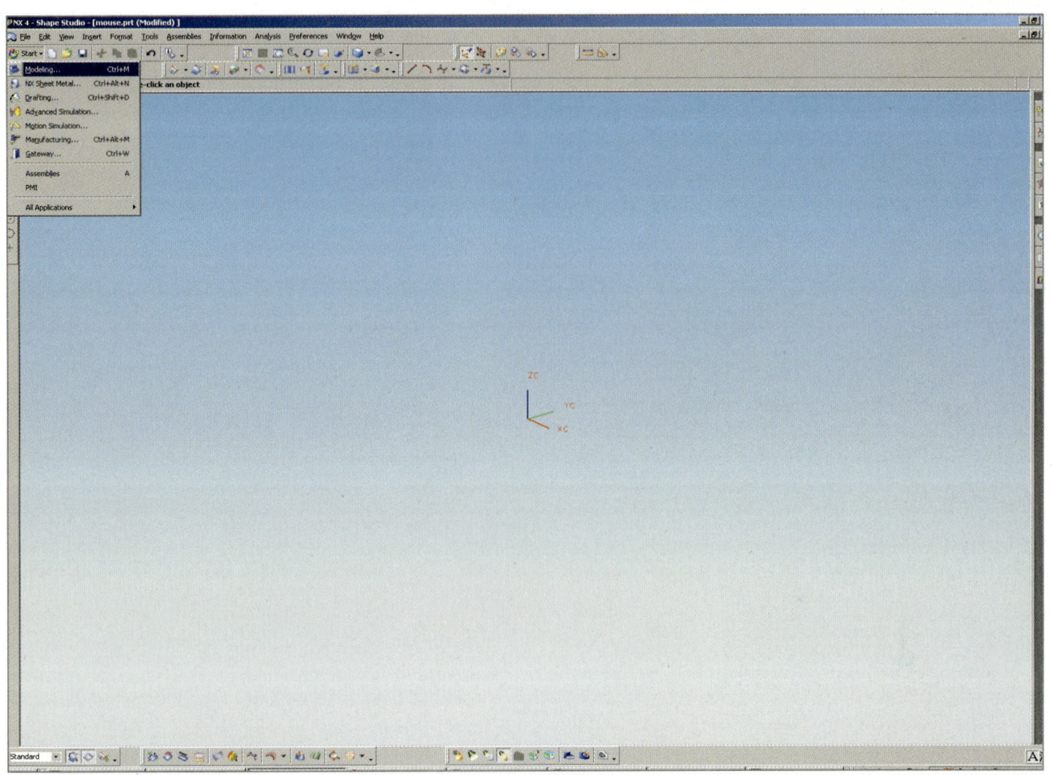

③ 스캔 데이터 Import

File ➡ Import ➡ Stl

④ 윗면 생성

Insert ➡ Curve from bodies – Section curve

❶ **Section 추출 :** 스캔 데이터에서 Section Curve 추출

01 >> 그림(좌)과 같이 설정 후 스캔 데이터를 선택한다.
- Selection Steps ➡ Objects to Section
- Section Method ➡ Parallel Plane
- Filter ➡ Faceted Body

02 >> 그림(우)과 같이 설정 후 적용한다.
- Selection Steps ➡ Base Plane
- Plane Method ➡ XZ Plane
- Associative Output ➡ 체크 해제

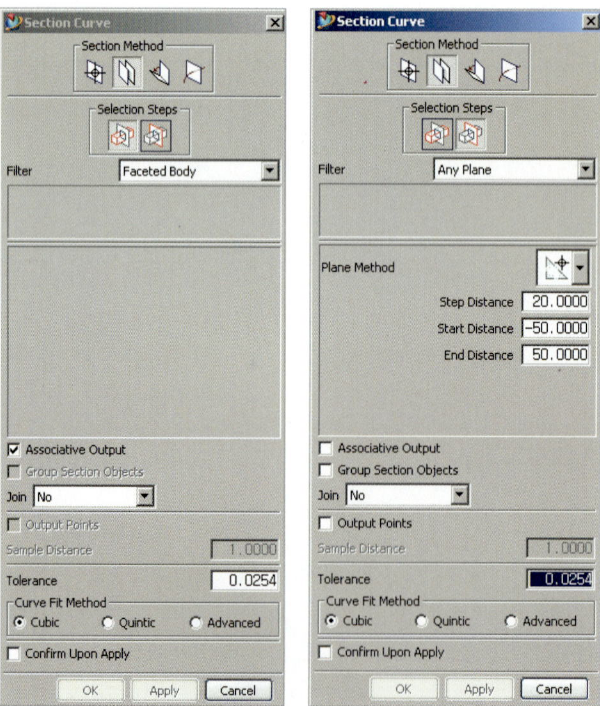

03 >> 다음 그림과 같이 Section Curve(하늘색)가 생성된다.

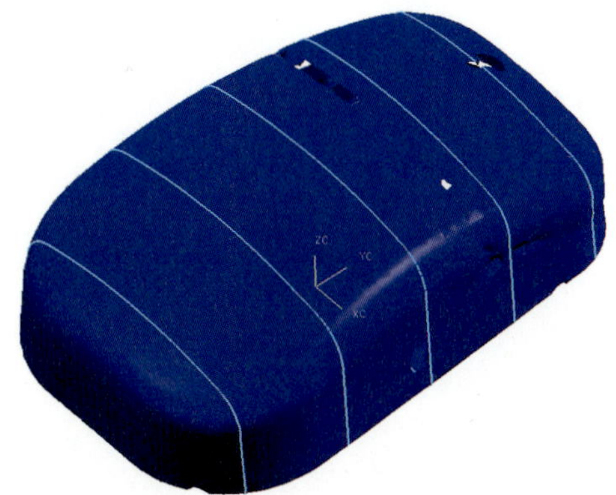

❷ **Section Point 생성 :** Section Curve 데이터에서 Point 추출
• Insert ➡ Datum/Point ➡ Point set

01 >> 그림(좌)과 같이 Spline Knot Points를 선택한다.

02 >> 그림(중)과 같이 나오면 Section Curve를 선택한다.

03 >> 그림(우)과 같이 Point가 생성된다.

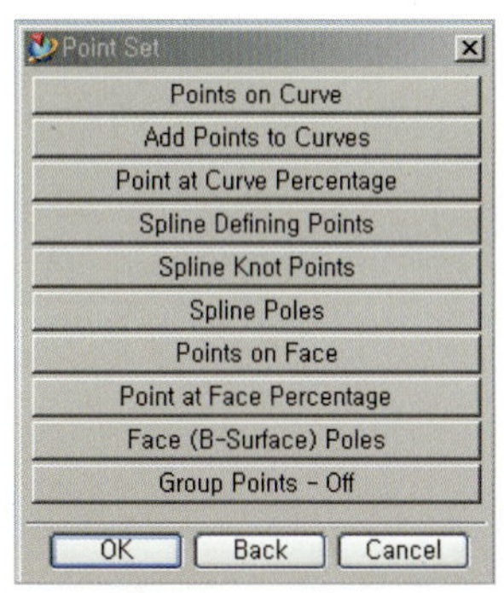

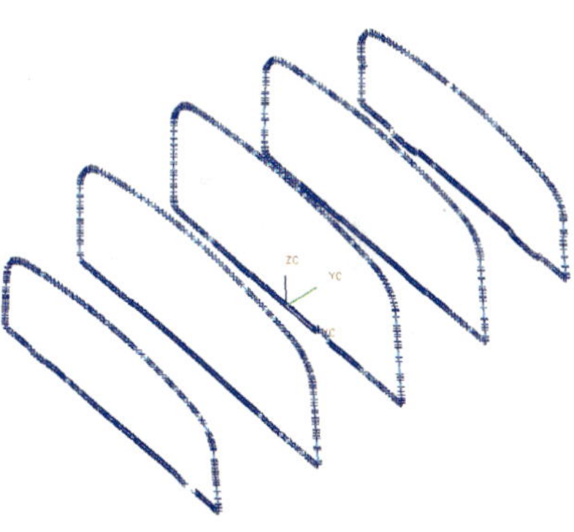

❸ **Spline 생성 :** 추출한 Point를 이용하여 새로운 Curve 생성
• Insert ➡ Curve ➡ Studio Spline

01 >> 다음 그림과 같이 Snap은 ⊞ Point로 설정한다.

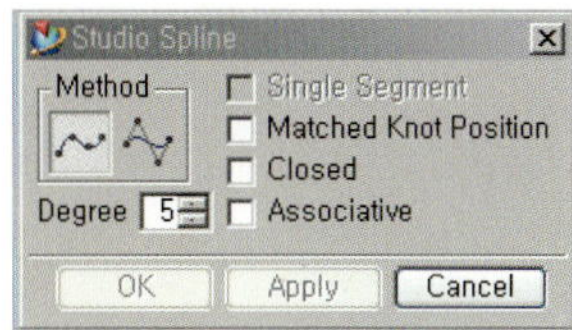

02 >> 그림(좌)과 같이 Point 4개 정도를 선택하여 Spline을 생성한다.

03 >> 그림(우)과 같이 5개의 Section Point에 Spline(갈색)을 생성한다.

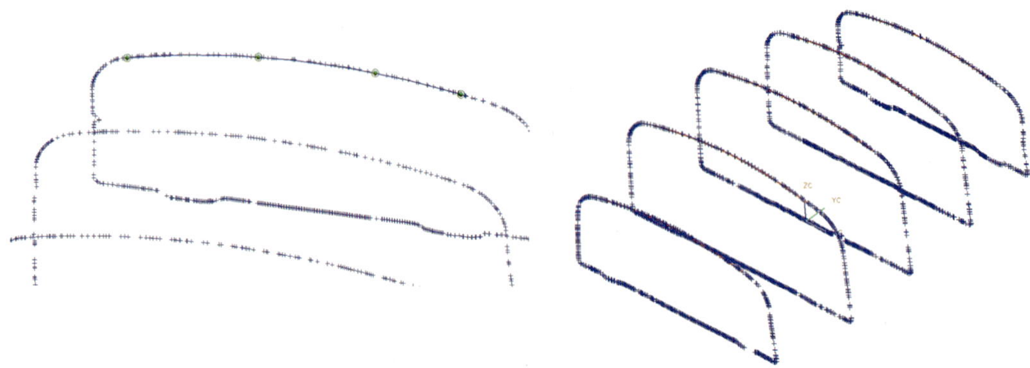

❹ **Spline 연장 :** 스캔 데이터보다 크게 연장
· Edit ➡ Curve ➡ Curve Length

01 >> 아래 그림과 같이 Spline 선택 후 Start와 End 화살표를 마우스로 끌어서 늘이거나 더블 클릭을 하여 수치를 넣어준다.

02 >> Spline 5개를 모두 연장한다.

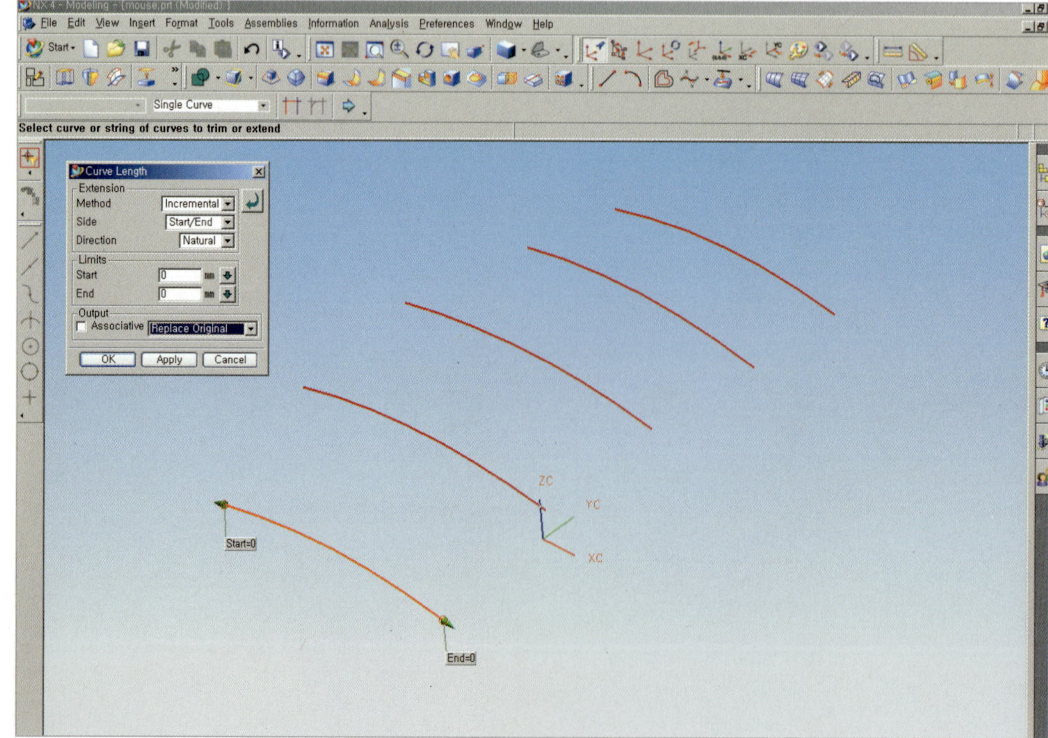

❺ Point 추출

- Insert ➡ Curve from bodies ➡ Section curve

01 >>   앞 그림에서 생성된 Spline을 이용하여 Point를 추출한다.

- Selection Steps ➡ Objects to Section
- Section Method ➡ Parallel Plane
- Filter ➡ Curve 선택

02 >>   아래 그림과 같이 설정 후 적용한다.

- Selection Steps ➡ Base Plane
- Plane Method ➡ YZ Plane

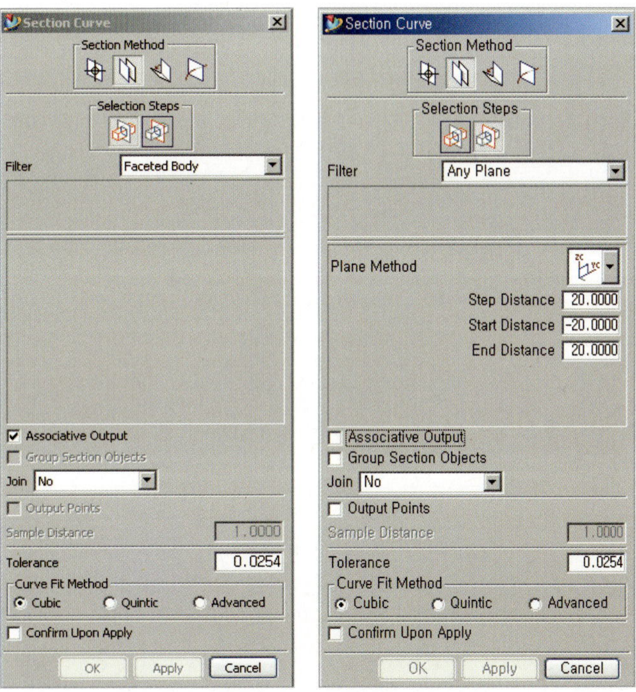

03 >>   다음 그림과 같이 Spline의 Point가 생성된다.

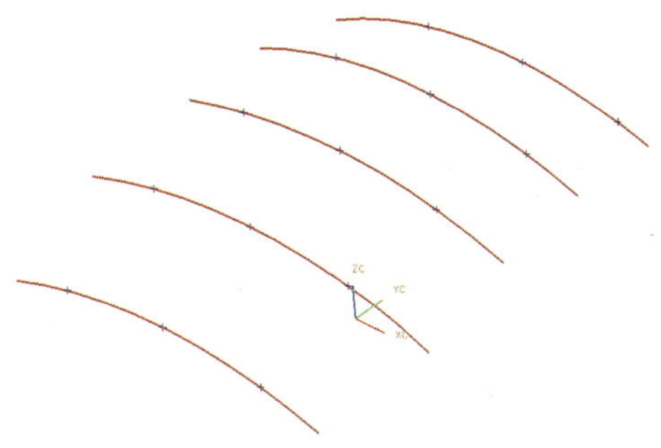

❻ **Spline 생성 :** 추출한 Point를 이용하여 새로운 Curve 생성

• Insert ➡ Curve ➡ Studio Spline

01 >> p51 하단 그림과 같이 Snap은 ⊞ Point로 설정한다.

02 >> 다음 그림과 같이 Point 5개를 지나가는 Spline이 생성된다.

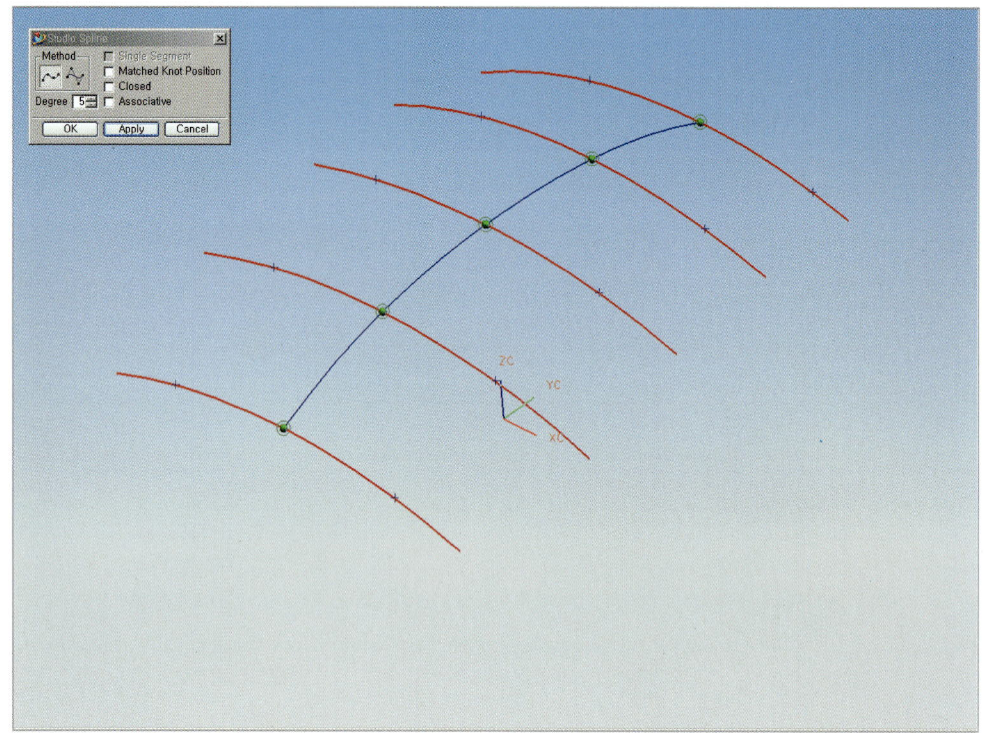

03 >> 다음 그림과 같이 격자 Curve가 생성된다.

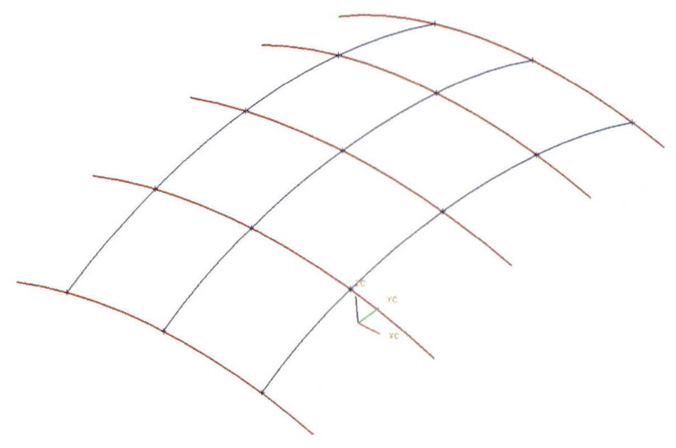

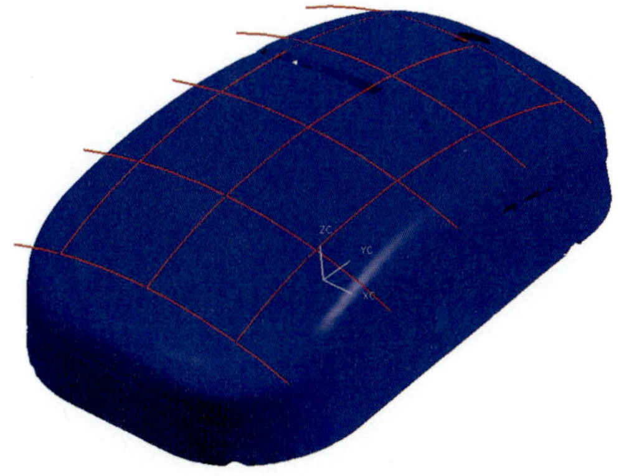

❼ Surface 생성

• Insert ➡ Mesh Surface ➡ Through Curve Mesh

01 >> 다음 그림과 같이 선택

- Primary Strings는 XZ에 평행한 5개의 Curve 선택
- 마우스 가운데 버튼 클릭
- Cross Strings는 YZ에 평행한 3개의 Curve 선택

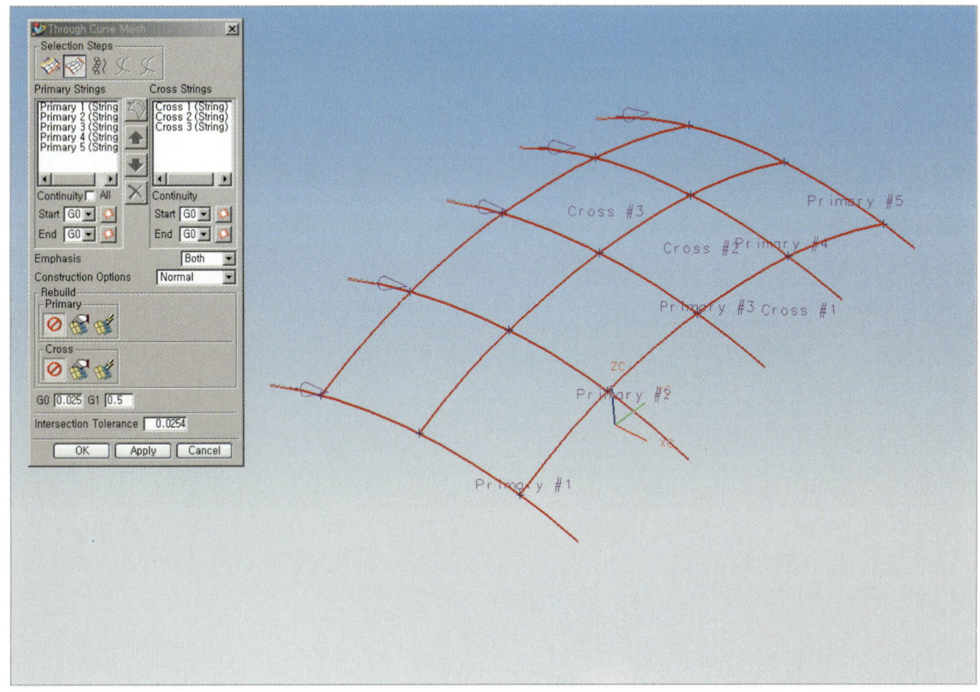

02 >> 다음 그림과 같이 Surface가 생성된다.

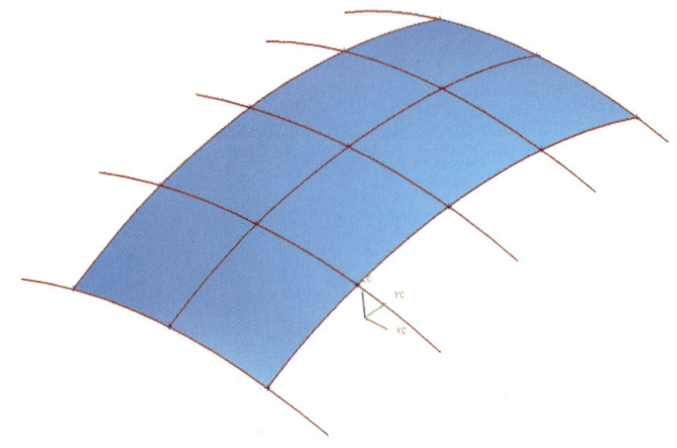

❽ Surface 연장 : 스캔 데이터보다 크게 Surface를 연장

• Edit ➡ Surface ➡ Enlarge

01 >> 다음 그림과 같이 선택

– Surface 선택 후 UV 연장 치수 기입 또는 Scroll 이용하여 마우스로 연장

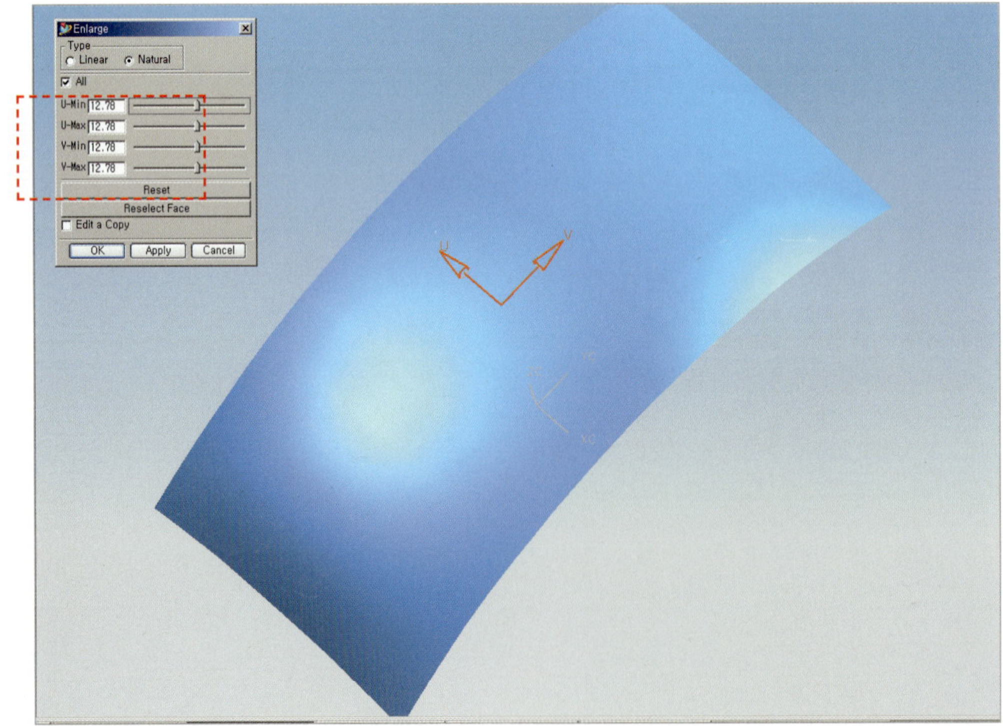

❾ Surface 조절 : Surface를 스캔 데이터에 맞춤

• 다음 그림을 보면 생성된 Surface와 스캔 데이터와의 오차가 발생하는 것을 겹쳐진 모양으로 알 수 있다. 예를 들어 스캔 데이터인 파란색이 보이는 부분은 Surface가 스캔 데이터 아

래쪽에 있는 것이고 이와 반대되는 곳은 위쪽에 있는 것이다. 이러한 오차를 최대한 줄이는 것이 중요하다. 즉 스캔 데이터와 Surface 데이터가 반씩 섞인 것으로 생성해야 된다.

· Edit ➡ Surface ➡ X-form 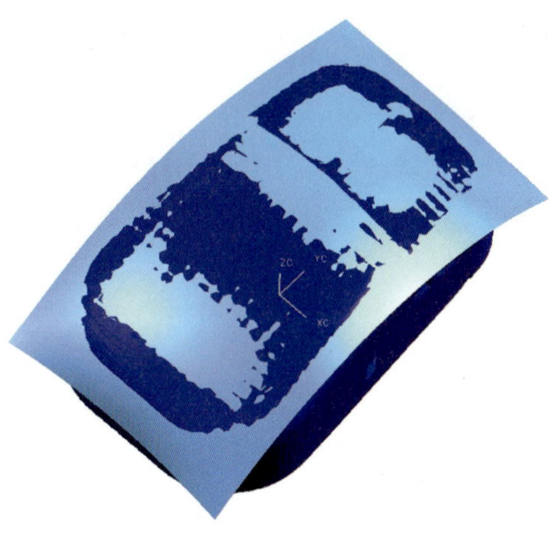

01 >>   다음 그림과 같이 Surface를 구성하는 Fall들을 조정하여 스캔 데이터와 Surface 데이터를 맞춘다.

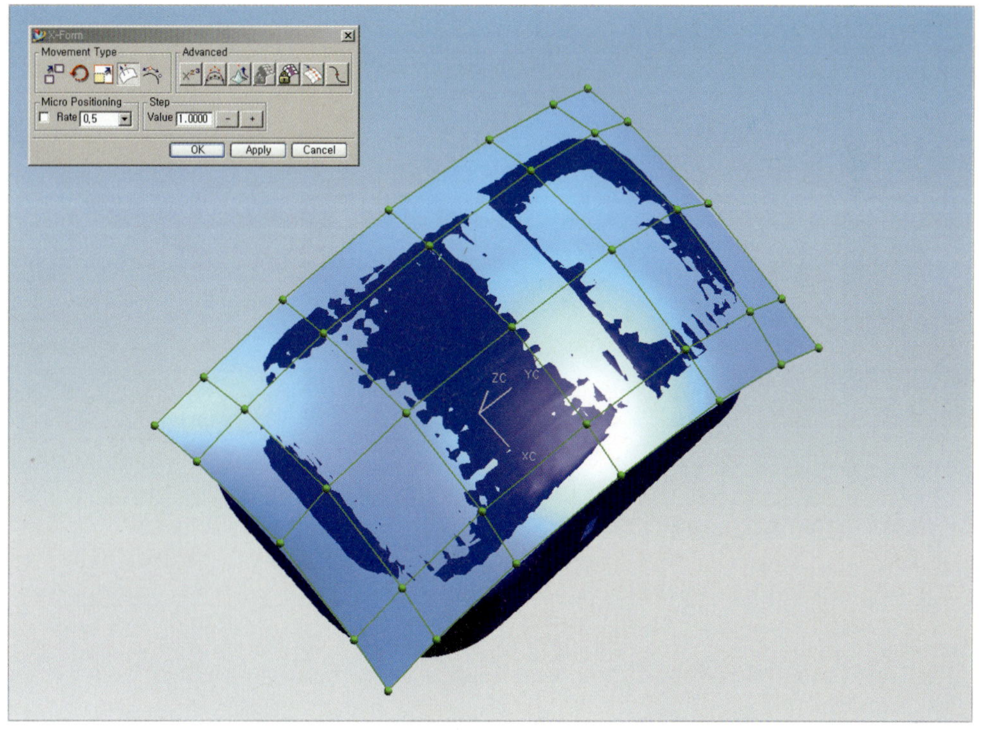

02 >>   그림(좌)과 같이 옵션을 선택한다.

– Movement Type ➡ Translate Normal to Face/Curve

- Fall 선택 후 마우스 드래그 또는 Step 옵션의 값 입력 후 +/- 클릭
- 원하는 위치에 Fall 생성 시 그림(우)과 같이 Advanced의 Change Degree에서 UV Patches 값 조절

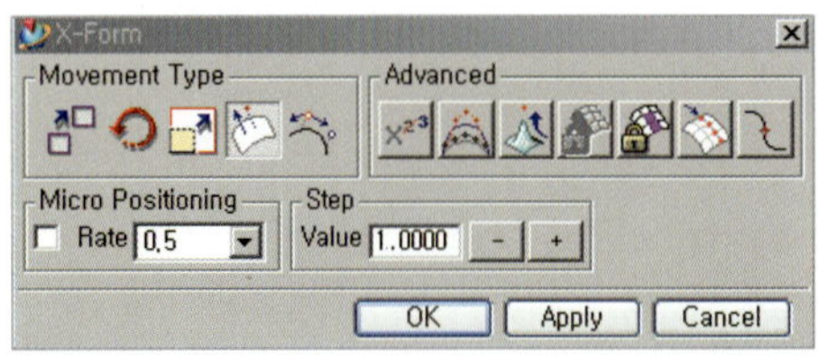 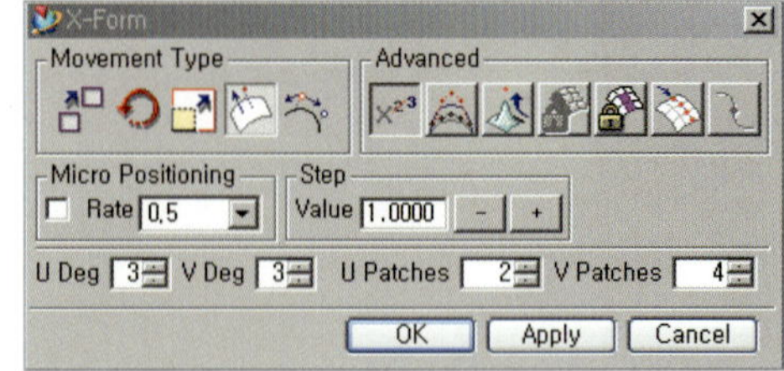

• Edit ➡ Surface ➡ Enlarge ◈

01 >> p56 하단 그림과 같이 선택한다.
- Surface 선택 후 UV 연장 치수 기입 또는 Scroll 이용하여 마우스로 연장

⑩ Surface 완성
• 그림(우)과 같이 Surface 완성

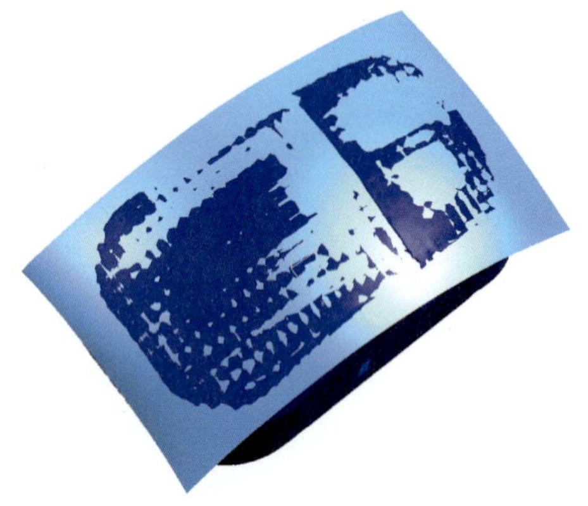

3-2 역설계 실습 – 버튼

① 버튼 파일 생성

• File ➡ Import ➡ NU. Stl
• Insert ➡ cover from bodies ➡ section
• Section Method ➡ Parallel planes 선택 filter ➡ faceted body 선택
• Plane Method에서 yz 선택, Step distance=15, start distance=60, end distance=60 화면과 같이 입력하고, Apply한다.
• Top view(Ctrl + Alt + T)

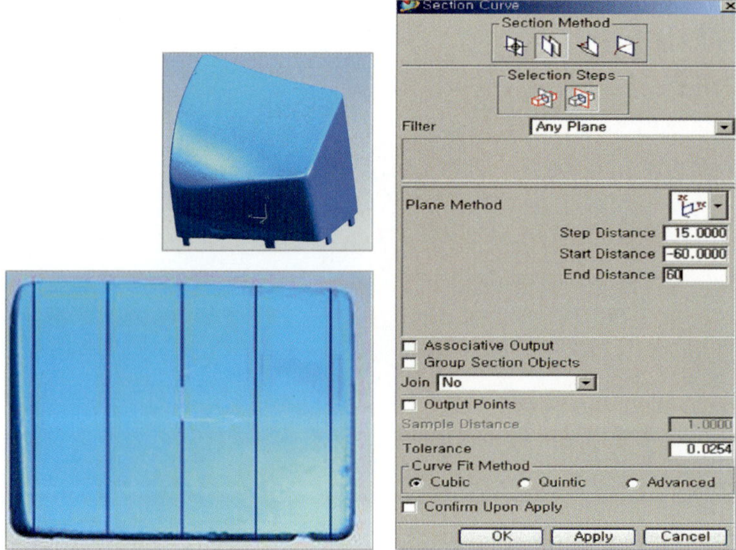

② 커브 생성

- Insert ➡ Curve ➡ Studio Spline 을 선택하고, 섹션 데이터에 포인트 찍듯이 라인을 생성한다.
- Snap은 Control point로 설정한다.

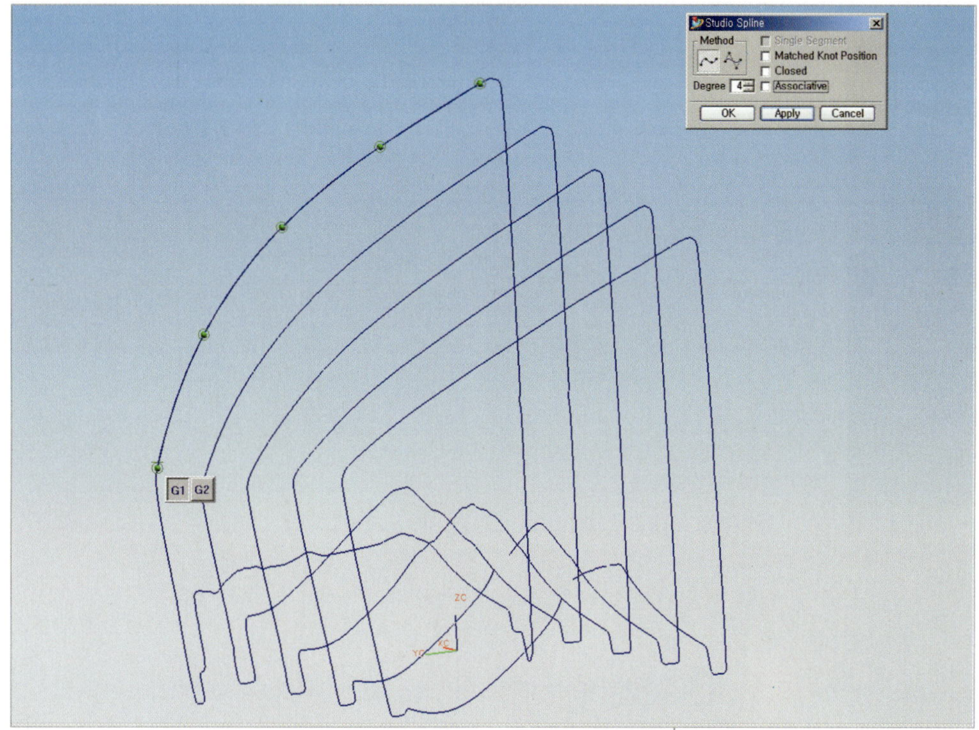

3 Spline 연장

- 스캔 데이터보다 크게 연장한다.
- Edit ➡ Curve ➡ Curve Length
- 라인을 선택해서 화살표 방향으로 늘린다.

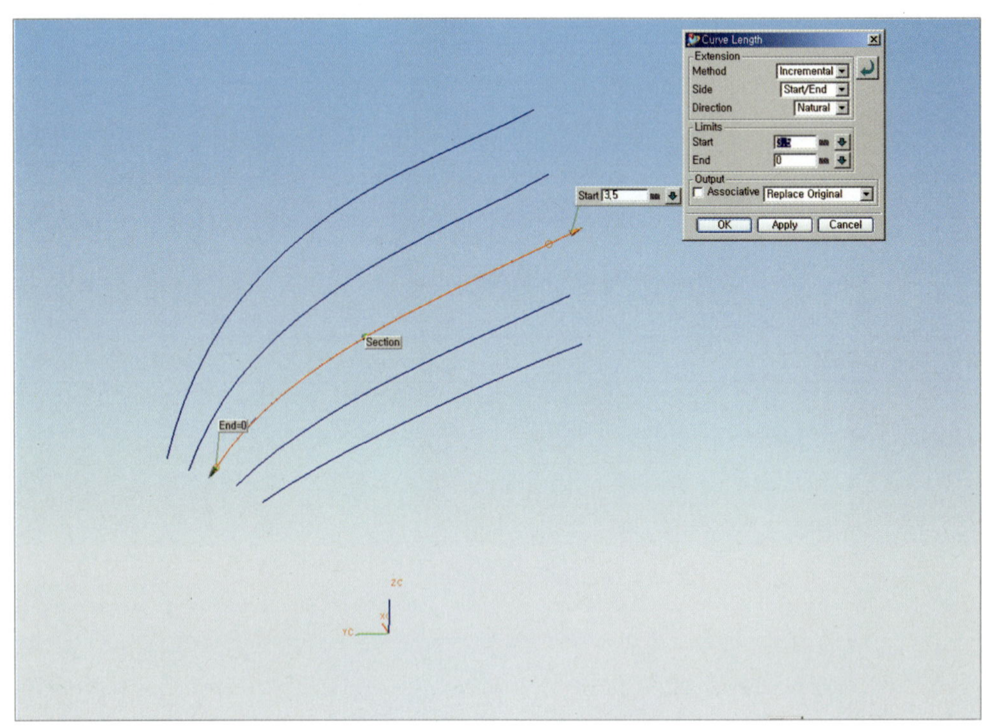

4 윗면 생성

❶ Trim Curve

- Edit ➡ Curve ➡ Trim

01 >> 임의의 라인을 긋고 그 라인에 맞춰 커브를 잘라준다.

02 >> String to Trim 남겨질 부분을 선택한다.

03 >> 잘려질 임의의 라인을 선택한다.

04 >> 잘려질 임의의 두 번째 라인을 선택하고 Apply한다.

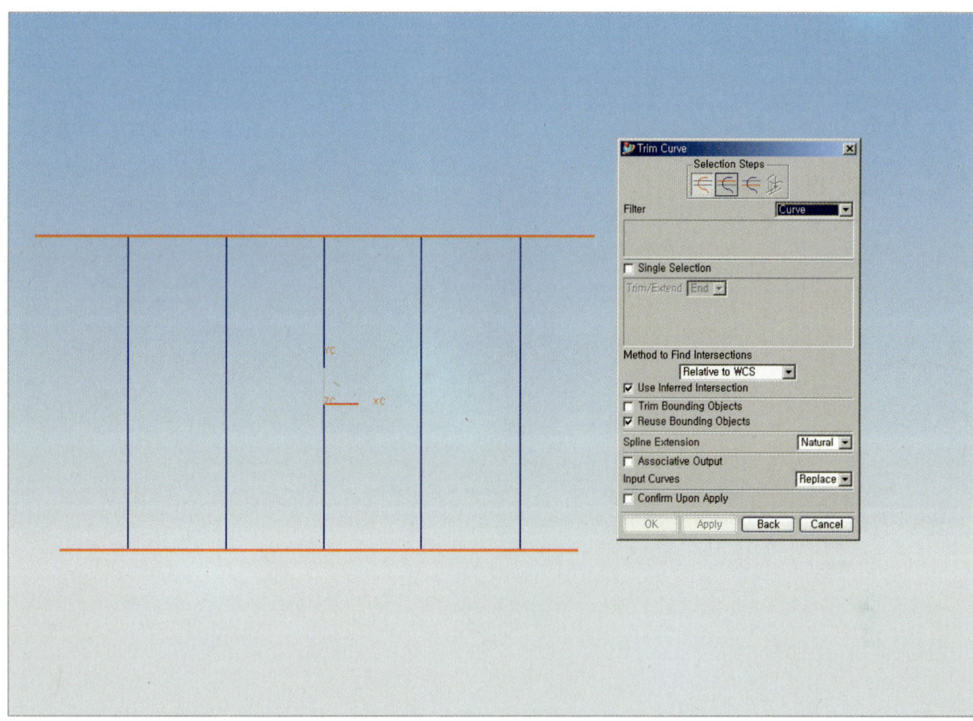

· Insert ➡ Mesh Surface ➡ n*n 선택

05 >> 생성한 라인을 하나씩 선택한다.

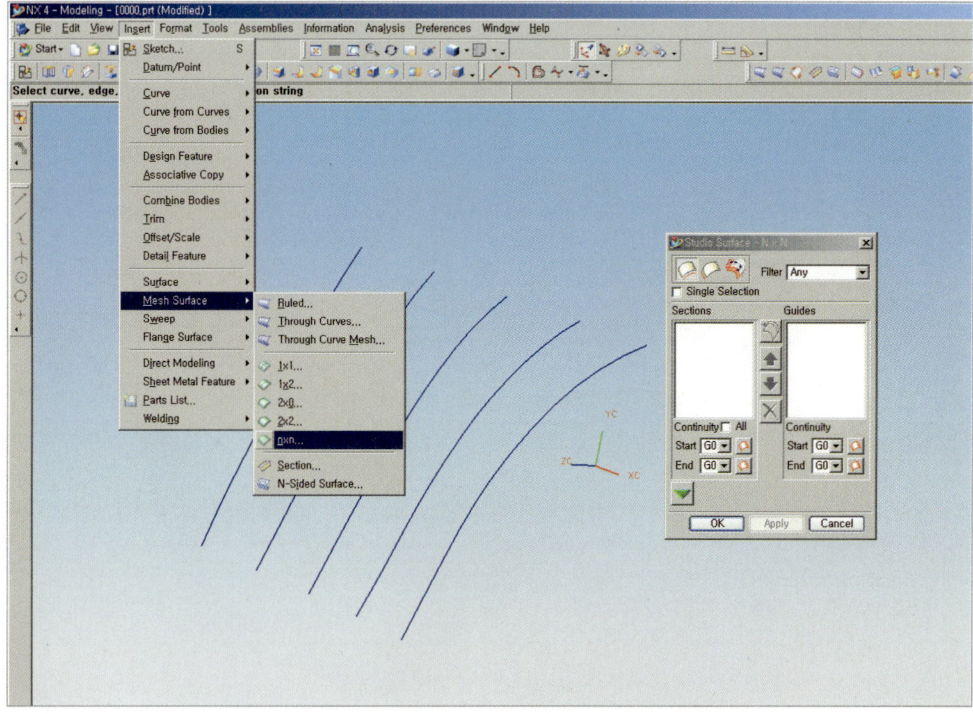

5 윗면 생성

• 이때 그림과 같이 커브 방향성이 다르면 원하는 곡면이 안 되므로 취소하고 다시 선택한다.

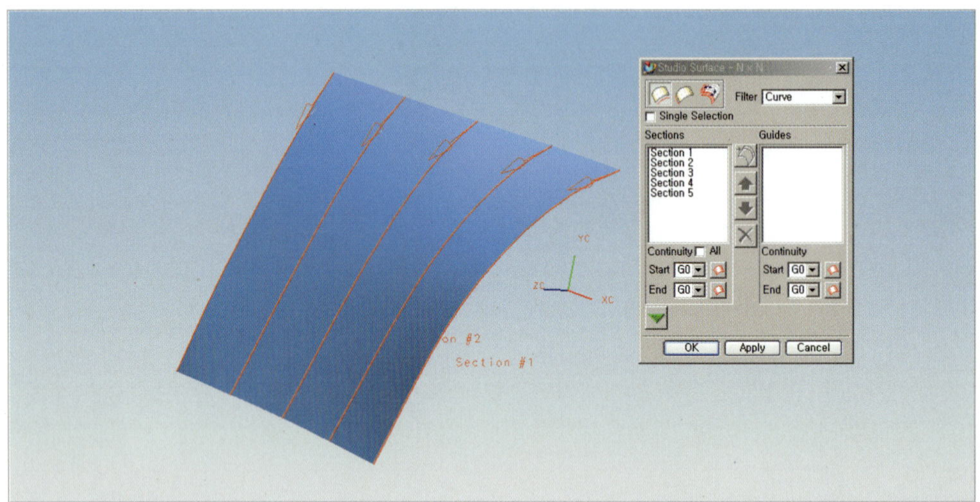

6 곡면 늘리기

• Edit ➡ Surface ➡ Enlarge
• 그림과 같이 선택 – Surface 선택 후 UV 연장 치수 기입 또는 Scroll 이용하여 마우스로 연장

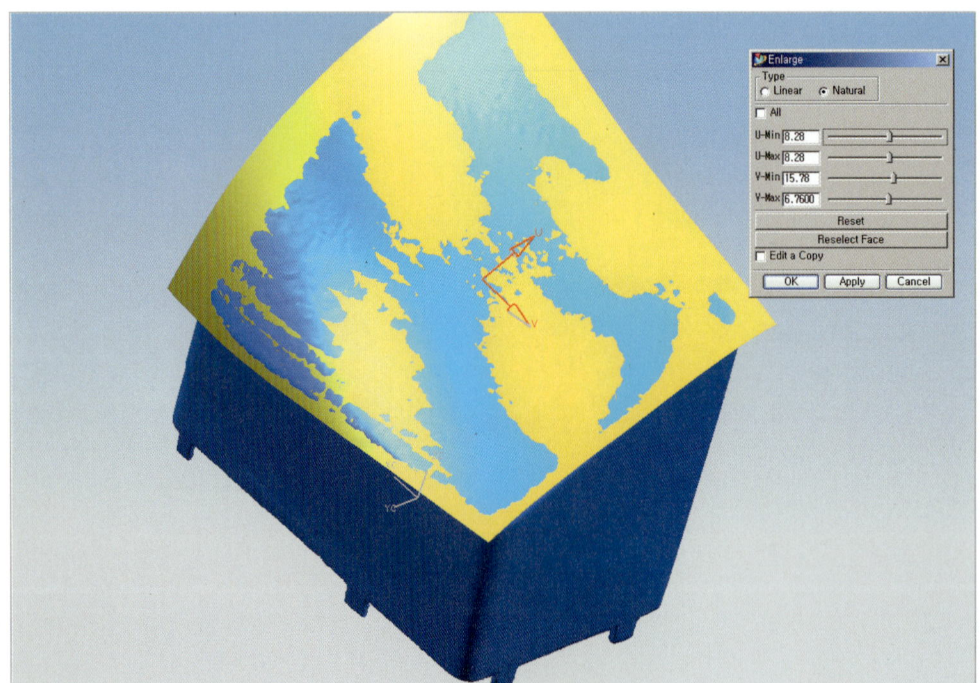

7 곡면 수정

- Edit ➡ Surface ➡ X-form
- 컨트롤 포인트를 이용해 최대한 스캔 데이터에 맞춘다.

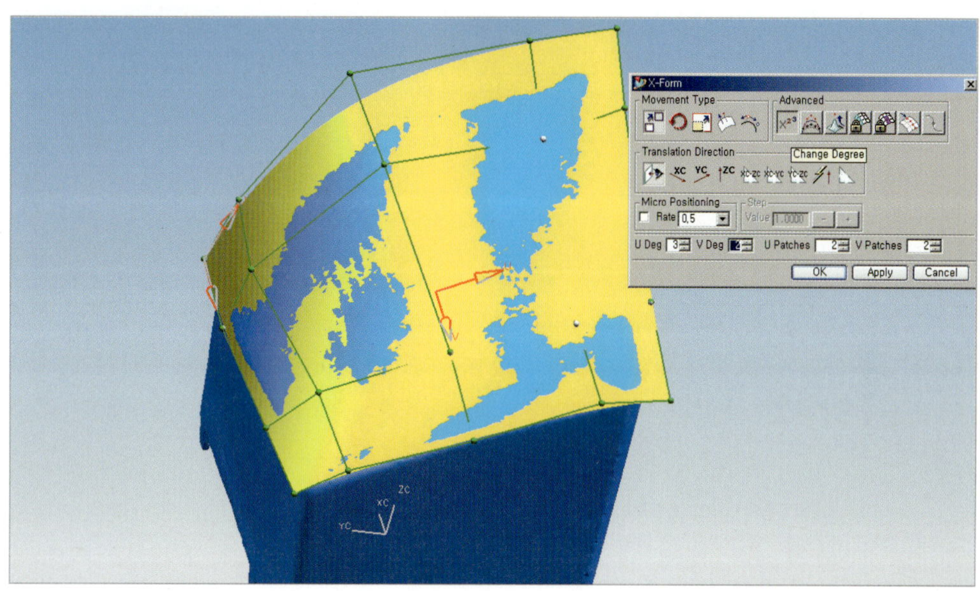

8 윗면 생성

- Insert ➡ Curve from bodies ➡ Section curve
- Plane Method에서 그림과 같이 입력 섹션을 자른다.

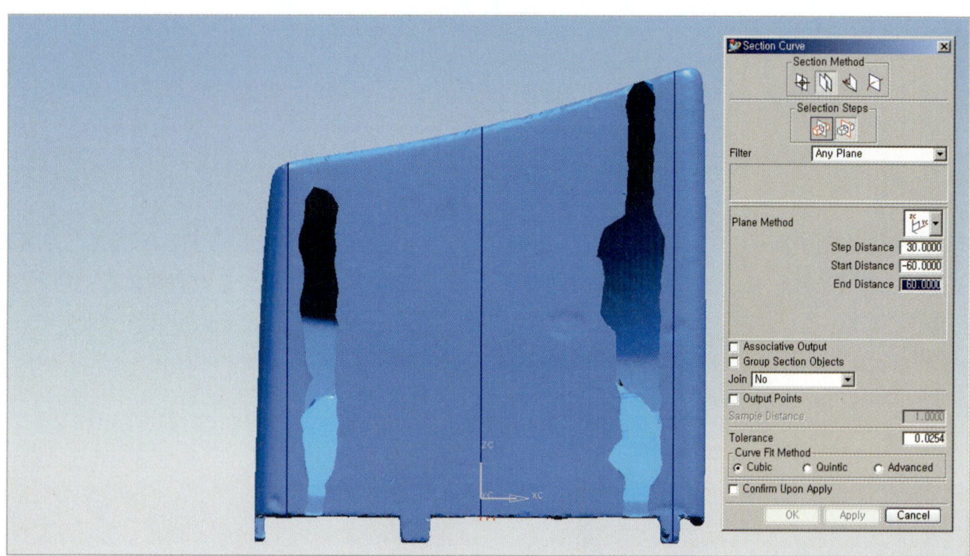

9 측면 생성

- 윗면 생성 시 사용했던 섹션 데이터를 불러와 측면 라인을 생성한다.
- Insert ➡ Mesh Surface ➡ n*n
- 윗면을 생성하듯이 측면도 Mesh Surface 면을 생성한다.

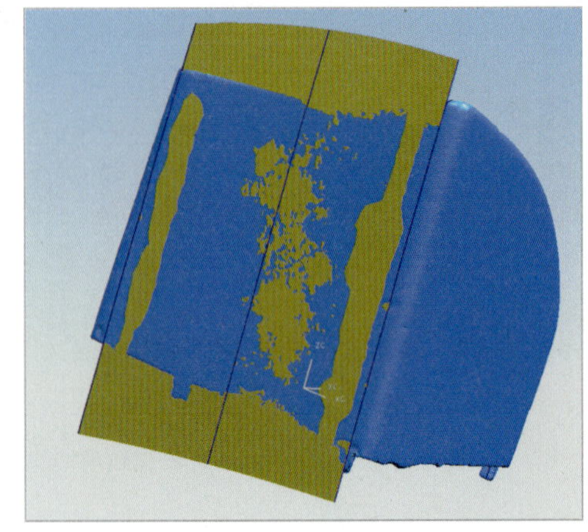

10 바닥면 그리기

- Insert ➡ Curve ➡ Line
- 아이콘 view 창에 Wire frame with Dim Edges을 선택하고, 화면과 같이 라인을 생성한다.
- 이때 좌표축은 X, Y 플랜에 있어야 한다.

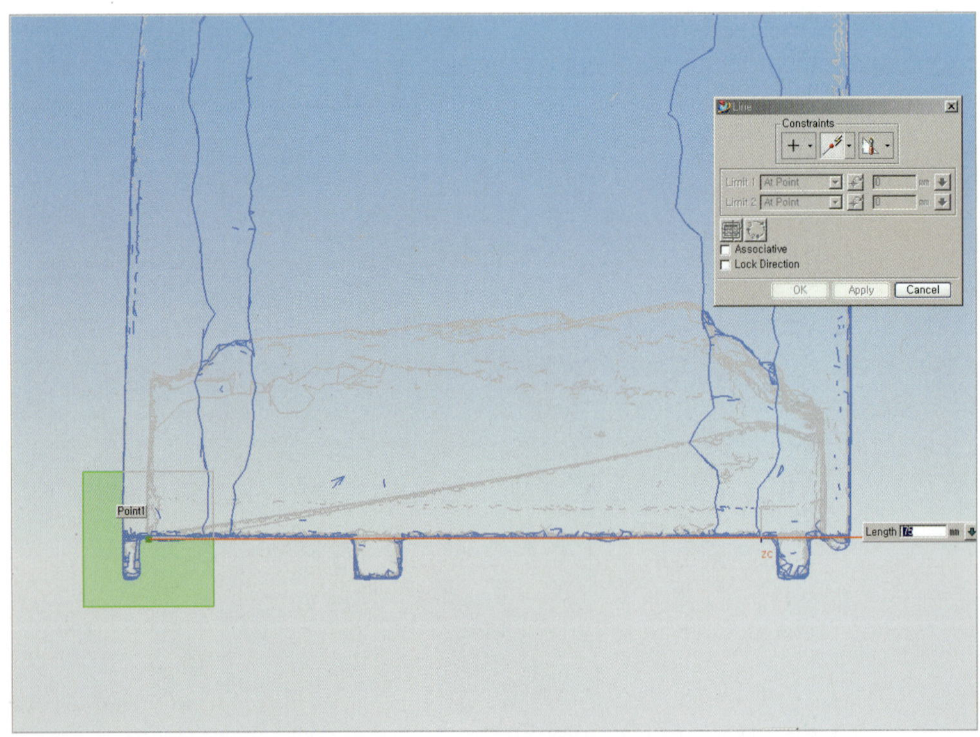

11 바닥면 생성

- File ➡ Import ➡ design feature-Extrude
- 화면과 같이 입력하고 Apply한다.

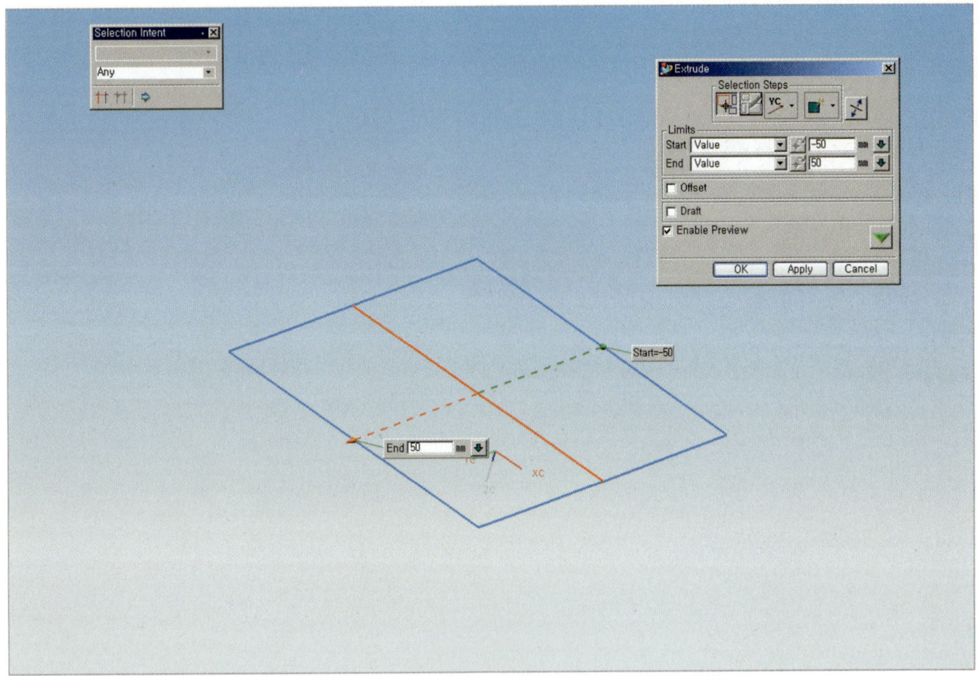

12 곡면 불러오기

- Part Navigator 창에 생성한 면들을 체크하면 화면과 같이 나타난다.

13 곡면 트림

- File ➡ Import ➡ 🔳 Trim-Trimmed Sheet
- 잘려지는 면을 선택하고, 주위 면들을 선택 Apply한다.

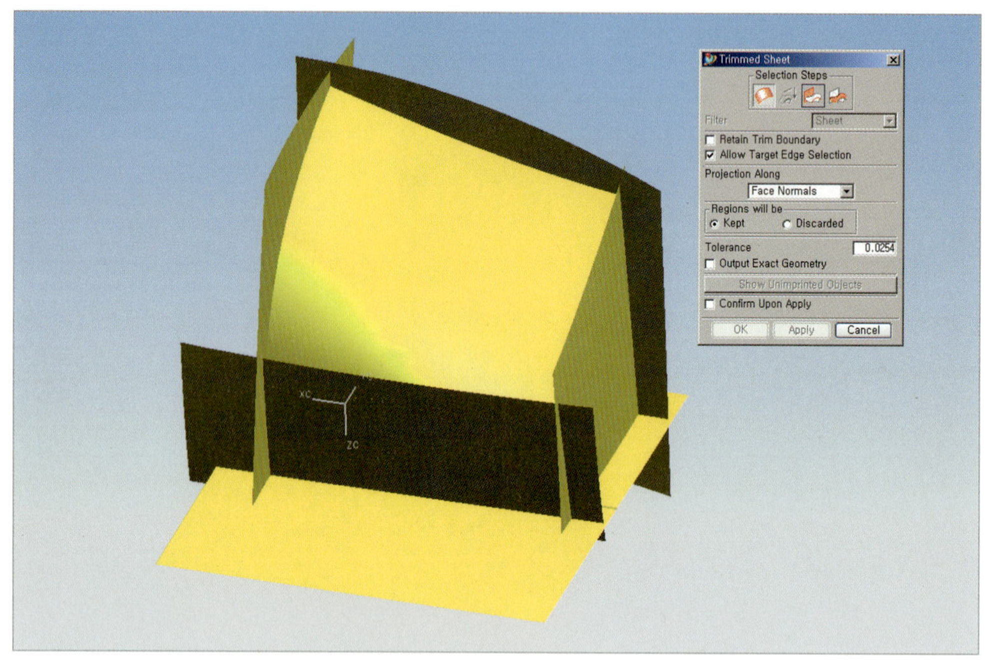

- 그림과 같이 동그라미 부분은 남겨질 면이고 주황색 교차되는 면들을 선택 Apply한다.
- 나머지 면들도 같은 방법으로 해서 그림과 같이 트림한다.

14 곡면 솔리드 만들기

- Surface 트림을 다하고 나면 Insert ➡ Combine Bodies ➡ Sew 선택
- Target sheet를 선택하고, Tool sheets 나머지 면들을 드래그하여 전체 면을 선택 Apply 한다.

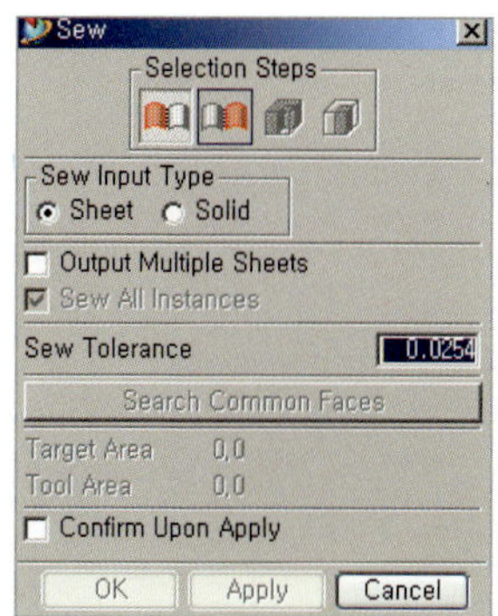

15 섹션 데이터 R값 체크

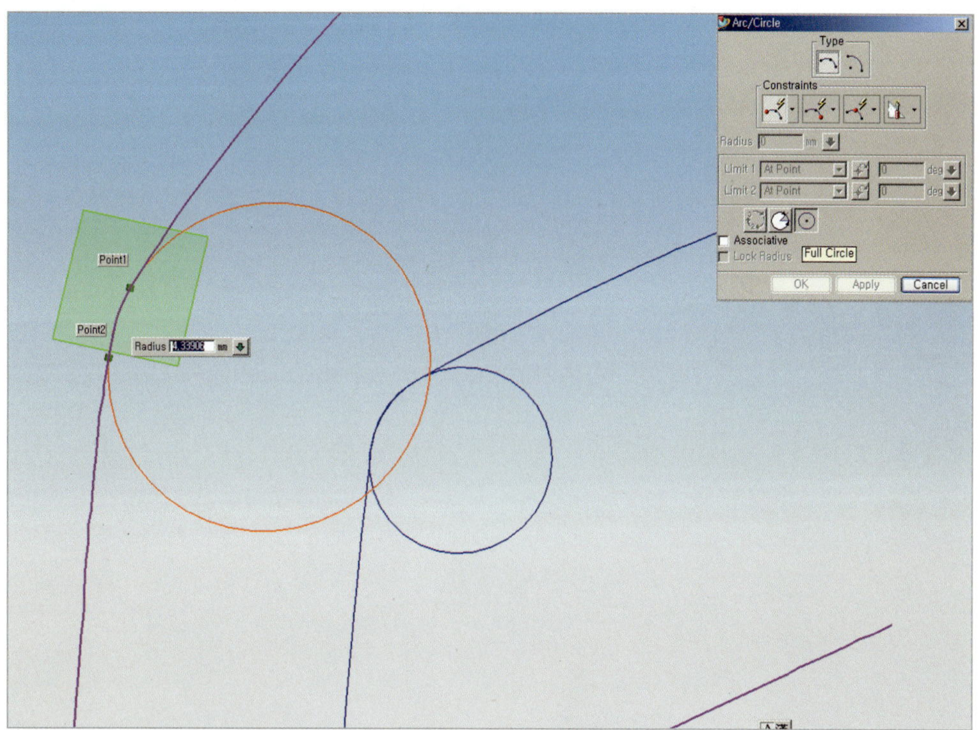

- Insert ➡ Curve ➡ Arc/Circle 선택
- 세 점으로 Start point ➡ End point ➡ Mid point 순으로 서클을 생성하면 그림과 같이
  Radius 값이 나온다. 만들어진 정보를 다시 보고 싶을 때는 Information ➡ Object를 선택
  하고 Ctrl + 1을 누르면 언제든지 확인 가능하다.

16 곡면 필렛

- File ➡ Import ➡ Detail Feature

• Edge Blend 그림과 같이 2를 입력한다.

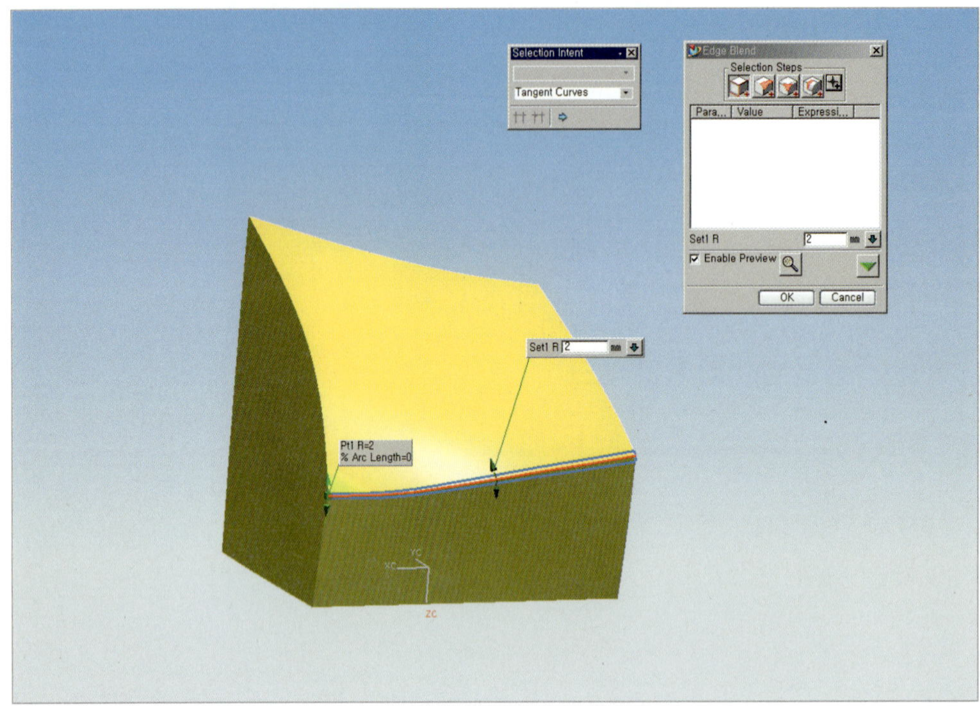

• File ➡ Import ➡ Detail Feature
• Edge Blend 그림과 같이 나머지 모서리 선택 3을 입력하고 Apply한다.

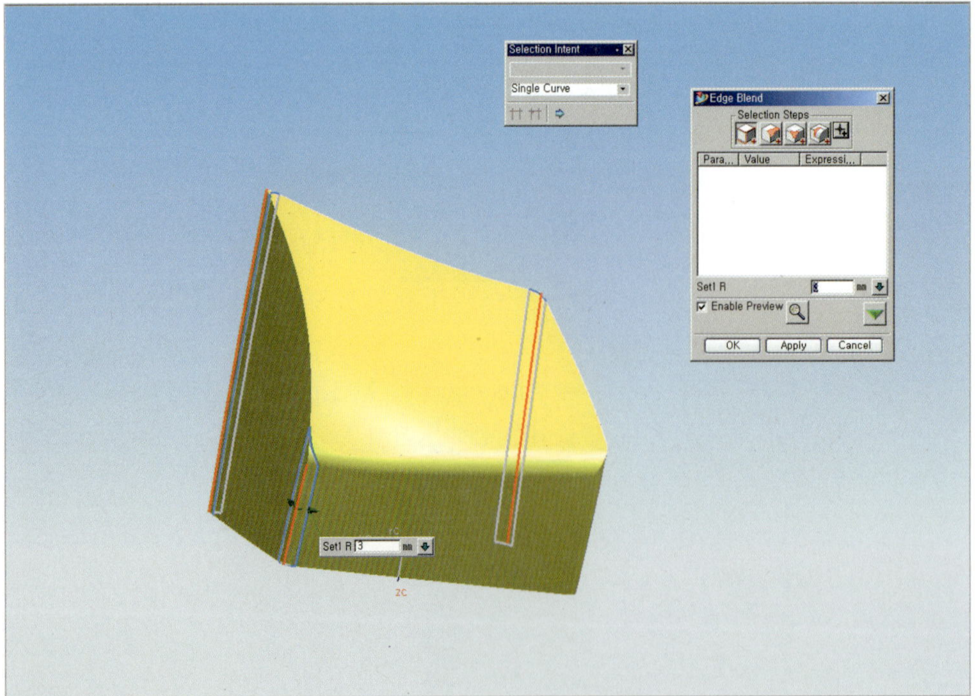

• 완성

3-3   역설계 실습 – 본넷

1 파일 생성

• NX를 실행 후 새로운 Part 파일을 생성한다.
• File ➡ New (파일 이름에 bonet를 작성한다.)

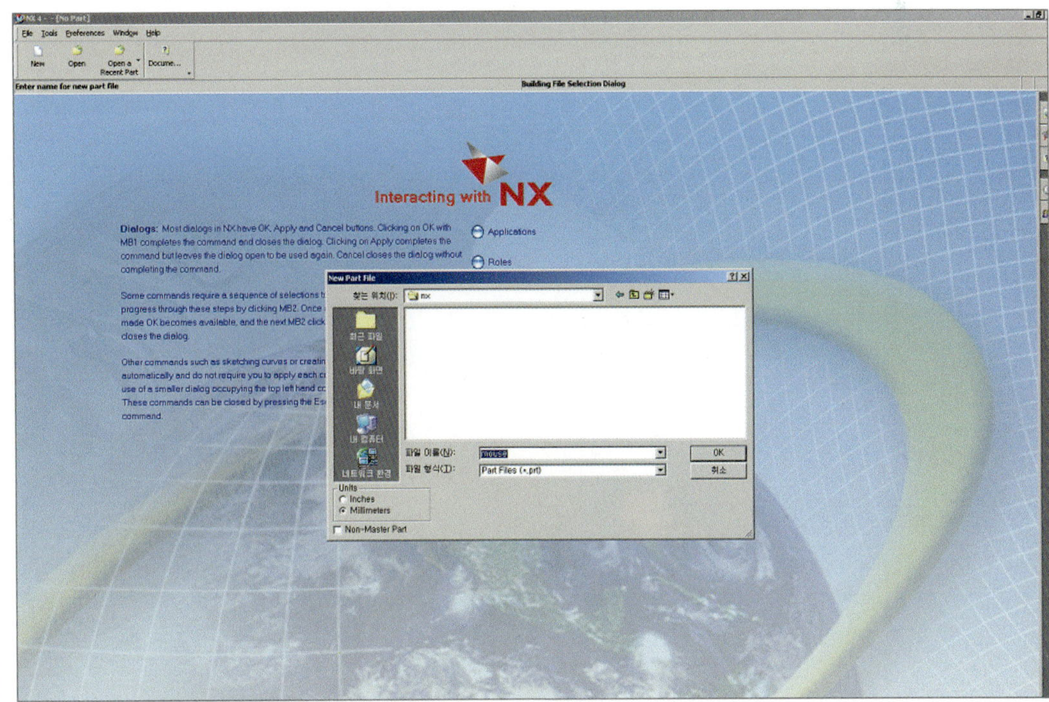

② Modeling Application 실행

• Modeling Application 실행

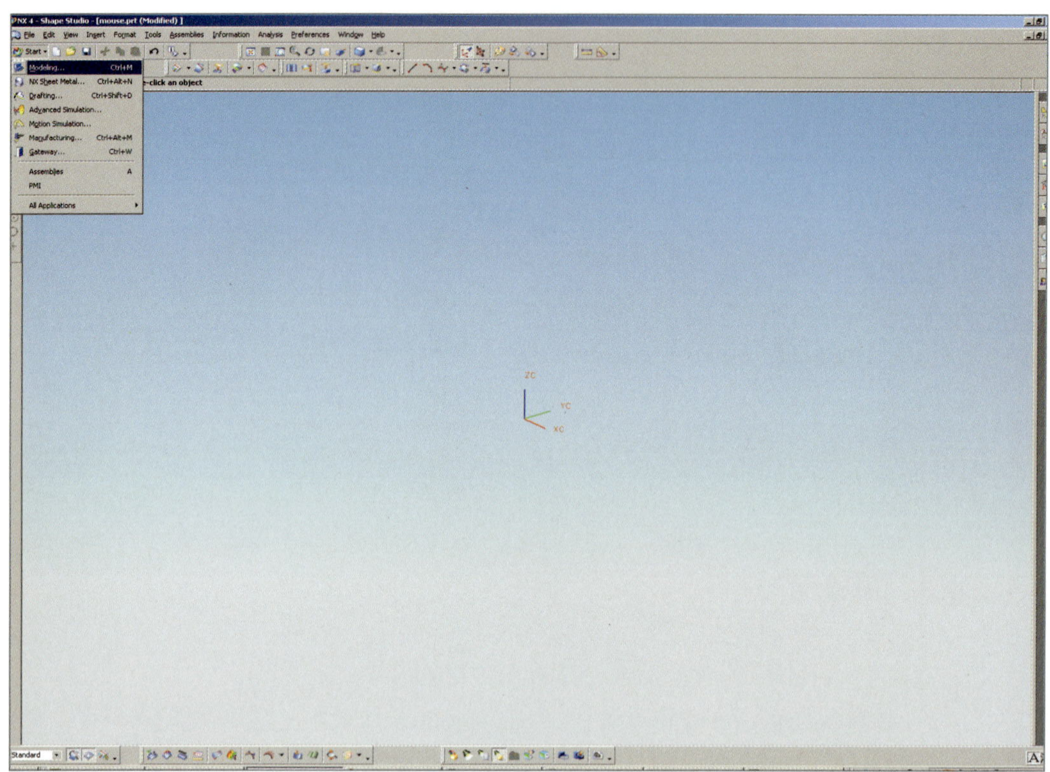

③ 스캔 데이터 Import

• File ➡ Import ➡ Stl

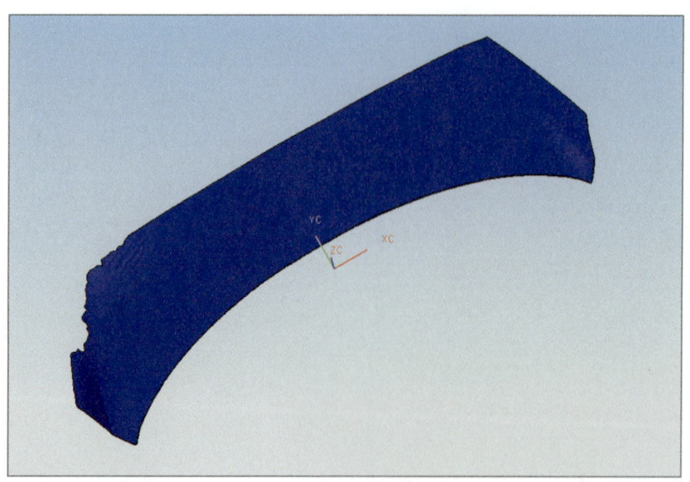

4 윗면 생성

❶ **Section 추출 :** 스캔 데이터에서 Section Curve 추출

• Insert ➡ Curve from bodies ➡ Section curve

01 >>   그림(좌)과 같이 설정 후 스캔 데이터를 선택한다.
- Selection Steps ➡ Objects to Section
- Section Method ➡ Parallel Plane
- Filter ➡ Faceted Body

02 >>   그림(우)과 같이 설정 후 적용한다.
- Selection Steps ➡ Base Plane
- Plane Method ➡ XZ Plane
- Associative Output ➡ 체크 해제

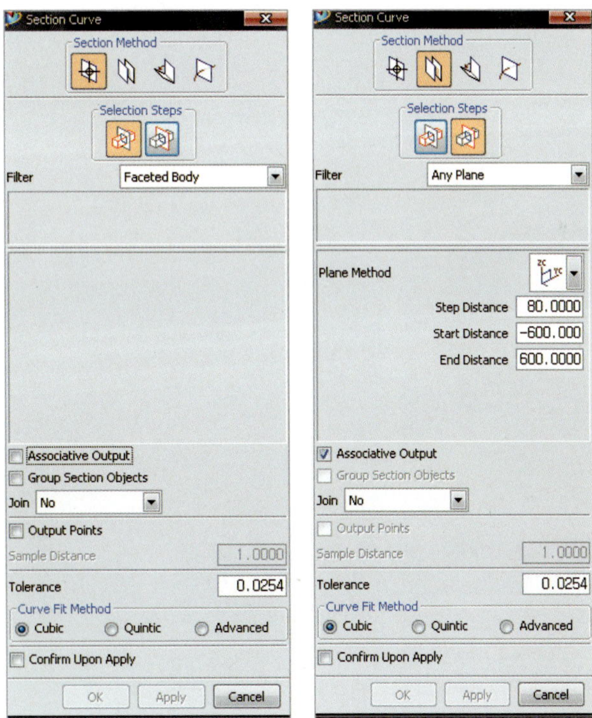

03 >>   다음 그림과 같이 Section Curve(하늘색)가 생성된다.

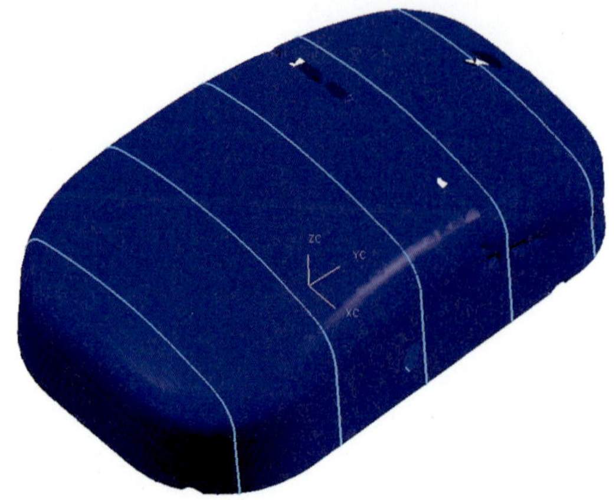

❷ **Section Point 생성 :** Section Curve 데이터에서 Point 추출

• Insert ➡ Datum/Point ➡ Point set

01 >> Point Set 대화상자에서 Spline Knot Pints 선택

02 >> Spline Knot Points 대화상자에서 Section Curve 선택

03 >> 아래 그림과 같이 Point 생성

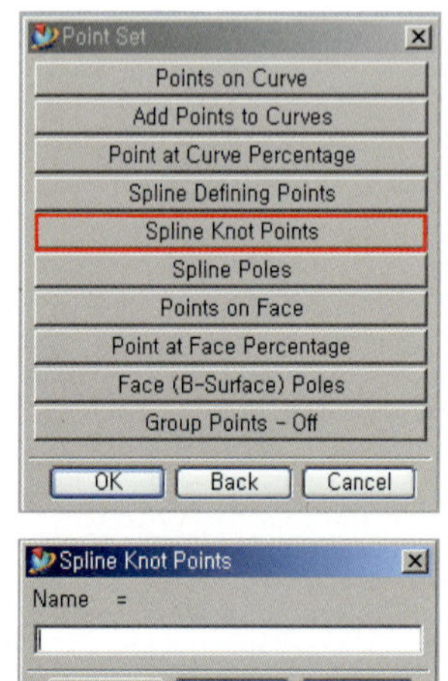

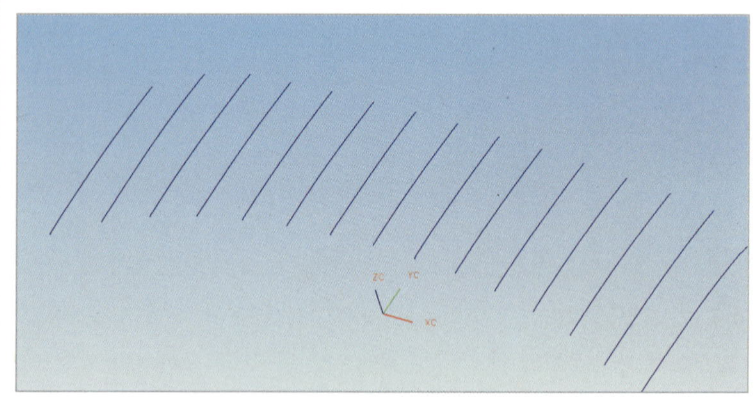

❸ **Spline 생성 :** 추출한 Point를 이용하여 새로운 Curve 생성

• Insert ➡ Curve ➡ Studio Spline

01 >> 다음 그림(좌)과 같이 Snap은 Point로 설정한다.

02 >> 다음 그림(우)과 같이 Point 4개 정도를 선택하여 Spline을 생성한다.

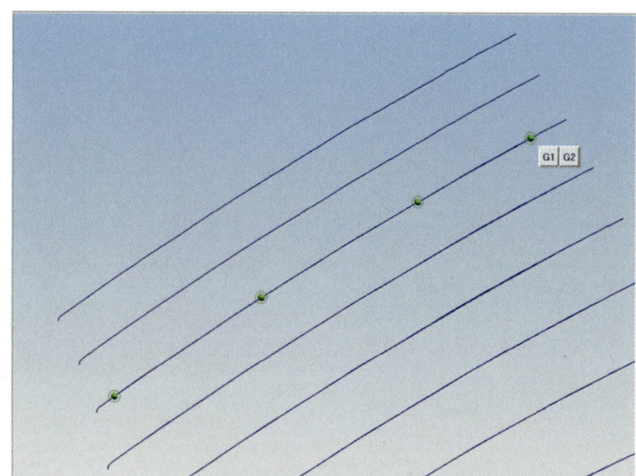

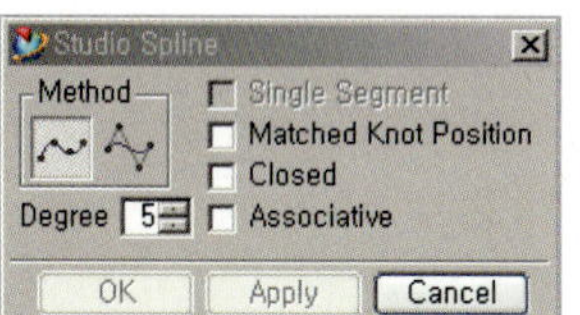

03 >> 그림과 같이 8개의 Section Point에 Spline(갈색)이 생성된다.

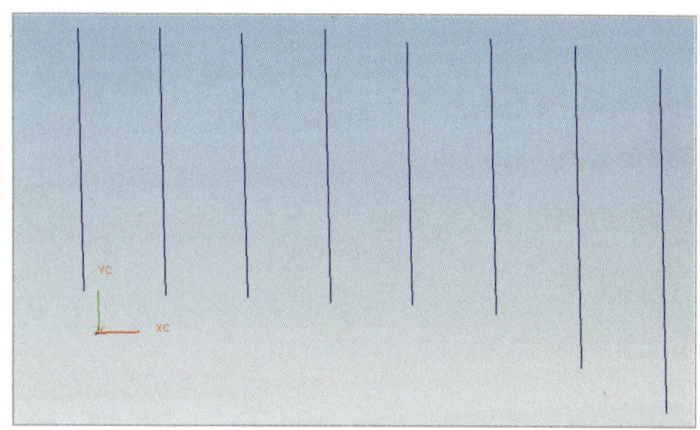

❹ **Spline 연장** : 스캔 데이터보다 크게 연장

• Edit ➡ Curve ➡ Curve Length

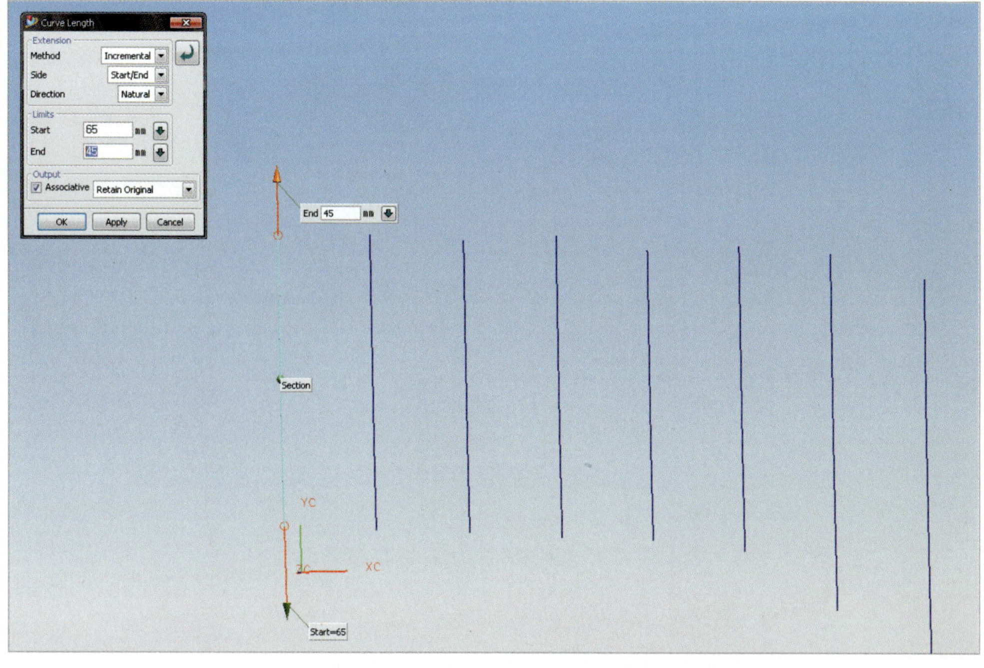

01 >> 앞의 그림과 같이 Spline을 선택한 후 Start와 End 화살표를 마우스로 끌어서 늘이거나 더블 클릭을 하여 수치를 넣어준다.

02 >> Spline 5개를 모두 연장한다.

❺ Point 추출

- Insert ➡ Curve from bodies ➡ Section curve

01 >> 위에서 생성된 Spline을 이용하여 Point를 추출한다.
- Selection Steps ➡ Objects to Section
- Section Method ➡ Parallel Plane
- Filter ➡ Curve 선택

02 >> 그림(우)과 같이 설정 후 적용한다.
- Selection Steps ➡ Base Plane
- Plane Method ➡ YZ Plane

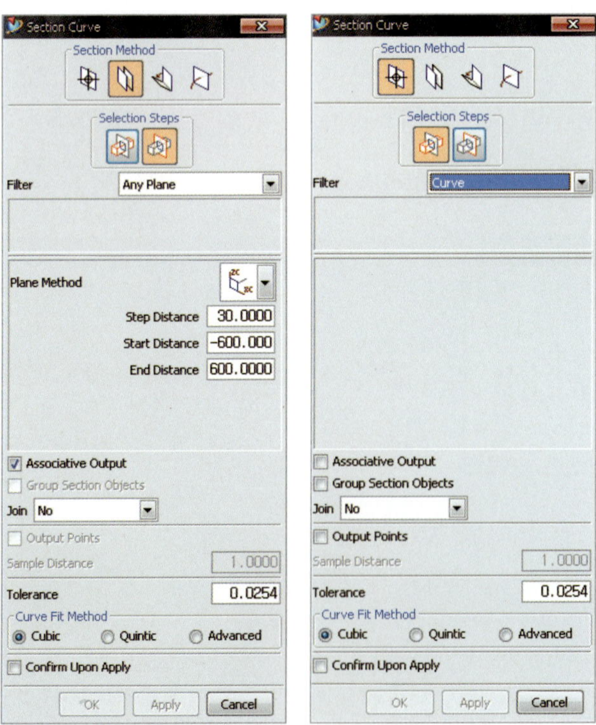

03 >> 다음 그림과 같이 Spline의 Point를 생성한다.

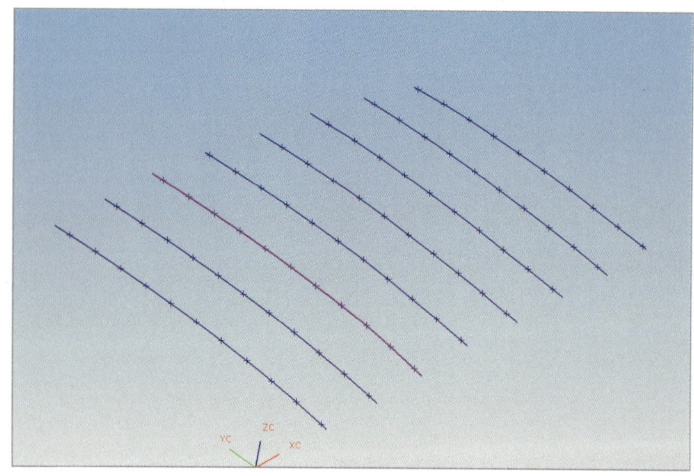

❻ **Spline 생성** : 추출한 Point를 이용하여 새로운 Curve 생성

• Insert ➡ Curve ➡ Studio Spline

01 >>   다음 그림과 같이 Snap은 Point로 설정한다.

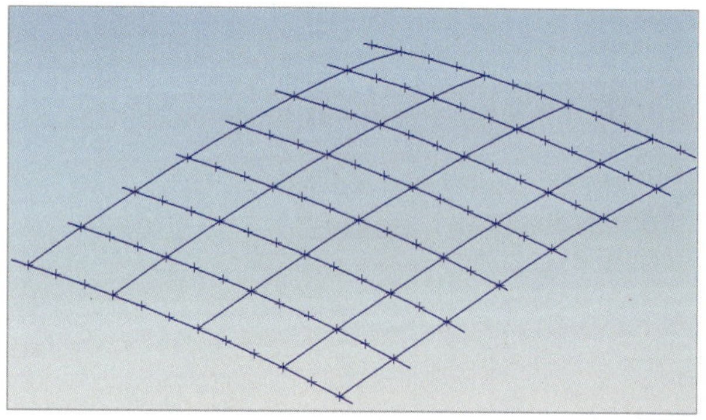

02 >>   다음 그림과 같이 선 5개를 지나가는 Spline을 생성한다.

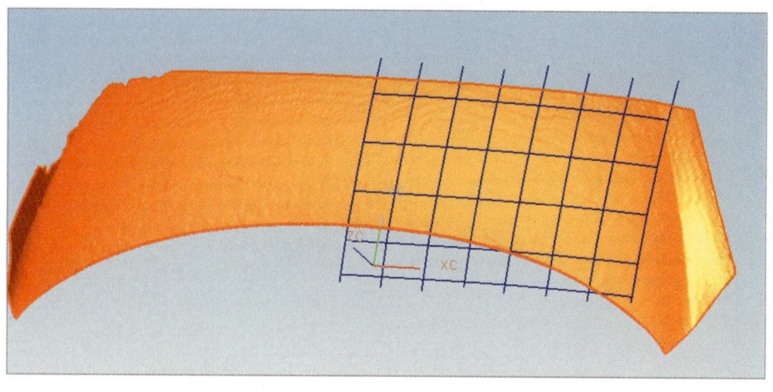

03 >> 다음 그림과 같이 격자를 Curve 생성한다.

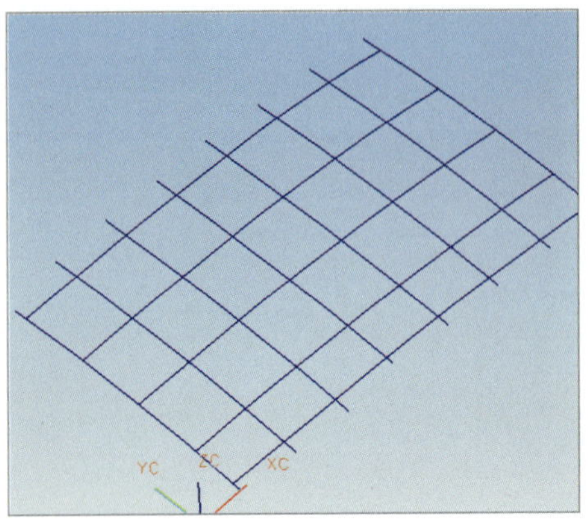

❼ Surface 생성

- Insert ➡ Mesh Surface ➡ Through Curve Mesh

01 >> 그림과 같이 선택
- Primary Strings는 XZ에 평행한 5개의 Curve 선택
- 마우스 가운데 버튼 클릭
- Cross Strings는 YZ에 평행한 3개의 Curve 선택

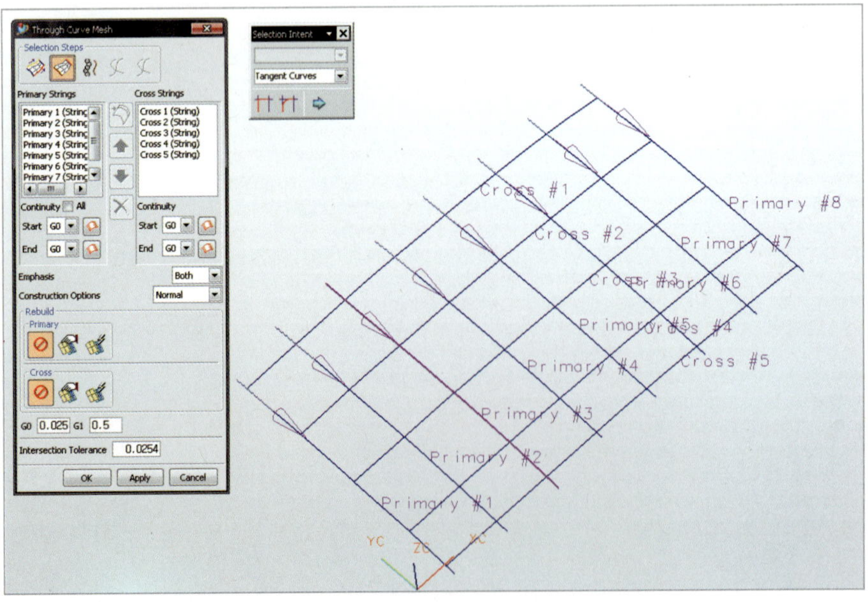

02 >> 다음 그림과 같이 Surface가 생성된다.

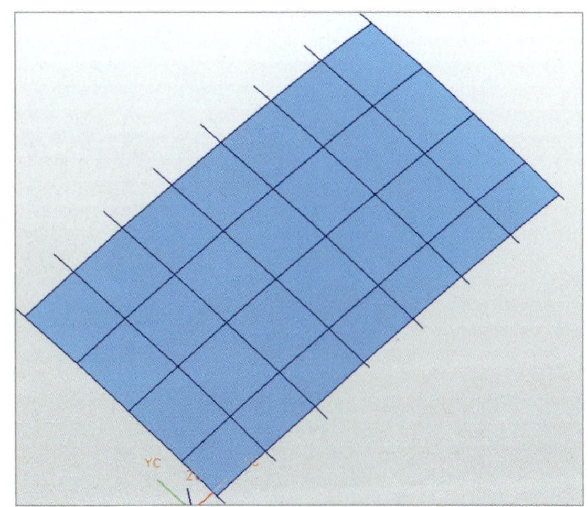

❽ Surface 연장 : 스캔 데이터보다 크게 Surface를 연장

• Edit ➡ Surface ➡ Enlarge

01 >> 다음 그림과 같이 선택
- Surface 선택 후 UV 연장 치수 기입 또는 Scroll 이용하여 마우스로 연장

❾ Surface 조절 : Surface를 스캔 데이터에 맞춤

• 다음 그림을 보면 생성된 Surface와 스캔 데이터와의 오차가 발생하는 것을 겹쳐진 모양으로 알 수 있다. 예를 들어 스캔 데이터인 파란색이 보이는 부분은 Surface가 스캔 데이터 아래쪽에 있는 것이고 이와 반대되는 곳은 위쪽에 있는 것이다. 이러한 오차를 최대한 줄이는 것이 중요하다. 즉 스캔 데이터와 Surface 데이터가 반씩 섞인 것으로 생성해야 된다.

• Edit ➡ Surface ➡ X-form

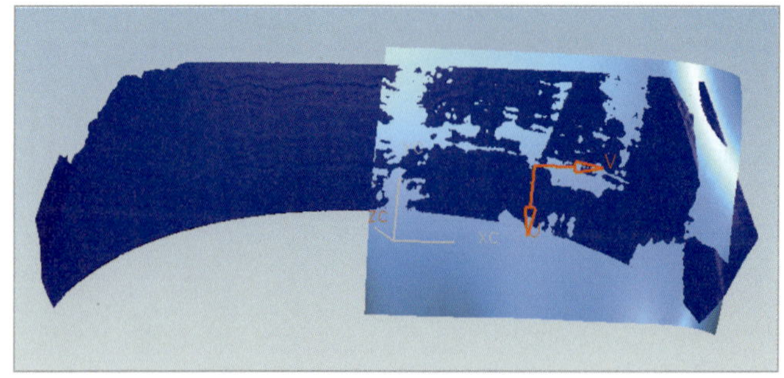

01 >> 다음 그림과 같이 Surface를 구성하는 Fall들을 조정하여 스캔 데이터와 Surface 데이터를 맞춘다.

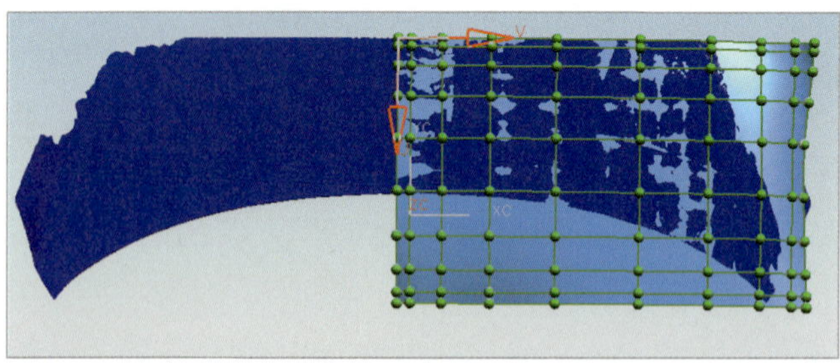

02 >> 그림(좌)과 같이 옵션 선택 : Movement Type ➡ Translate Normal to Face/Curve

- Fall 선택 후 마우스 드래그 또는 Step 옵션의 값 입력 후 +/- 클릭
- 원하는 위치에 Fall 생성 시 그림(우)과 같이 Advanced의 Change Degree에서 UV Patches 값 조절

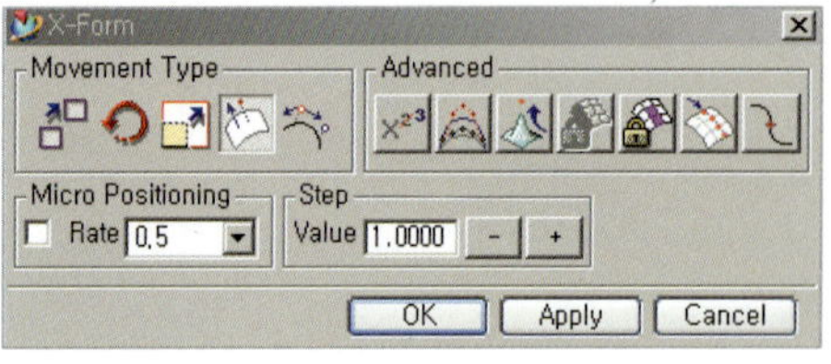

· Edit ➡ Surface ➡ Enlarge

01 >> 위의 그림과 같이 선택

- Surface 선택 후 UV 연장 치수 기입 또는 Scroll 이용하여 마우스로 연장

❿ Surface 완성

01 >> 다음 그림과 같이 스캔 데이터 외곽 라인에 맞춰 선을 생성한다.

– Snap은 Point 로 설정한다.

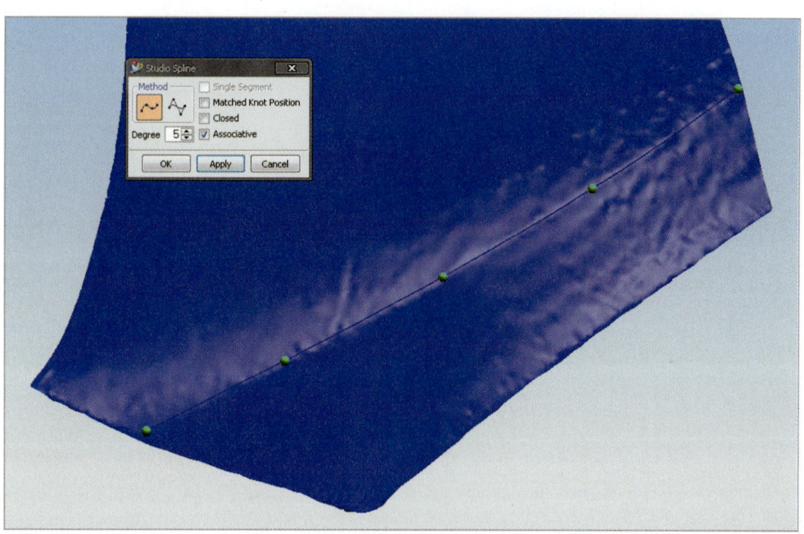

02 >> 그림과 같이 선을 면에 투영한다.

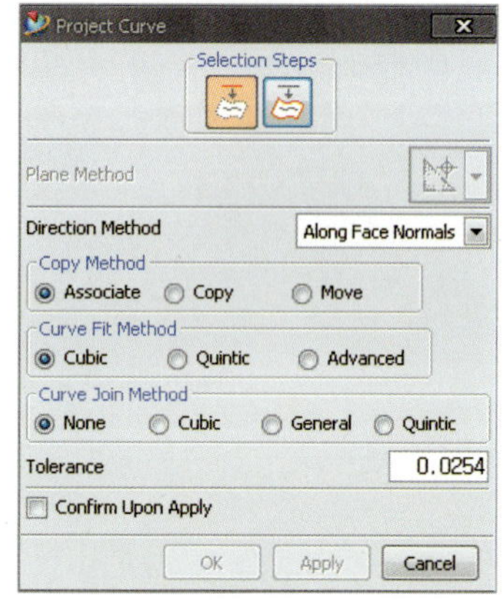

03 >> insert ➡ curve from curves ➡ project

– curves/edges/points를 선택하고 curve를 선택한다.

– Faces/planes를 선택하고 surface을 선택한다. 그러면 다음 그림과 같이 선을 면에 투영할
  수 있게 된다.

04 >> p79 상단 그림과 동일하게 스캔 데이터 외곽 라인에 맞춰. 선을 생성한다. 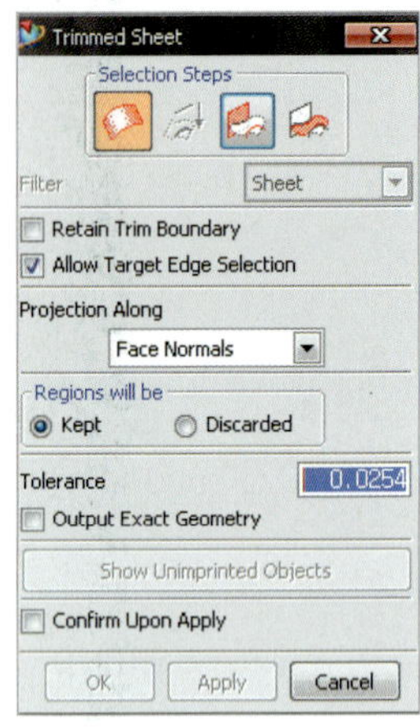

– Snap은 Point는 로 설정한다.

⑪ Surface trim하기

01 >> 그림(우)과 같이 trim을 이용하여 면을 잘라준다.

– Insert ➡ trim ➡ trimmed sheet

– Trim boundary는 curve을 선택해 준다.

– Region는 surface를 선택해 준다.

02 >> 아래 그림과 같이 surface를 자를 수 있다.

03 >> p79 상단 그림과 동일하게 스캔 데이터 외곽 라인에 맞춰 선을 생성한다.

– Snap은 Point 로 설정한다.

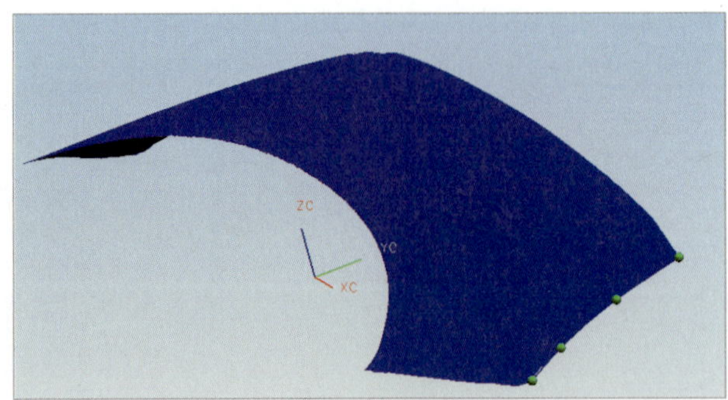

⓬ loft를 이용하여 면 만들기

01 >> 다음 그림과 같이 trim을 이용하여 면을 잘라준다.

- Insert ➡ trim ➡ trimmed sheet
- Trim boundary는 curve를 선택해 준다.
- Region는 surface를 선택해 준다.

02 >> Insert ➡ mesh surface ➡ through curves 📖 ➡ section strung를 선택하고 curve를 선택한다.

03 >> 그림(좌)을 통하여 그림(우)과 같은 surface를 생성할 수 있다.

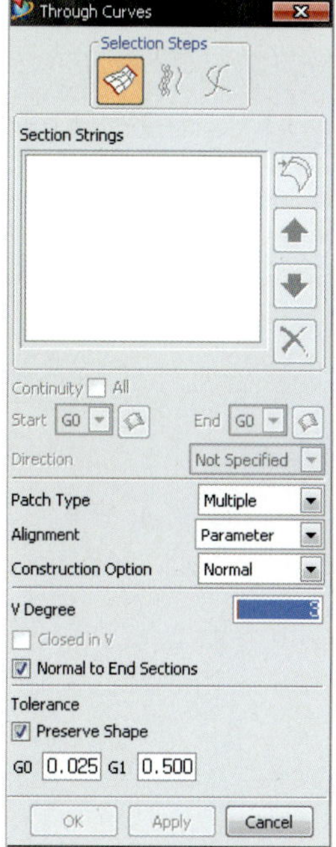

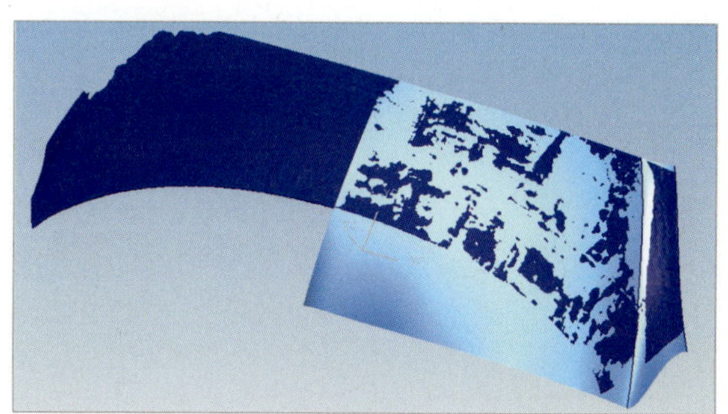

3-4　역설계 실습 – 비누 케이스

① Soap Case 파일 생성

- NX를 실행 후 새로운 Part 파일을 생성한다.
- File ➡ New (파일 이름에 Soap Case를 작성한다.)

② Modeling Application 실행

- Start ➡ Modeling Application 실행

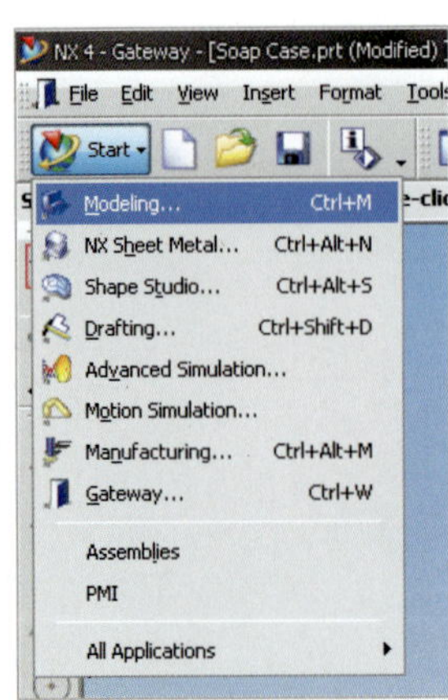

3 스캔 데이터 Import

• 스캔 데이터

- File ➡ Import ➡ Stl
- STL File Units ➡ millimeters ➡ OK
- Soap Case-A.stl을 불러온다.

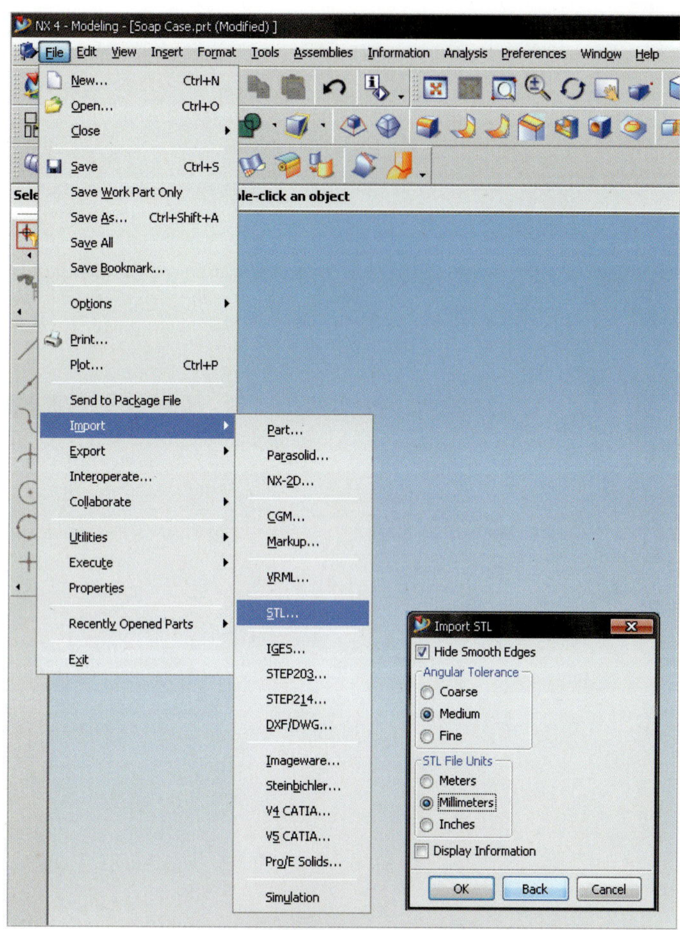

 윗면 생성

❶ **Section 추출 :** 스캔 데이터에서 Section Curve 추출

• Insert ➡ Curve from bodies ➡ Section curve

01 >> Section Method ➡ Select Planes

02 >> 그림(좌)과 같이 설정 후 스캔 데이터를 선택한다.
– Selection Steps ➡ Objects to Section
– Filter ➡ Faceted Body

03 >> 그림(우)과 같이 설정 후 적용한다.
– Selection Steps ➡ section Plane
– Plane Method ➡ YZ Plane
– Associative Output ➡ 체크 해제

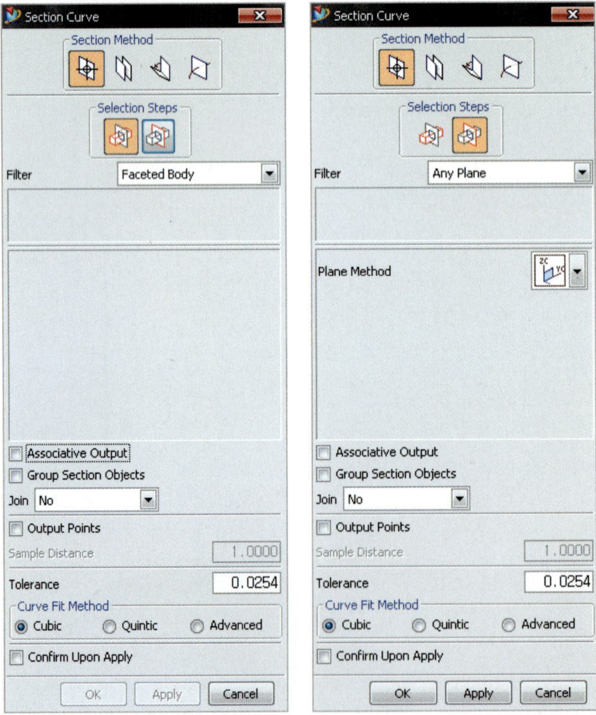

04 >> Apply하면 다음 그림과 같이 Section Curve가 생성된다.

05 >> 다음과 같이 XZ 평면으로 Section Curve를 생성한다.

❷ **Curve 생성 :** 추출한 Section Curve를 이용하여 새로운 Curve 생성

• Insert ➡ Sketch 📝 – 📐 XZ 평면 선택

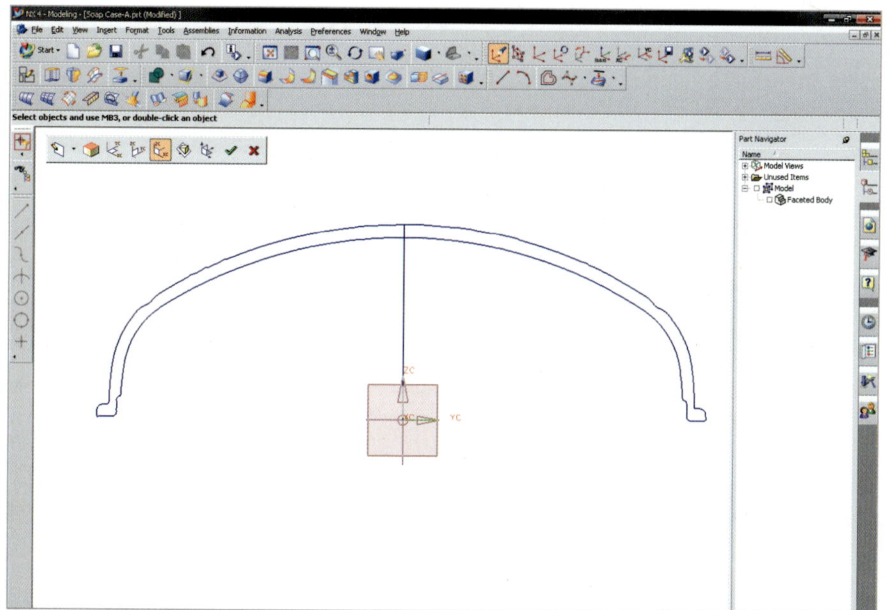

• Insert ➡ Circle ➡ Circle by 3 Point

– Snap은 Point on curve로 설정

– 다음 그림과 같이 세 개의 포인트를 찍어 원을 생성

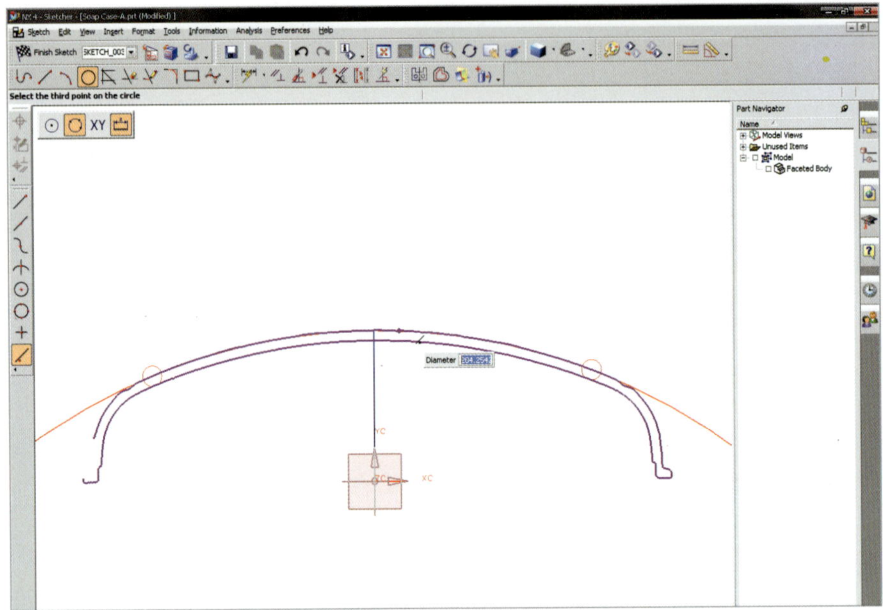

❸ Curve 자르기

- Insert ➡ Line
- 그림과 같이 두 개의 Line 생성

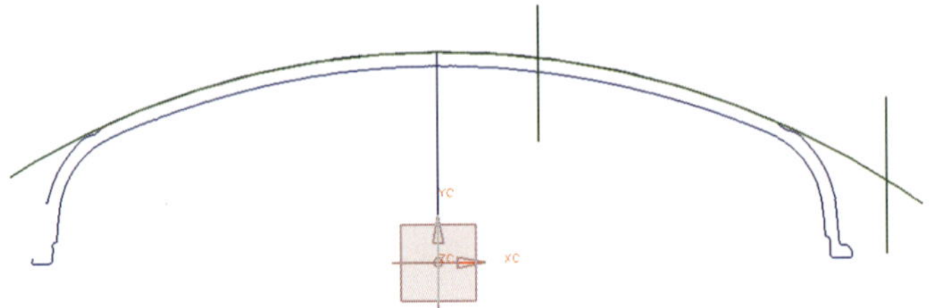

- Edit ➡ Quick Trim

01 >>   Line의 바깥쪽을 선택하여 바깥쪽을 자른다.

02 >>   두 개의 Line을 선택하여 Delete로 지운다.

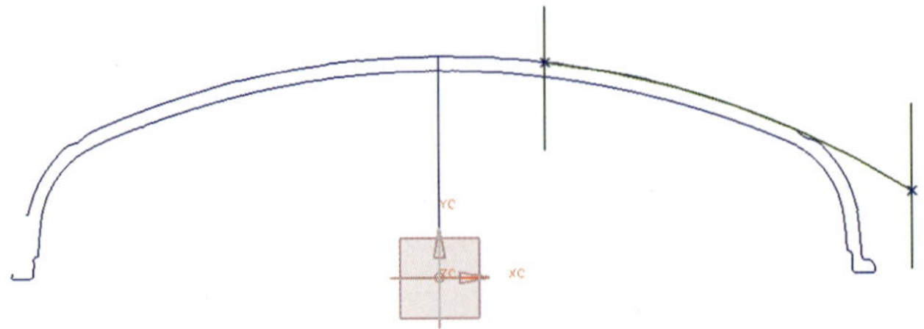

03 >>   Finish Sketch로 스케치를 마친다. 🏁 Finish Sketch

❹ Curve 대칭 복사

• Insert ➡ Curve from Curve ➡ Mirror Curve

01 >> 그림(좌)과 같이 Curve를 선택한다.
- Selection Steps ➡ Curves
- Curve 선택

02 >> 그림(우)과 같이 설정 후 Apply한다.
- Selection Steps ➡ Faces/Datum Planes
- Plane Method ➡ YZ Plane
- Copy Method ➡ Copy

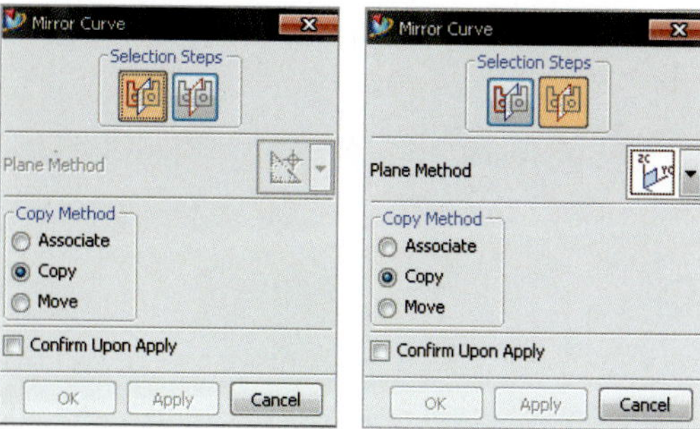

03 >> 다음 그림과 같이 대칭으로 Curve가 생성된다.

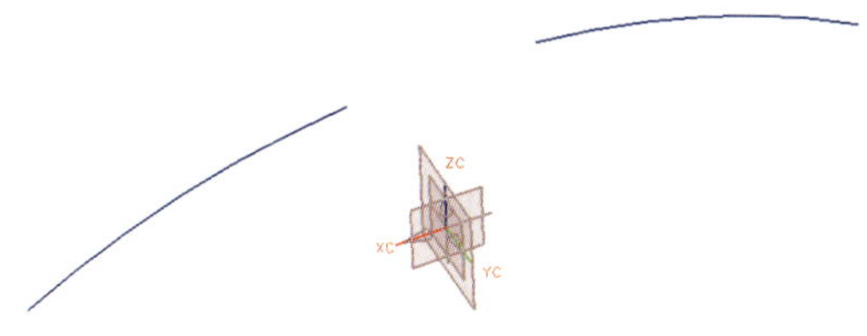

❺ Curve Bridge : 두 커브 사이에 이어지는 커브를 생성

• Insert ➡ Curve from Curve ➡ Mirror Curve
- 두 커브를 차례대로 선택
- Associative Output ➡ 체크 해제
- 적용하면 아래 그림과 같이 커브 생성

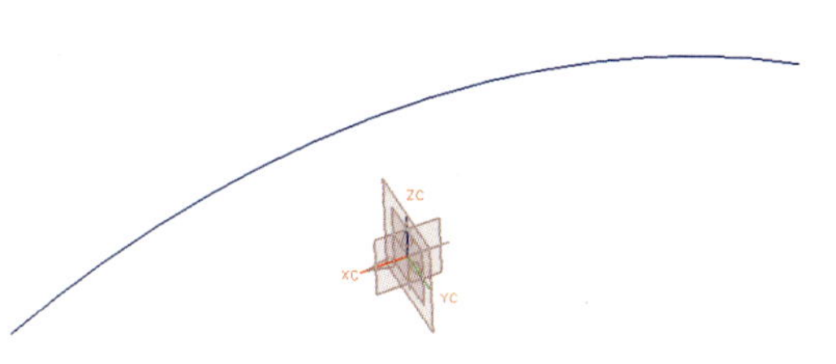

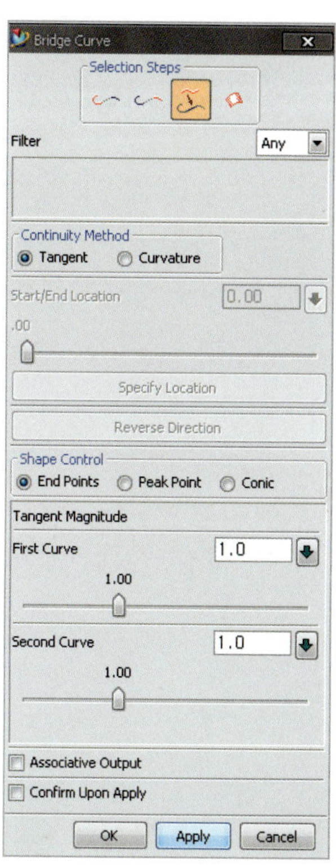

❻ 커브 자르기 : 커브의 중앙을 자른다.

• Edit ➡ Curve ➡ Divide

01 >> Equal Segments 선택 ➡ OK

02 >> Name ➡ 가운데 커브 선택 ➡ OK

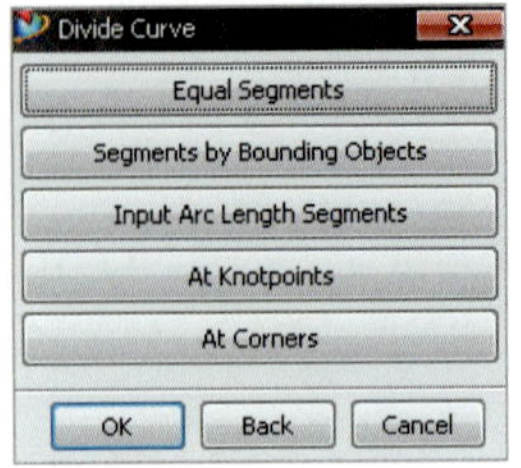
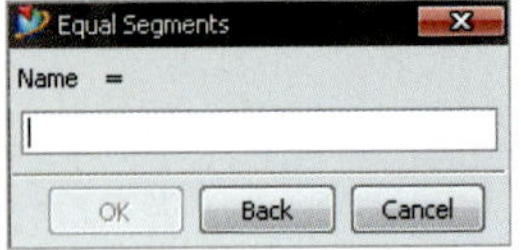

03 >> Segments ➡ 2 ➡ OK

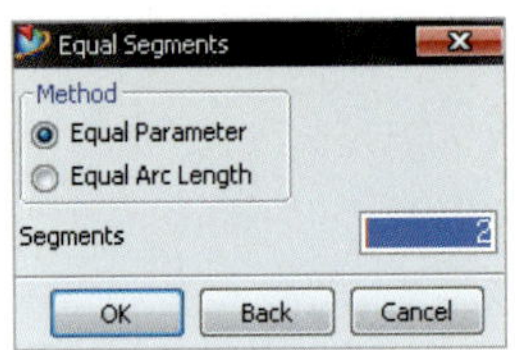

04 >> 다음 그림과 같이 필요 없는 커브는 지운다.

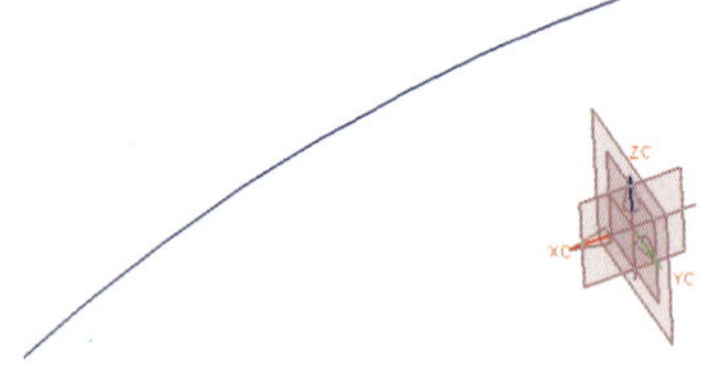

❼ Curve Join : 두 커브를 한 개의 커브로 생성

• Insert ➡ Curve from Curve ➡ Join

01 >> Join할 커브 선택 ➡ OK

02 >> 그림과 같이 지정 후 OK
- Associative Output ➡ 체크 해제
- Input Curves ➡ Delete

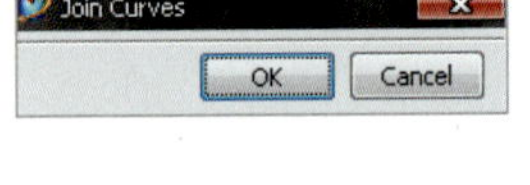
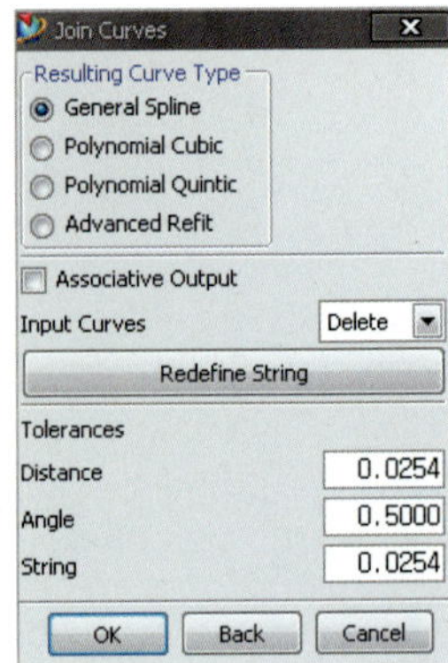

❽ YZ Section에 Curve 그리기

01 >> ❷~❼과 같은 방법으로 YZ Section에 Curve를 생성한다.

02 >> 다음 그림과 같이 두 개의 커브가 생성된다.

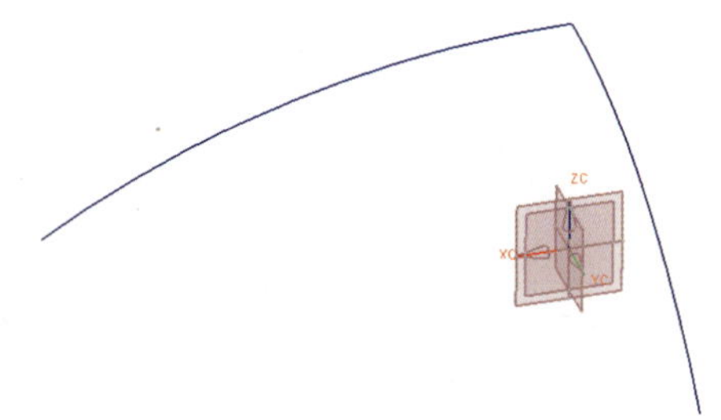

❾ Swept : 두 커브를 이용해서 Surface 생성

• Insert ➡ Sweep ➡ Swept

01 >> 그림(우)과 같이 대화상자에서 첫 번째 곡선을 선택하고 OK를 두 번 클릭한다.

02 >> 두 번째 곡선을 선택하고 OK를 두 번 클릭한다.

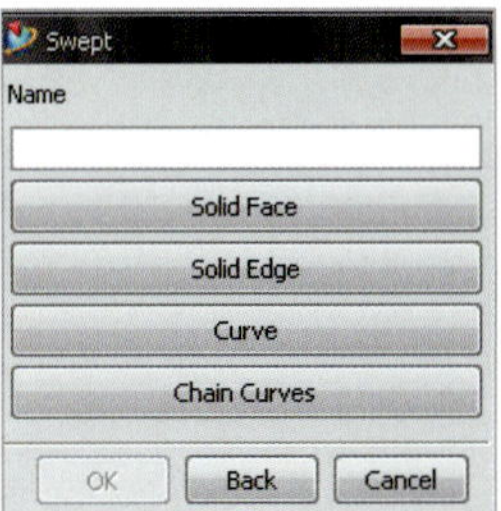

03 >> 다음 그림과 같이 설정하고 적용 – Preserve Shape ➡ 체크 해제

04 >> Fixed ➡ OK

05 >> Constant ➡ OK

06 >> Scale ➡ 1 ➡ OK

07 >> Create ➡ Cancel

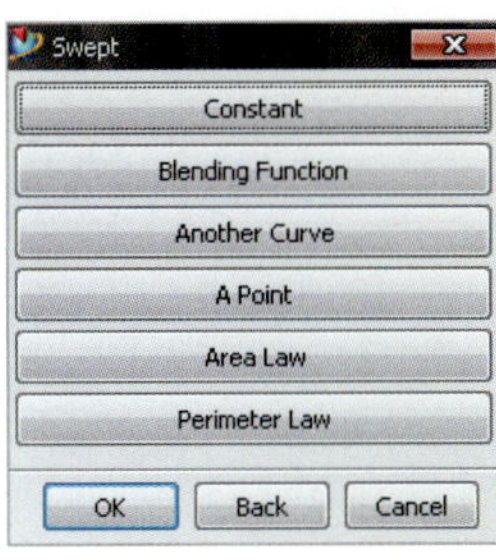

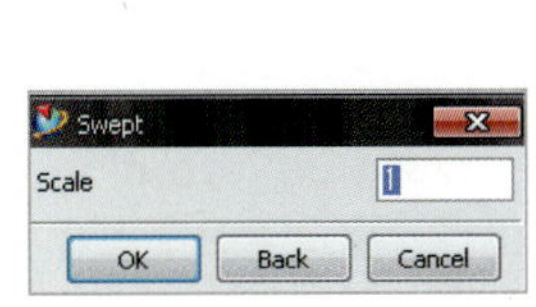

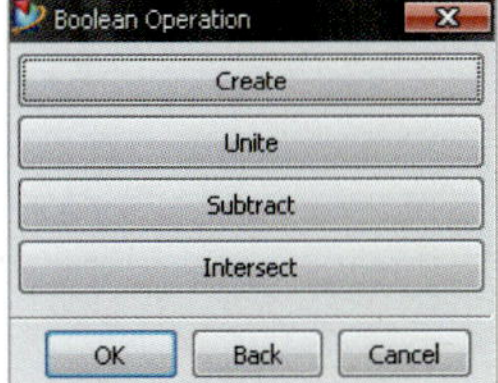

08 >> 아래 그림과 같이 Surface가 생성된다.

⑩ **Surface 조절** : Surface를 스캔 데이터에 맞춤

• 생성된 Surface와 스캔 데이터와의 오차가 발생하는 것을 겹쳐진 모양으로 알 수 있다. 예를 들어 스캔 데이터인 파란색이 보이는 부분은 Surface가 스캔 데이터 아래쪽에 있는 것이고 이와 반대되는 곳은 위쪽에 있는 것이다. 이러한 오차를 최대한 줄이는 것이 중요하다. 즉 스캔 데이터와 Surface 데이터가 반씩 섞인 것으로 생성해야 된다.

• Edit ➡ Surface ➡ X-form

01 >> 다음 그림과 같이 Surface를 구성하는 Fall들을 조정하여 스캔 데이터와 Surface 데이터를 맞춘다.

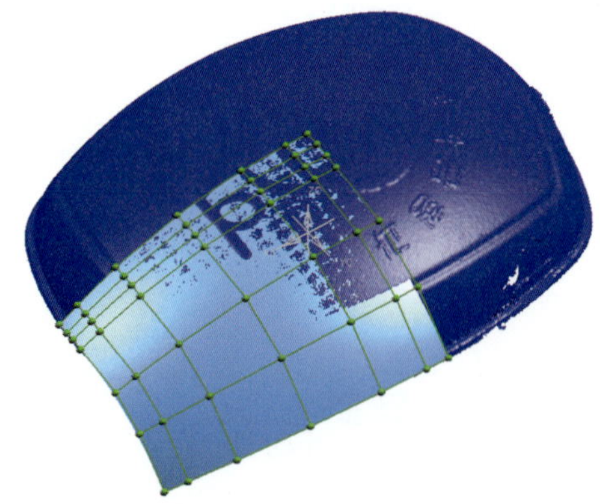

02 >> 다음 그림과 같이 옵션을 선택한다.

– Movement Type ➡ Translate Normal to Face/Curve

– Fall 선택 후 마우스 드래그 또는 Step 옵션의 값 입력 후 +/– 클릭

– 원하는 위치에 Fall 생성 시 그림과 같이 Advanced의 Change Degree에서 UV Patches 값 조절

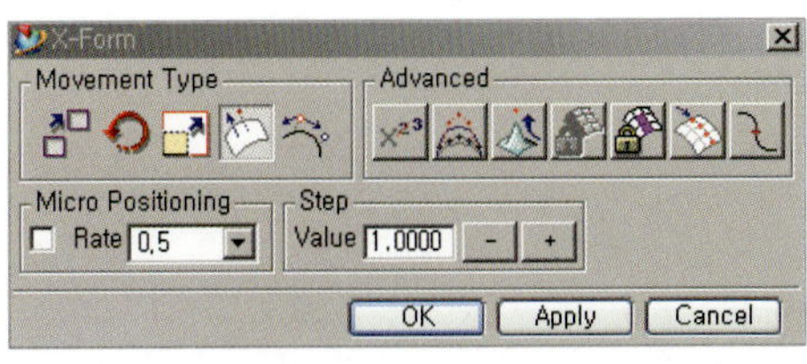 

⑪ Surface 완성

• 다음 그림과 같이 Surface가 완성된다.

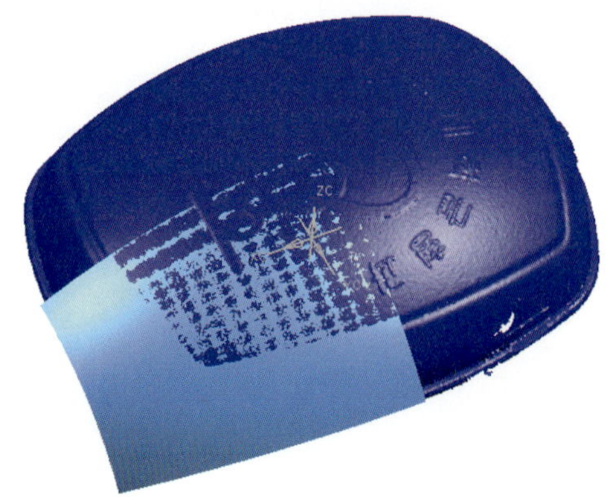

⑤ 옆면 생성

❶ Section 추출

• Insert ➡ Curve from bodies ➡ Section curve

01 >>　　Section Method ➡ Parallel Plane

02 >>　　다음 그림과 같이 설정 후 스캔 데이터를 선택한다.

– Selection Steps ➡ Objects to Section

– Filter ➡ Faceted Body

03 >>　　다음 그림과 같이 설정 후 적용한다.

– Selection Steps ➡ Base Plane

– Plane Method ➡ XZ Plane

– Associative Output ➡ 체크 해제

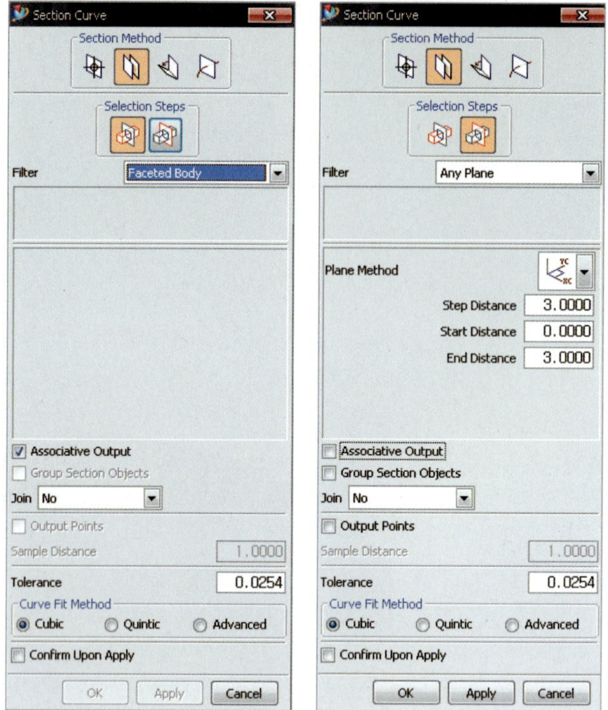

04 >> 다음 그림과 같이 Section Curve가 생성된다.

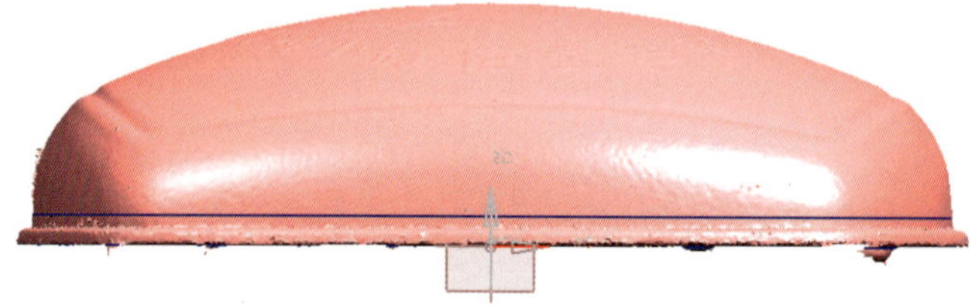

❷ Spline 생성

· Insert ➡ Curve ➡ Studio Spline

01 >> 다음 그림과 같이 Point 3개 정도를 선택하여 Spline을 생성한다.

02 >> 두 개의 curve를 생성한다.

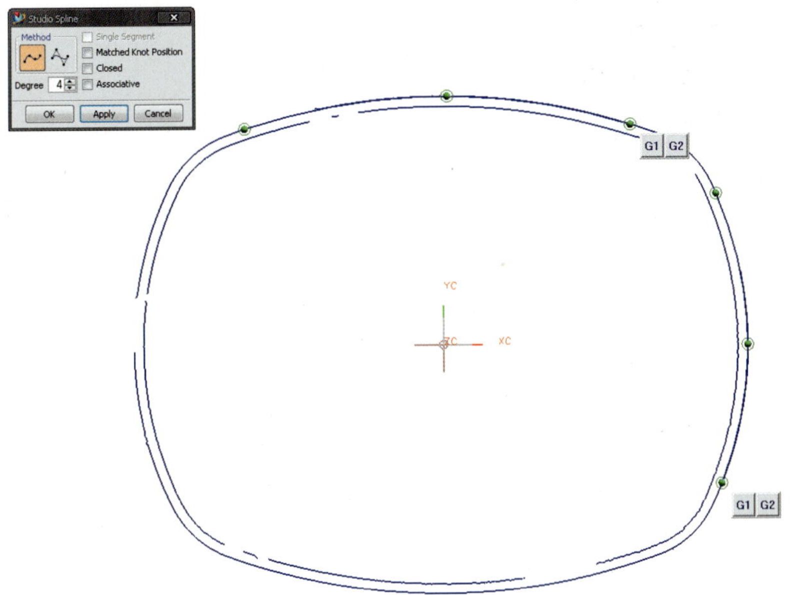

❸ Spline 연장

· Edit ➡ Curve ➡ Curve Length

01 >>   다음 그림과 같이 Spline 선택 후 Start와 End 화살표를 마우스로 끌어서 늘이거나 더블 클릭을 하여 수치를 넣어준다.

02 >>   Spline 2개가 겹치도록 연장한다.

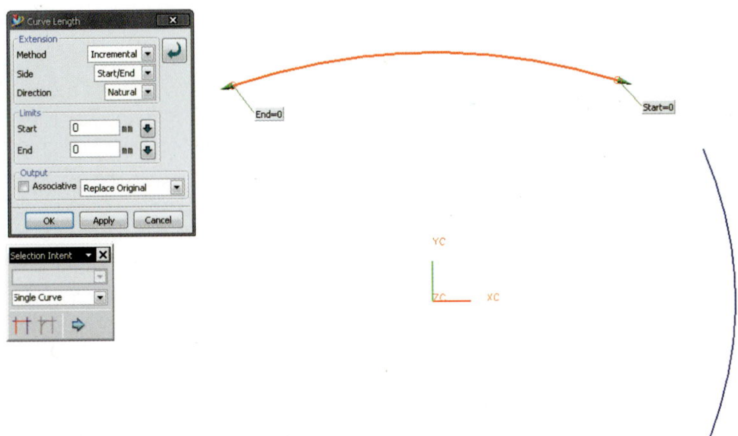

❹ Curve 자르기

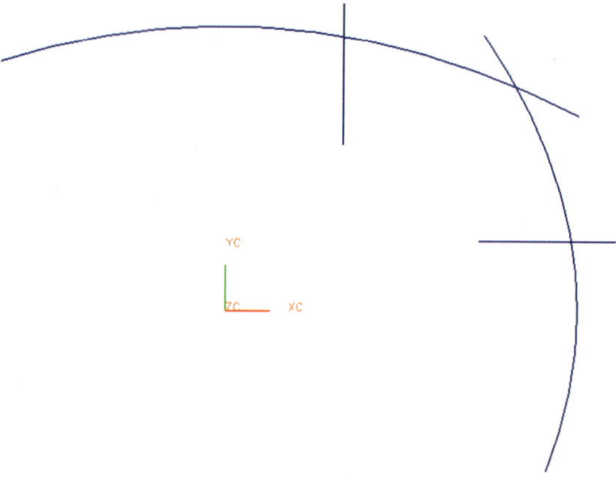

- Insert ➡ Curve ➡ Line
- 그림과 같이 Line을 그린다.

- Edit ➡ Curve ➡ Trim
- Selection Steps ➡ String to Trim ➡ 잘릴 선 선택
- Selection Steps ➡ First Bounding Object ➡ 자를 선 선택
- Associative Output 체크 해제
- 다음 그림과 같이 선을 자른다.

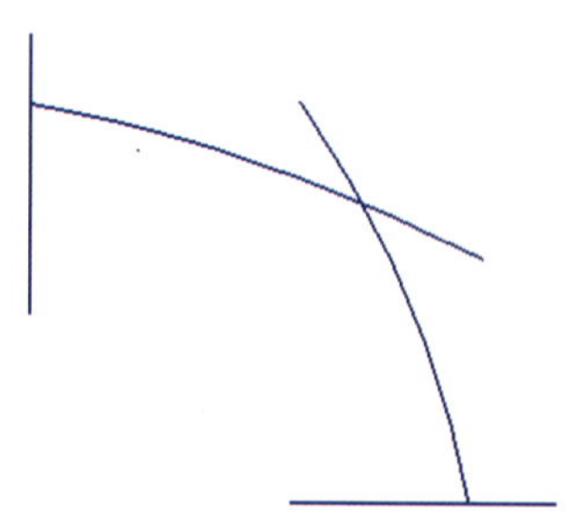

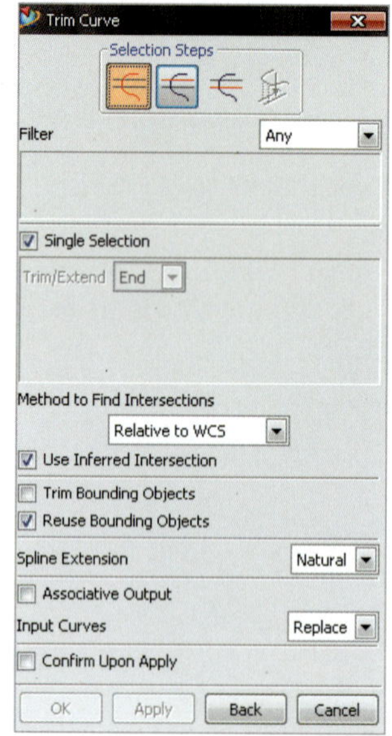

- 윗면 그리는 방법과 같이 Mirror하여 Bridge하고 Divide로 선의 중앙을 자른 다음 Join하여 그림과 같이 Curve를 생성

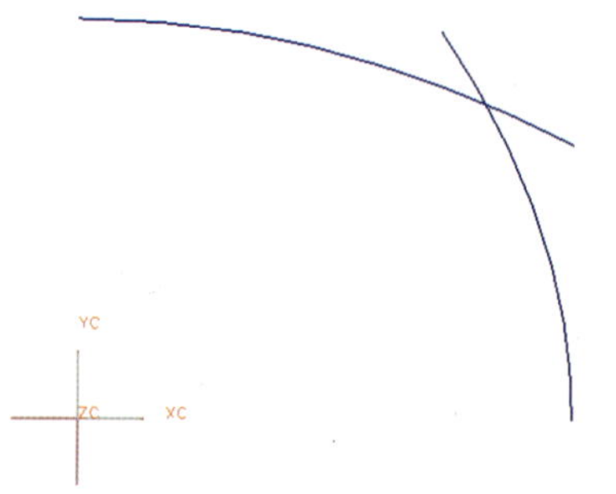

❺ Curve 생성

- 다음 그림과 같이 Curve를 그린다. 윗면을 생성할 때 사용한 XZ, YZ Section을 이용하여 그린다.

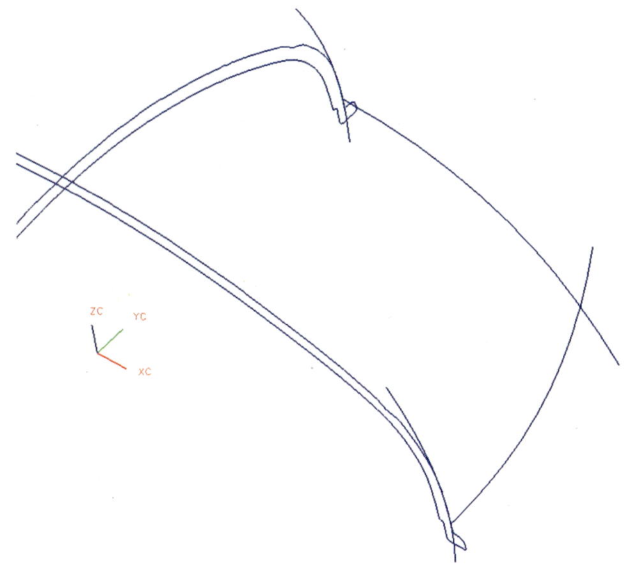

❻ Sweep Surface 생성

• 다음 그림에서 윗면과 같이 Insert ➡ Sweep ➡ Swept으로 두 개의 Surface를 생성한다.

6 Surface Offset

• 이미 생성된 Surface로 Offset하여 Surface 생성

• Insert ➡ Offset Scale ➡ Offset Surface

– Selection Steps ➡ Faces to Offset ➡ Surface 선택

– Set1 D ➡ 1.6mm 입력

– 방향을 바꾸려면 Reverse Direction

– 그림과 같이 윗면은 안쪽으로 Offset, 옆면은 양쪽으로 Offset
 하여 총 5개의 Offset Surface를 생성

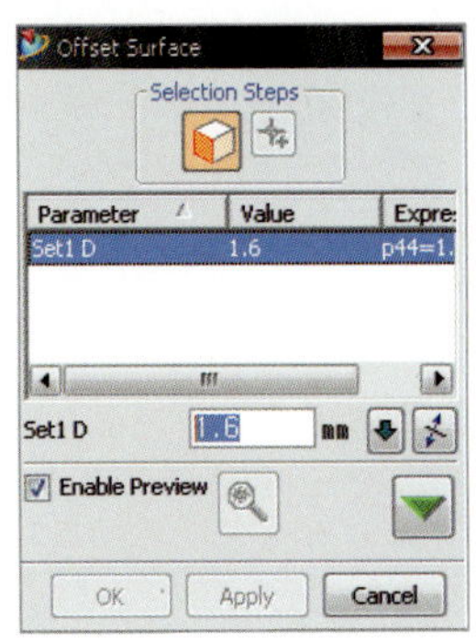

⑦ 밑면 그리기

❶ 밑면 생성 : Extrude로 Surface 생성

• 윗면 그리는 방법과 같이 Mirror하여 Bridge하고 Divide로 선의 중앙을 자른 다음 Join하여 Curve를 생성

• 다음 그림과 같이 선을 그림

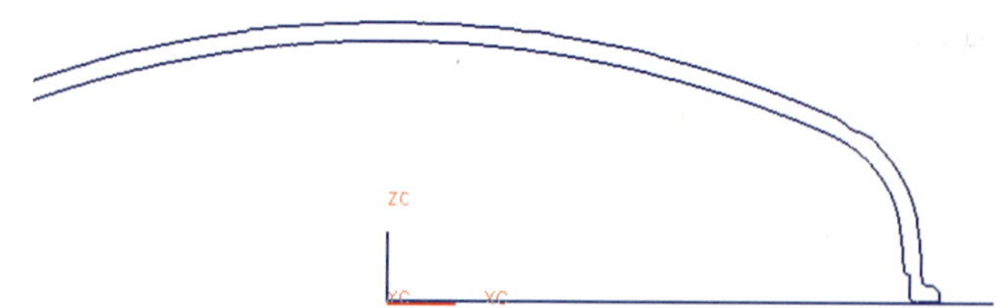

• Insert ➡ Design Feature ➡ Extrude

– Selection Steps ➡ Select Section ➡ Line 선택

– Limits ➡ End ➡ 45mm 입력

– 다음 그림과 같이 Surface 생성

• Insert ➡ Offset Scale ➡ Offset Surface

– p95 ❻과 같은 방법으로 위쪽으로 1.6mm 간격으로 Surface를 Offset

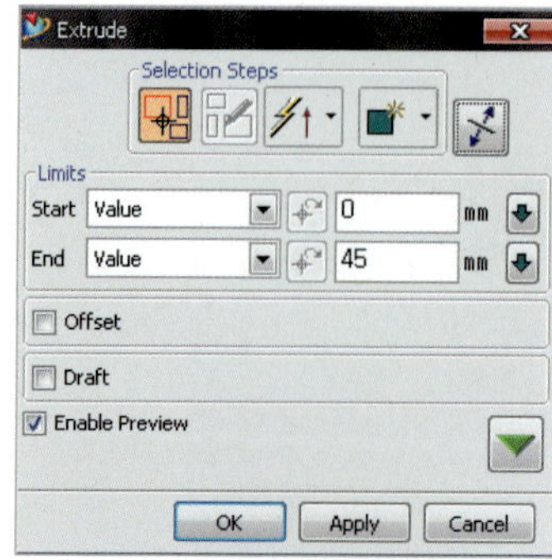

8 Surface Trim

- Surface를 만나는 구간에서 Trim한다.
- Insert ➡ Trim ➡ Trimmed Sheet
- 지금까지 만든 Surface를 모두 보이기
- Selection Steps ➡ Target Sheet Body ➡ 남길 면 선택
- Selection Steps ➡ Target Sheet Body ➡ 자를 기준면 선택
- Kept 선택
- 이러한 방법으로 아래 그림과 같이 Trim한다.

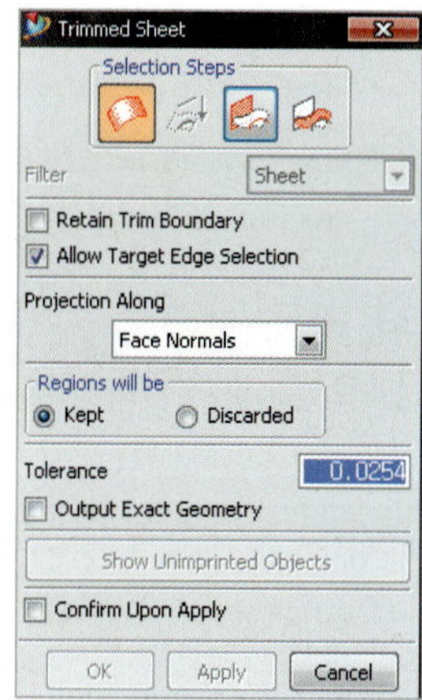

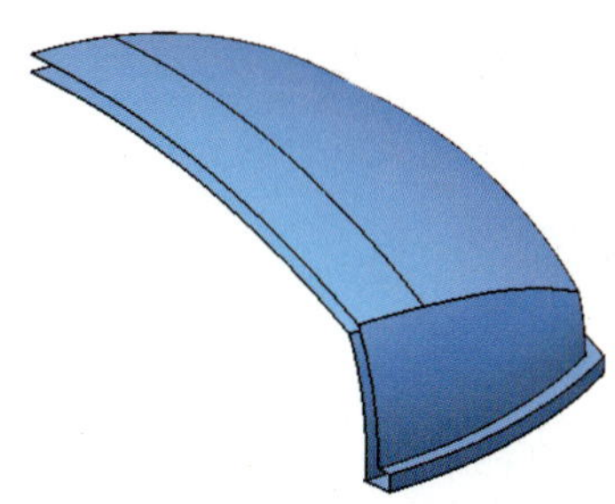

9 Mirror

- Surface를 대칭 복사한다.
- Edit ➡ Transform
- Surface를 모두 선택하고 OK
- Mirror Through a plane ➡ OK
- Fixed Methods ➡ XZ ➡ OK
- Copy를 선택하면 그림과 같이 복사된 Surface이 생성된다.
- 그림과 같이 복사된 Surface와 원본 Surface를 선택하여 YZ 평면으로 대칭 복사한다.

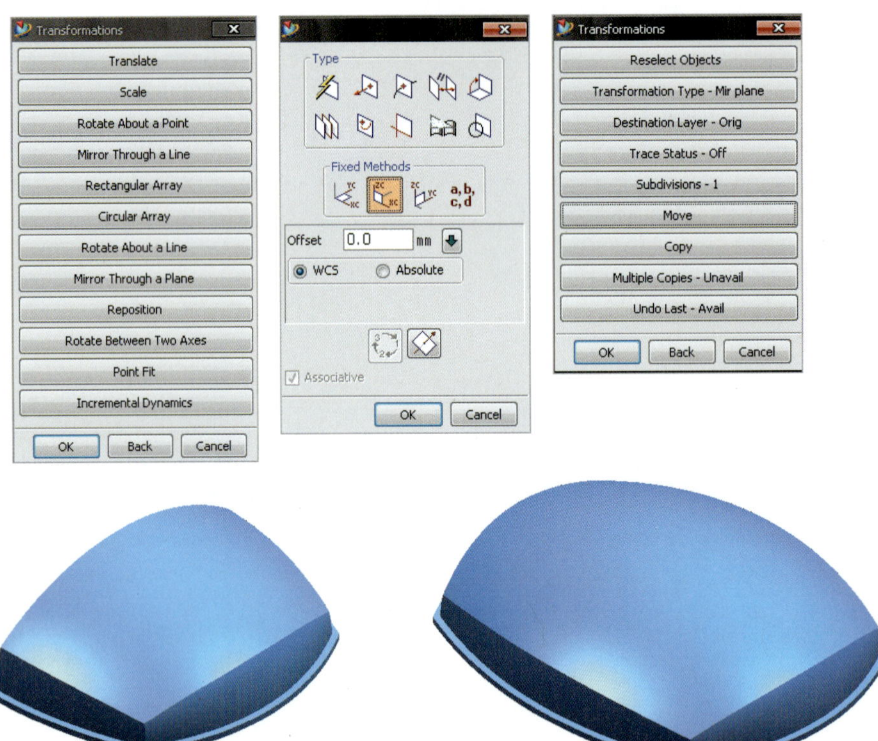

⑩ Solid 만들기

- 각각의 Surface를 Solid화시킨다.
- Insert ➡ Combine Bodies ➡ Sew
- Selection Steps ➡ Target Sheet ➡ 기준이 될 면 하나 선택
- Selection Steps ➡ Tool Sheets ➡ 다른 면 모두 선택 ➡ OK
- 그림과 같이 Sheet가 Solid로 바뀐다.

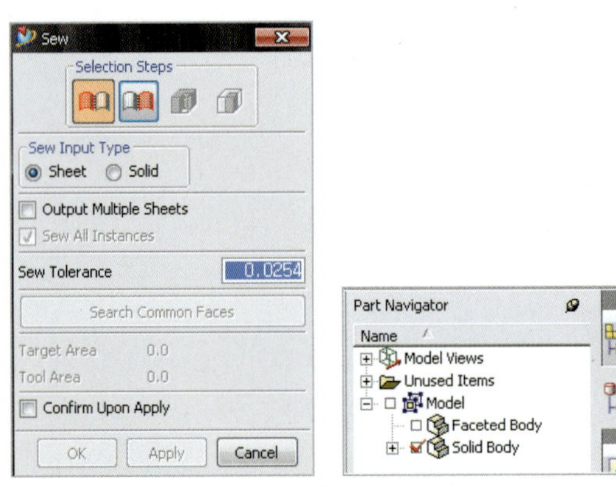

11 Fillet

- 라운드를 생성한다.
- Insert ➡ Detail Features ➡ Edge Blend
- Selection Steps ➡ Constant Radius ➡ 라운드 줄 모서리 선택
- Set1 R ➡ 라운드 값 입력
- 그림에서 네 개의 모서리 부분은 R14.4mm, R16mm, R17.6mm로 라운드 생성
- 그림에서 윗부분은 R 12mm, R10.4mm로 라운드 생성

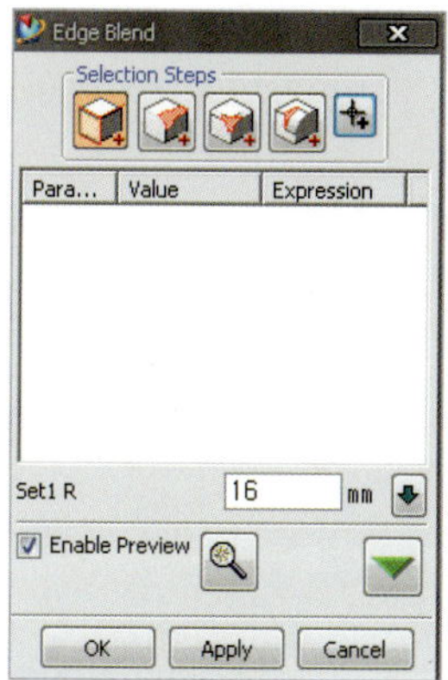

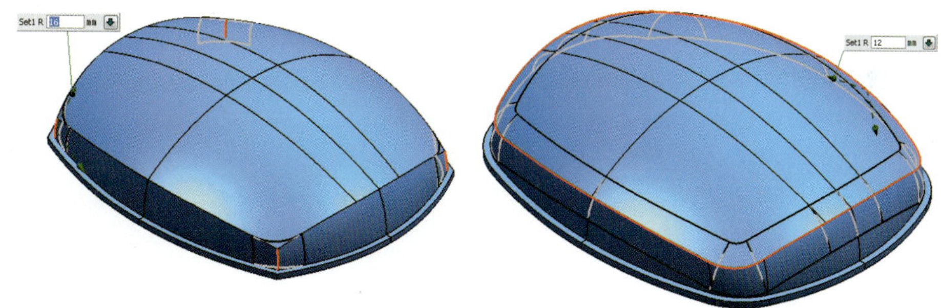

12 완성된 데이터

- 다음 그림과 같이 완성된 데이터를 확인할 수 있다.

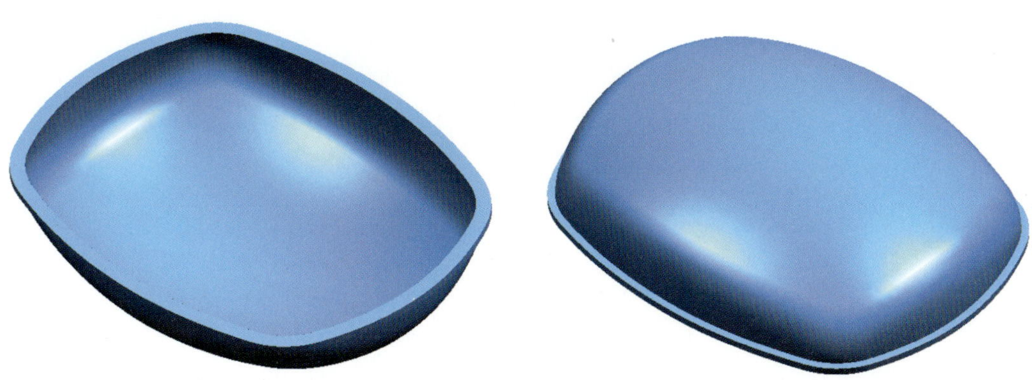

3-5 역설계 검사(Inspection)

Objective : Geomagic Qualify 인터페이스를 배우는 장으로서 사용자 Viewing Angle의 Rotation, Zooming, Panning과 다양한 Selection 방법, 그리고 인터페이스의 사용자화를 배우도록 한다.

Files : \…\Geomagic Qualify 9\Data\bobbin.wrp

 ❶ File 메뉴에서 Open을 누르고 브라우저에서 위의 디렉터리 경로를 찾아 bobbin.wrp를 연다. 이 파일은 어느 작은 부품의 CAD 모델(CAD 프로그램에서 IGES로 저장된)과 그것의 사출품을 스캔한 데이터(점군으로 구성된)이다.

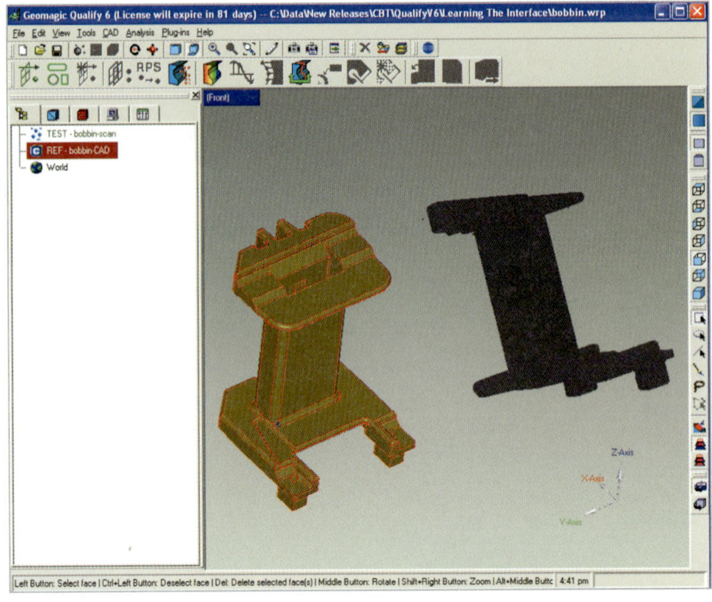

❷ 마우스의 가운데 버튼을 눌러 화면상에 보이는 모델을 회전하여 볼 수 있다. 또한 Ctrl 키와 마우스 오른쪽 버튼을 눌러 똑같이 움직일 수 있다. 아래 그림을 참조하여 마우스 조작법을 익힌다.

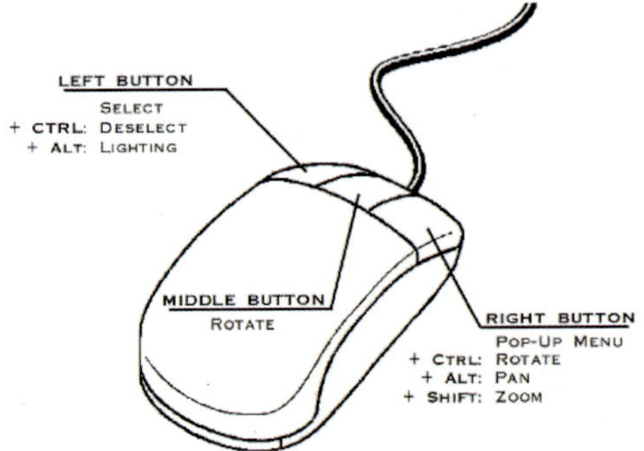

❸ 이때, 회전중심점은 활성화된 모델의 중심점임을 주의 깊게 본다. 점군 모델은 비활성화 (inactive) 되었기 때문에 회색으로 표시된다. 지금은 활성화된 모델의 화면 조작법을 배울 것이다.

❹ 화면 왼쪽에 다섯 개의 탭으로 구성된 패널이 있다. 이것은 Manager Panel이라고 하며, Model Manager, Primitives Manager, Texture Manager와 Display Manager로 구성 되어 있다. 우선, Model Manager 탭에서 작업하는 방법을 배운다.

❺ Reference(CAD model)이 현재 활성화되었다. 이것은 Model Manager에서 붉은색으로 표시되며 어떤 작업이나 명령은 이 모델에서만 실행된다는 것을 의미한다. 만약, sample이 나 스캔 데이터를 필터링하고 싶다면, 바꿔, 점군 모델을 활성화해야 한다.

❻ Test 모델(scan data)을 활성화하고 싶다면 Model Manager에서 왼쪽 버튼으로 "TEST-bobbin-scan"을 클릭한다. 초록색으로 표시된다. 이것은 현재 점군 모델이 활 성화되었다는 표시이다. CAD 모델은 숨겨지고(Hide) 점군 모델은 회색에서 검정색으로 바뀐다.

❼ View 메뉴의 Set Rotation Center를 선택하고 모델 부분을 클릭한다. 마우스 가운 데 버튼을 눌러 모델을 돌려 보면 방금 전 클릭한 점을 중심으로 회전하는 것을 볼 수 있다.

❽ View 메뉴의 Magnify In을 사용해 원하는 부분을 확대한다. 다음 Ctrl+D를 눌러

화면 가득히 모델을 디스플레이한다.

 ❾ 점군 모델을 화면 가득히 보이게 하려면 View 메뉴의 Fit Model to View를 선택한다.

> **Quick Tip** Fit Model to View는 단축키 Ctrl+D나 오른쪽 마우스 버튼(RMB)을 눌러 나오는 팝업 메뉴 중에서 선택할 수 있다.

❿ 원래의 회전 중심점으로 되돌리려면 오른쪽 마우스 버튼(RMB)을 누른다. 나오는 메뉴에서 Reset Rotation center를 선택한다. 중심점이 처음의 상태로 돌아온다.

> **Quick Tip** RMB 메뉴에는 유용한 기능이 많이 있다. 이 단축 메뉴는 작업 시간을 줄여줄 수 있다. 또한 이 메뉴는 사용자에 맞게 수정할 수 있다.

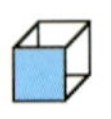 ⓫ Views ➡ Predefined View 메뉴를 이용하여 특정 뷰로 바꾼 후 Front 뷰를 선택한다. 또한 화면 왼쪽의 도구 바에서 아이콘을 클릭한다.

⓬ 왼쪽 그림의 선택 툴(Rectangle)을 이용하여 모델과 상관없는 점(스캔 에러 데이터 = outlier)을 선택한다.

> **Quick Tip** 포인트의 영역을 선택할 때, 빨갛게 선택되면 선택된 것을 지우거나(delete), 샘플링(sample)을 하거나 부드럽게(smooth) 작업 등을 할 수 있다.

⓭ 화면 왼쪽의 도구 바에서 다른 선택 툴(Rectangle, Ellipse, Line, Paint Brush & Lasso)을 이용하여 outlier 모두를 선택한다. Magnify In 기능을 이용하여 부분 확대한다.

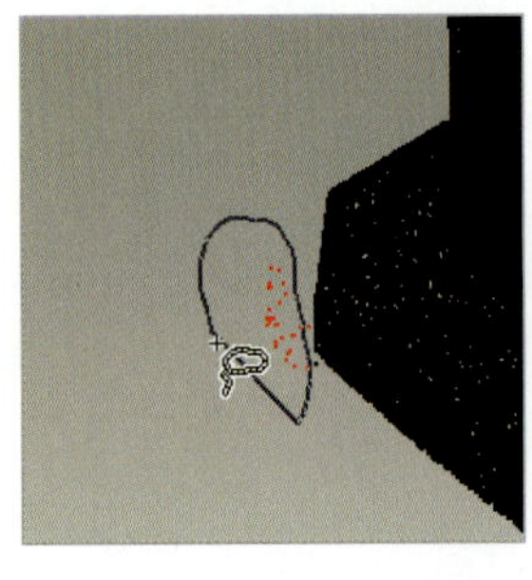
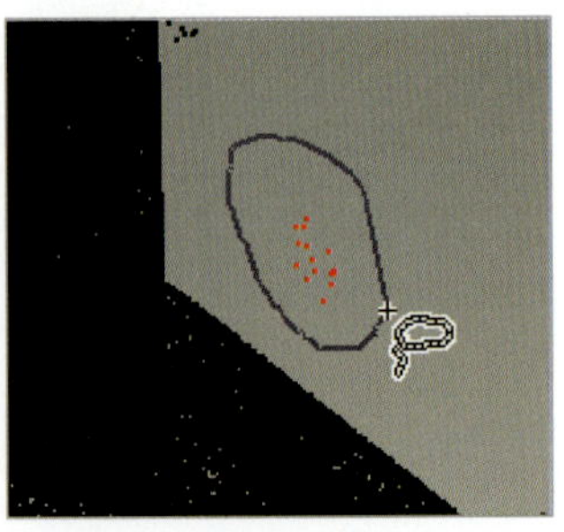

 ⓮ 선택한 후 Point 메뉴의 Erase을 선택한다. 이것은 선택된 점들을 지울 것이다.

> **Quick Tip** 잘못 지웠다면 Use Edit ➡ Undo를 하여 작업을 되돌린다.

⑮ 점군을 수정한 후 Model Manager 창에서 Reference(CAD 모델)을 클릭함으로써 활성화한다.

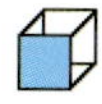 ⑯ 화면 왼쪽 Predefined View 툴바에서 Front 아이콘을 눌러 뷰를 바꾸고 Ctrl+D를 눌러 화면 가득 모델을 디스플레이한다.

 ⑰ Display Manager 탭의 아래에 Front Plane을 체크 표시한다. 모델을 움직여 아래 그림과 같이 보이게 하거나 Isometric 뷰로 변환한다. 슬라이딩 바를 앞뒤로 움직여 Front Plane을 이동시킨다. 모델의 "Inside(안쪽면)"을 보기 위해 모델의 디스플레이를 클리핑하는 방법을 기억한다. 이 기능은 막혀진 3차원 볼륨 모델의 안쪽을 보는 데 매우 유용하다.

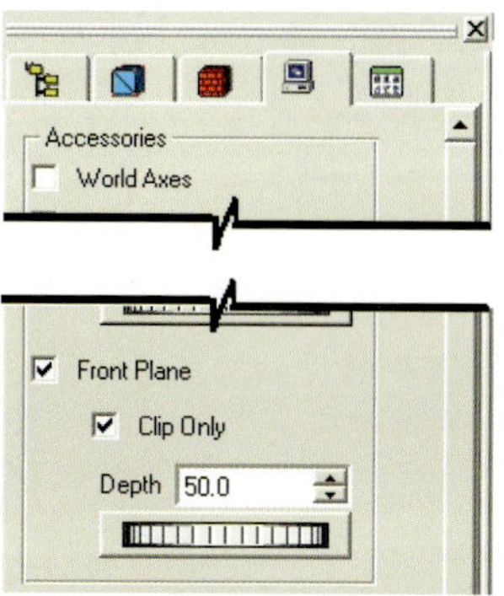

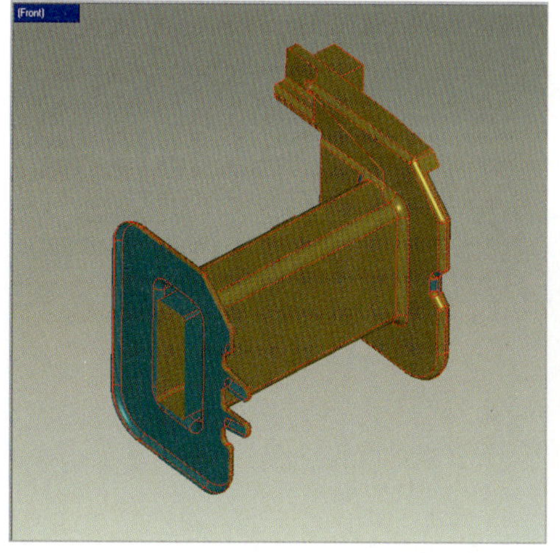

⑱ Front Plane의 체크를 끄고 전체 모델이 화면에 나오도록 한다. 모델을 돌린 후 다시 Front Plane의 체크를 켠다. Plane이 화면에 평행하게 생성되는 것을 알 수 있다. 계속해서 슬라이딩 바를 왼쪽 오른쪽으로 움직여 본다. Front Plane의 체크를 켜 마친다.

⑲ Display Manager 탭에는 또한 Axes Indicator와 같은 유용한 display 옵션이 있

다. 이것은 화면의 오른쪽 아래 코너에 작게 표시되는 XYZ축이다. 그리고 Disable Lighting은 빛(색을 표현하고 부분을 잘 보이게 해주는)을 끄는 것이다. 또한 Dynamic Display Percentage의 체크를 켜, 모델을 회전할 때 보여지는 데이터의 양을 제한할 수 있다. 이것은 렌더링 속도를 줄여주며, 큰 스캔 데이터 파일일 경우 유용하게 쓸 수 있다.

❷⓿ 화면의 왼쪽 하단에, 5개의 탭(Model, Macro, Macro Server, Bounding Box, Memory)으로 이루어진 Info Panel을 볼 수 있다. 이 5개의 탭은 현재 활성화된 모델의 크기, edge와 face와 points의 수, 이용할 수 있는 메모리 등의 모델의 기본적인 정보를 보여준다.

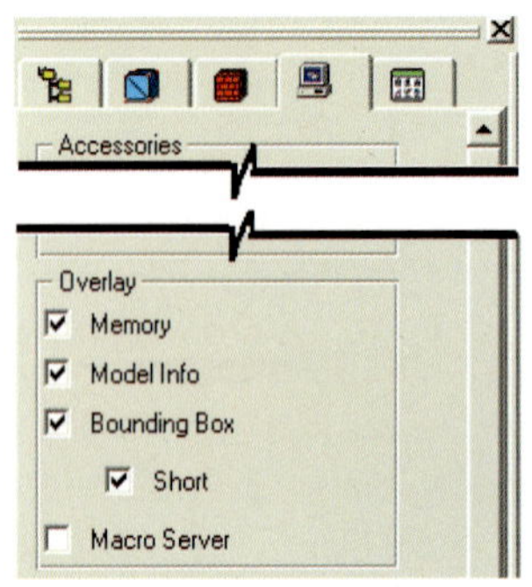
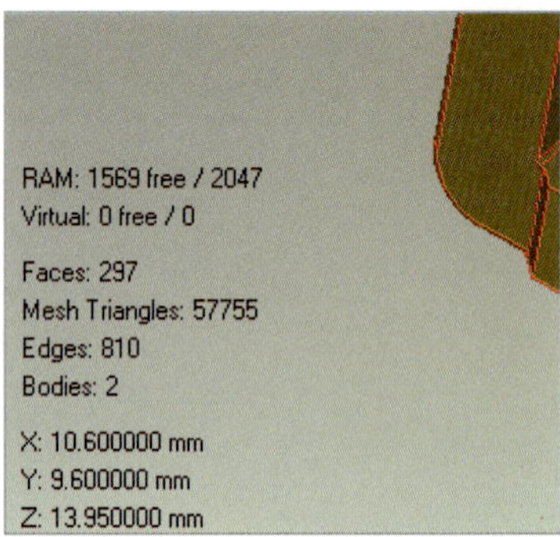

C.h.a.p.t.e.r
04

검사(Inspection) –Qualify

4-1 CAD data와 Scan data Alignment

Objective : 작은 기계부품의 검사보고서를 만든다.
- 스캔 데이터와 CAD 모델을 정합하는 방법을 배우며,
- 결과로 나온 오차값을 분석하여,
- html 포맷으로 오차거리 값과 view를 생성한다.

Files : \···\Geomagic Qualify 6\TutorialData\command_lever-CAD.igs
　　　　\···\Geomagic Qualify 6\TutorialData\command_lever-scan.asc
　　　　\···\Geomagic Qualify 6\TutorialData\command_lever-locations.loc

❶ File ➡ New를 실행하면, 아래 그림과 같은 대화창이 뜬다. 우선, Reference 모델 (본을 떠 만든 모델)을 정의해 준다.

❷ Reference box의 오른쪽에 위치한 Browse 버튼을 눌러 command_lever-CAD.igs을 찾아 [OK] 버튼을 클릭한다. 이 파일은 CAD 프로그램에서 IGES로 저장된 작은 기계부품이다.

❸ Reference model을 선택한 후, Test model을 선택한다. Test box의 오른쪽에 위치한 Browse 버튼을 눌러 command_lever-scan.asc라는 파일을 찾는다. 이 파일은 제조품의 스캔 데이터이다.

❹ 두 개의 파일이 선택되면 파일을 열기 위해 [OK]를 클릭한다. 그러면 스캔 데이터의 단위를 결정하라는 창이 뜬다. 여기서는 단위가 Inches로 정해져 있다. 이것은 스캐

너에서 inches로 각각의 스캔 데이터를 내보냈기 때문이다.

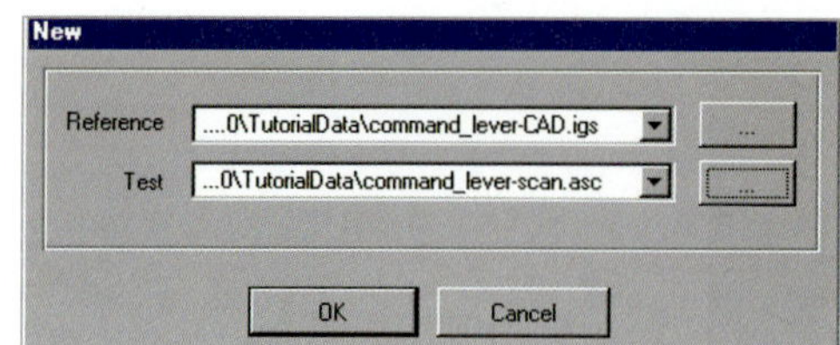

❺ 이 CAD모델은 millimeter로 디자인되어 저장되었으나, 이 검사(Inspection)를 위해 inches를 사용하겠다. 작업 환경의 단위를 변경하기 위해서는 Edit ➡ Units로 간다. 명령 대화창에서 Change Display 버튼을 선택하고, units에서 Inches를 선택한 후 [OK]를 클릭해 나온다.(millimeters 대신에 inches로 작업하고 있다.)

❻ 부품을 검사하는 첫 번째 단계에서는 Test model과 Reference model의 오차값을 비교하기 위해 점군 스캔 모델과 CAD 모델의 위치를 정렬한다.

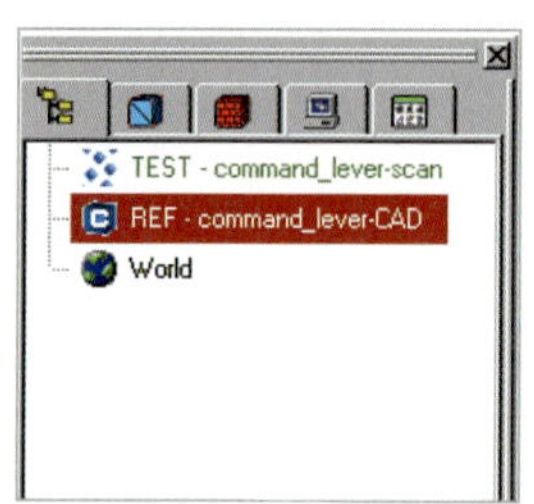

> **Note** 위의 과정으로 import하면, Model Manager 창에 CAD 모델은 REF(Reference)로, 점군 모델은 TEST로 지정된다. 이것은 자동으로 지정되며, 지오 매직의 다른 명령들의 자동 기능에 영향을 준다.

❼ 모니터 화면의 왼쪽의 Model Manger 탭의 tree 구조에서, REF 오브젝트(CAD 모델)를 활성화하기 위해 선택한다. View ➡ Objects ➡ Hide Inactive로 현재 선택한 것을 제외한 다른 모델들을 안 보이게 한다. 스크린에 CAD 모델만 보일 것이다.

> **Quick Tip** 다음번에는, 단축키 Alt+1을 이용해 본다.

❽ Tools ➡ Datums 메뉴에서, Create Datums을 선택한다. 이 기능은 유저가 두 개의 오브젝트 간의 정합 또는 정렬을 위해 기준 평면(Datum Plane), 기준축(Datum Axis), 기준점(Datum Point)을 지정한다.

> **Quick Tip**
> 몇 개의 명령 대화창은 다른 대화창보다 넓기 때문에, 대화창의 크기를 넓혀야 한다.
> 그러기 위해서는, 간단히 마우스를 대화창의 오른쪽 사이드선의 위에 놓고, 대화창이
> 모두 나타날 때까지 오른쪽으로 넓힌다.

❾ Datum Type에서 Axis를 선택한다. CAD 모델에서 Datum Axis를 정의하기 위한 방법은 CAD의 기하학적 구조를 이용하여 원기둥이나 원뿔과 같이 매개 형상 라인을 찾는 것이다. 그래서 아래 그림과 같이 붉게 표시된 원기둥의 안쪽을 선택하면, 간단히 Datum Axis가 생성된다.

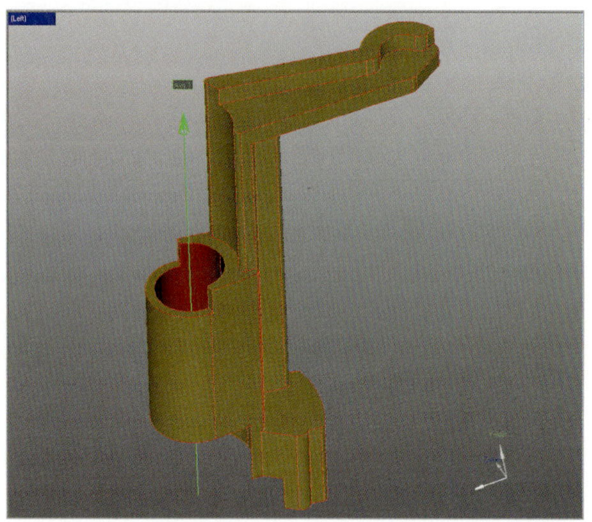

❿ Next 버튼을 클릭하여 다음 datum으로 이동한다. (이 예에서는 프로그램에서 생성 순서대로 지정된 이름 'Axis 1'를 쓴다.)

⓫ Datum Type을 Plane으로 바꾼다. 이번에는 모델을 돌려서 아래 이미지의 붉게 보여지는 아랫면을 선택한다. Datum Plane이 생성되었다.

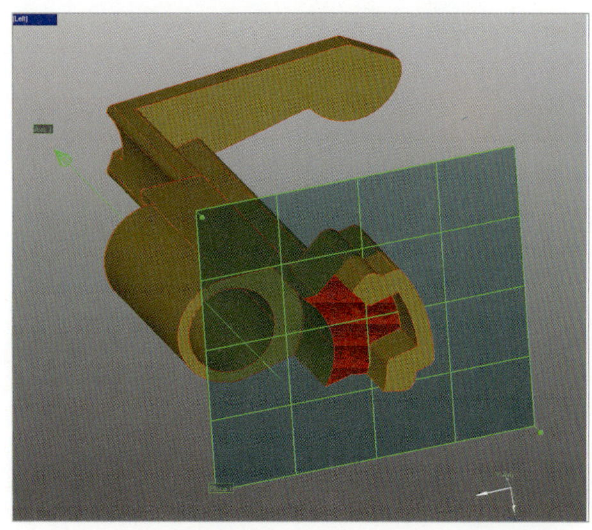

⑫ Next 버튼을 클릭하고, 다른 Datum을 정의하기 위해 이동한다. (또다시, 생성 순으로 지정된 이름 'Plane 1'을 쓴다.) 지금까지 2개의 Datum을 정의했다.

⑬ 아래 보여지는 것 같이 모델을 돌린다. 그리고 붉게 표시된 기울어진 작은 면을 선택한다.

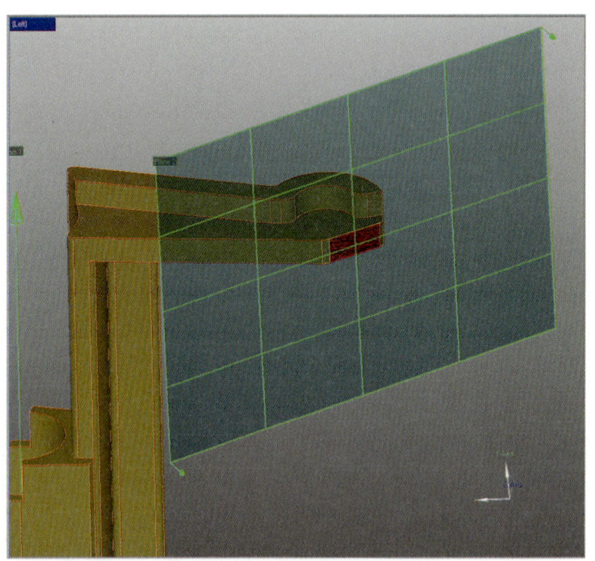

⑭ Next 버튼을 클릭하고 Datum을 정의하는 것을 완료한다. Current Datum의 명령창에 3개의 'Axis 1', 'Plane 1', and 'Plane 2' Datum List가 있는지 확인하고 [OK]를 눌러 명령창을 빠져나간다. 화면에 아래와 같이 보일 것이다.

> **Quick Tip** 데이텀의 사이즈나 위치와 같은 데이텀 디스플레이 치수를 변경할 수 있는데, Tools ➡ Datums ➡ Modify Datum Display에서 변경하면 된다.

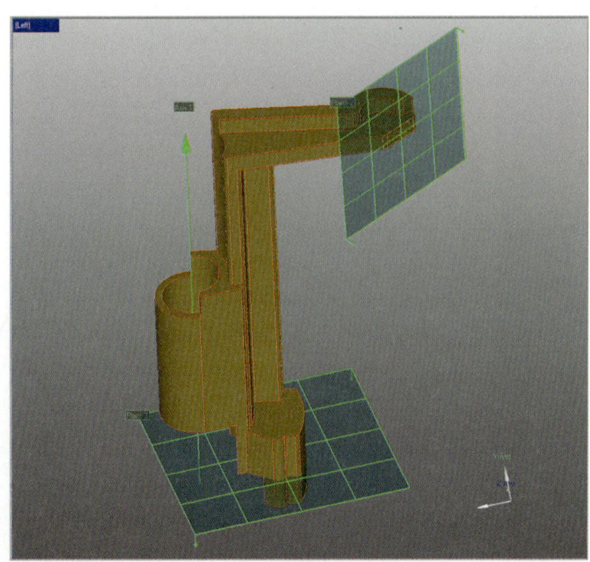

⑮ 다음 단계는 점군 스캔 데이터에 똑같은 세 개의 Datum을 생성한다. 각각 생성된 Datum은 "match datum"과 쌍을 이루어서 정렬하는데 기준이 된다. 그러기 위해서는 자동으로 점군 데이터 내에서 plane과 cylinder를 인지하여 상응하는 Datum을 생성하는 기능을 이용해야 한다.

⑯ Tools ➡ Datum 메뉴에서 Auto Create Datum을 선택한다. CAD 모델에서 만든 3개의 데이터 목록을 볼 수 있을 것이다. 이 3개의 데이텀을 점군 데이터에 적용하여 데이텀을 자동으로 생성한다.

⑰ Fine Adjustments Only를 체크하면 이미 정렬된 상태에서 데이텀 자동 생성 시간을 단축해 준다. 하지만, 이 경우는 아니다. 또한 Check Symmetry는 체크하지 않는다. 두 모델은 서로 대칭의 상태가 아니다.

⑱ Apply 버튼을 클릭한다. 데이텀이 형성되면서, 그것의 진행 상황을 아래 대화창에 표시하며, 완성되었을 때 "OK"라고 표시된다. Done을 눌러 명령창을 빠져나간다. 지금 두 개의 Datum Plane(기준면)과, 하나의 Datum Axis(기준축)을 만들었다.

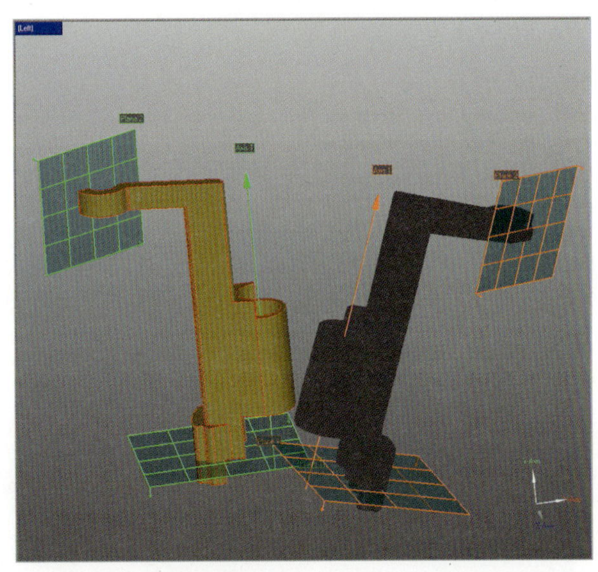

⑲ Datum을 기준으로 두 개의 모델을 정렬하기 위해 Tools ➡ Alignment 메뉴의 Datum-Based Alignment을 선택한다. 화면 창이 바뀌면서 왼쪽 상단의 Fixed 창에 CAD 모델을, 오른쪽 상단의 Floating 창에 스캔 점군 데이터를 각각 볼 수 있다.

⑳ 이미 두 목록(Fixed와 Float 창의 목록)에서 'Axis'이 활성화되었으며, 간단히 Create Pair 버튼을 누르면, 두 개의 Datum Axis가 정렬된 것을 화면으로 확인할 수 있을 것이다. 이 한 쌍의 Datum은 Datum Pairs 창에 표시되며, Statistics 창은 첫 번째 정렬의 결과 값과, 2~3번째의 회전 DOF와 이동 DOF으로 구성되어 있다.

㉑ 지금 이 대화창에서 Fixed와 Floating의 두 목록에서 'Plane1'을 선택한다. 그런 다음 Create Pair 버튼을 누른다. 두 번째 Datum쌍이 생성되었다. 이동 DOF는 모두 채워졌으며, 회전 DOF만 하나 남았다.

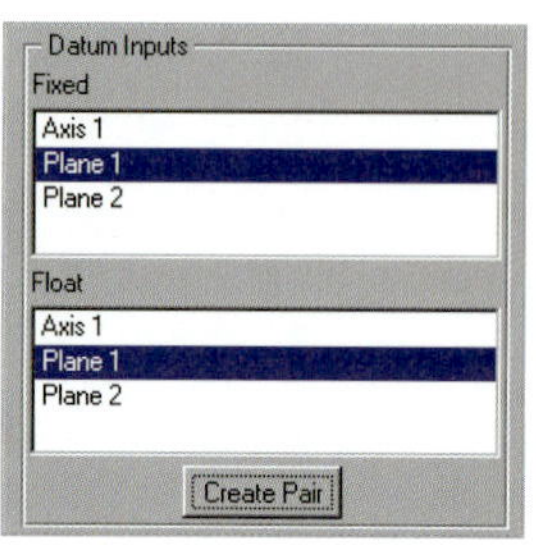

㉒ 대화창의 두 목록에서 각각 'Plane 2'를 선택하고 Create Pair을 누른다. 마지막 이동 DOF가 포함되었으며, Statistics 창으로부터 두 모델은 완전히 일치된다는 것을 알 수 있다. [OK]를 눌러 정렬을 완료하고, 대화창을 빠져나간다. 두 모델은 아래의 그림과 같아야 한다.

 Quick Tip 명령의 Auto는 생성 순서에 따라 자동으로 쌍을 만든다. 정렬하는 기준이 되는 데이텀을 순서대로 만들었기 때문에, 이 예제에서 이 기능을 사용할 수 있다. 다음번에는 이 기능을 사용하여, 몇 단계의 명령을 자동으로 실행한다.

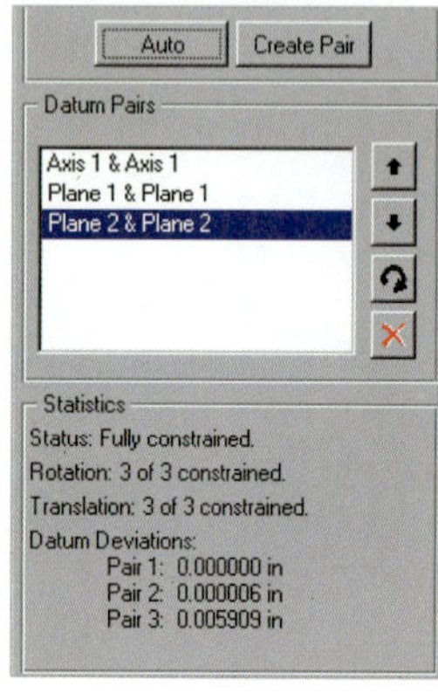

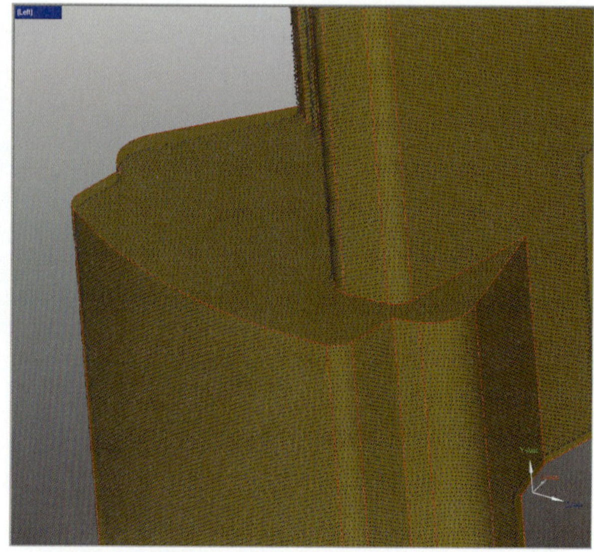

4-2　　**3D, 2D Compare**

❶ 지금 모델이 정렬되었다. 이제 Reference(as-designed)와 Test(as-built) 모델 간의 오차를 측정하기 위한 일련의 과정을 배울 예정이다.

❷ Analysis 메뉴의 3D Compare를 선택한다. 이 기능은 CAD 모델과 점군 모델 간 오차값을 3D 컬러 모델을 통해 결과치로 보여준다.

❸ 대화창에서 허용 오차값을 정해줄 수 있으며, 정해준 허용 오차값을 저장하여 사용하거나, 표준 오차값을 측정한다. 이 예제에서는 평균값을 사용한다. 먼저 어떤 허용 오차값을 입력하지 않은 채로 Apply 버튼을 누른다. 그러면 소프트웨어에서 평균과 최고 오차를 계산하여, 컬러맵을 산출한다.

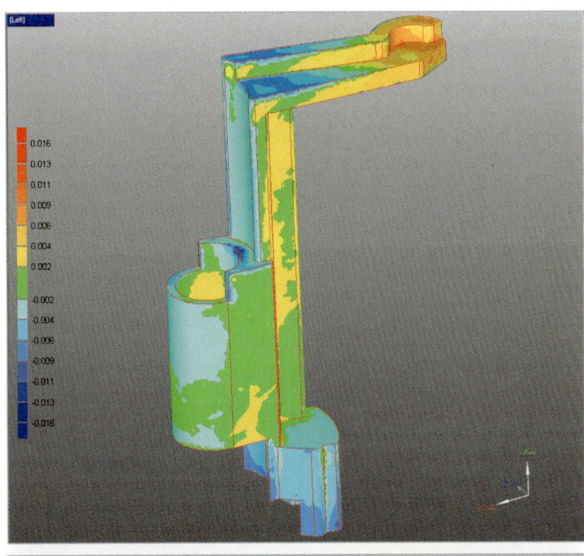

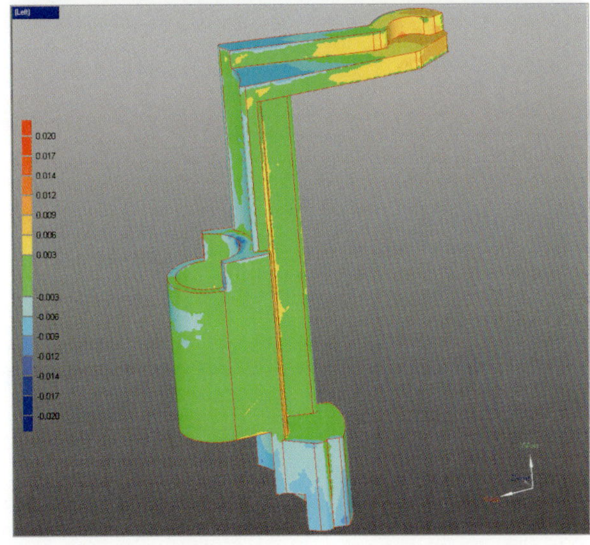

❹ 지금, 전 작업에서 산출된 오차값을 변경할 것이다. Max. Positive 창에 0.020를 입력하고 Enter 키를 누른다.(Enter를 치면, 자동으로 Max. Negative 창이 −0.020값으로 바뀐다.)

❺ Min. Positive 창에 0.003을 치고, Enter 키를 누른다. 그리고 나서 Apply 버튼을 눌러 컬러맵을 갱신한다. 그림처럼 되어야 한다. 대화창의 Statistics 부분에서는 CAD와 스캔 데이터의 오차에 관한 기본 정보를 표시한다.

❻ 대화창의 Display의 Test Object를 체크한다. 그러면 CAD 모델과 스캔 점군이 겹쳐 보이면서 어디에서 오차가 발생했는지 눈으로 확인할 수 있다. 또한 컬러값을 적용한 CAD 모델과 스캔 모델을 보기 위해 Color Reference과 Color Test 버튼을 클릭할 수도 있다.

❼ OK로 빠져나오면 Model Manager 창에 독립된 오브젝트로 결과 모델이 생성된다.

> **Quick Tip** 결과 모델의 디스플레이를 수정하는 많은 기능들이 있다. 예를 들면 오차 범위를 표시한 스펙트럼은 마우스를 스펙트럼에 올려 놓은 채 오른쪽 마우스 버튼을 눌러, 그 진열 방법의 디스플레이를 바꾼다. 또한 Analysis 메뉴의 Edit Spectrum 기능을 이용하여 컬러 범위와 컬러를 변경할 수 있다.

❽ 또 다른 결과 분석 방법에는 결과 모델의 단면을 잘라 분석하는 방법이 있다.

❾ 결과 모델만 보기 위해 Alt+1을 눌러 활성화하고, Analysis 메뉴의 2D Compare를 선택한다. 단면을 만드는 첫 번째 방법은 기존에 있던 Datum Plane을 이용하거나 System Plane을 이용하거나, 평면을 아예 만들어 주는 방법이다. 이 예에서는 System Plane을 이용한다.

❿ Type에서는 3D Deviation를 선택한다. Align Plane의 드롭 다운 메뉴에서 System Plane을 선택하고 XZ−Plane을 선택한다. 다음 그림처럼 슬라이더 바를 이용하여 위치값(Position value)이 대략 0.50 in가 되도록 한다.

⓫ Compute를 클릭한다. CAD 모델과 점군 간의 단면 이미지가 화면에 추가되며, 다음 그림과 같다.

⓬ 다음 대화창과 같이 오차 표시선의 크기를 늘리기 위해 Scale의 슬라이딩 바를 잡아당긴다.

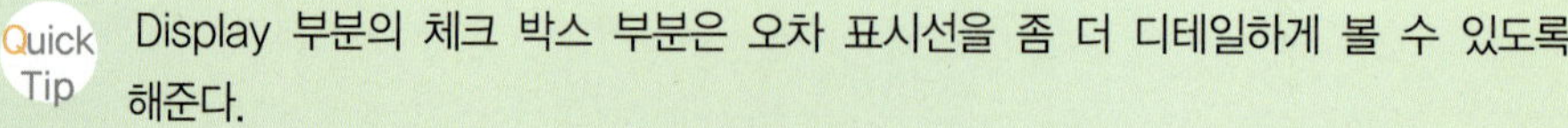

> **Quick Tip** Display 부분의 체크 박스 부분은 오차 표시선을 좀 더 디테일하게 볼 수 있도록 해준다.

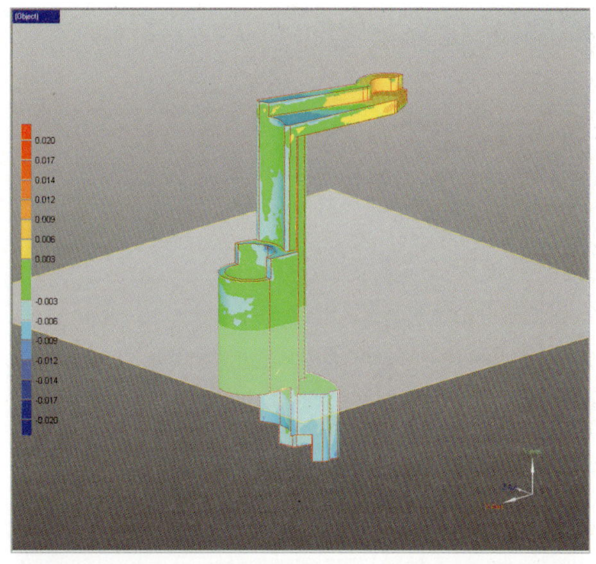

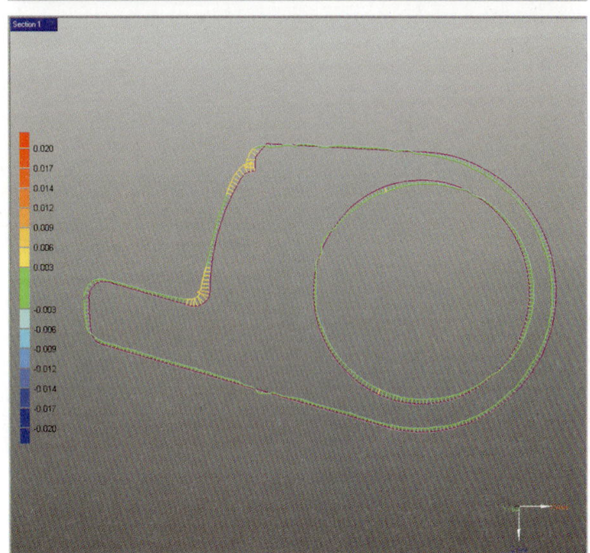

⑬ [OK]를 눌러 대화창을 나간다. Model Manager 창에서 결과 모델(Result)의 ⊞ 버튼을 눌러 확장하면, 2D section이 포함된 Cross-Sections 폴더가 보인다. 다음번에 생성된 section은 여기서 포함된다.

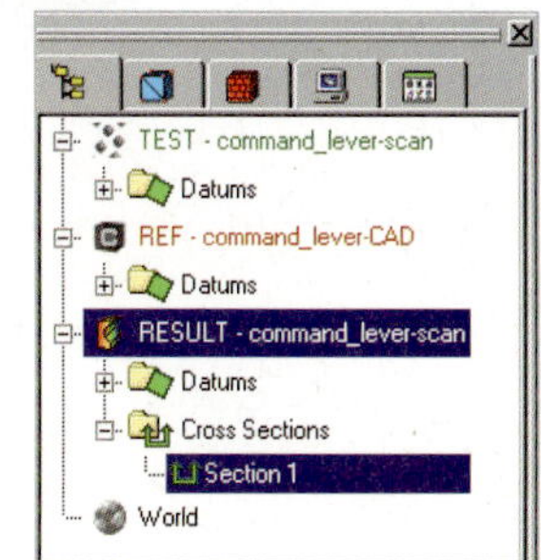

⑭ Cross Sections 폴더의 Section 1을 클릭한다. 그러면 좀 전에 작업했던 결과가 다시 나타나게 된다. 이제 다음 작업은 좀 더 디테일하게 이 Cross-Sections의 오차를 확인하기 위해 주석을 다는 것이다.

4-3   Annotation

❶ Result 메뉴에서 Create/Modify Annotations를 선택한다. 아래 그림과 같이 붉게 표시된 CAD 모델 근처에 마우스로 클릭한다. 클릭한 위치에 Reference와 test 모델의 XYZ 위치와 같은 정보와 함께 각 오차값이 나타난 주석이 표시된다.

❷ 그 주석은 절대오차(D)로 표시되며, 마찬가지로 XYZ상의 오차(Dx, Dy, Dz)로 표시된다. 컬러값도 보여진다. 명령창 아래의 Edit Display를 클릭하면 주석을 수정할 수 있다.

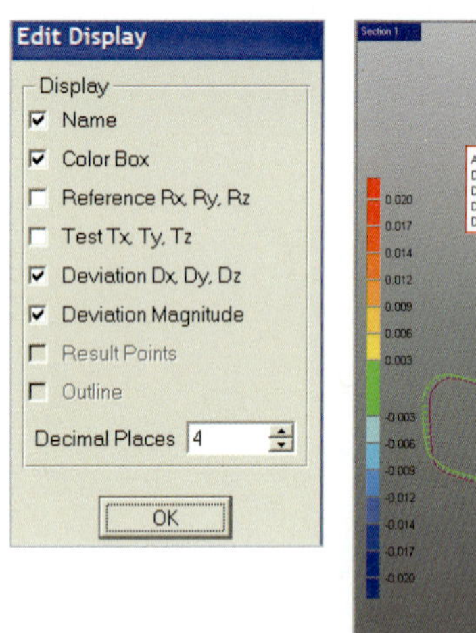

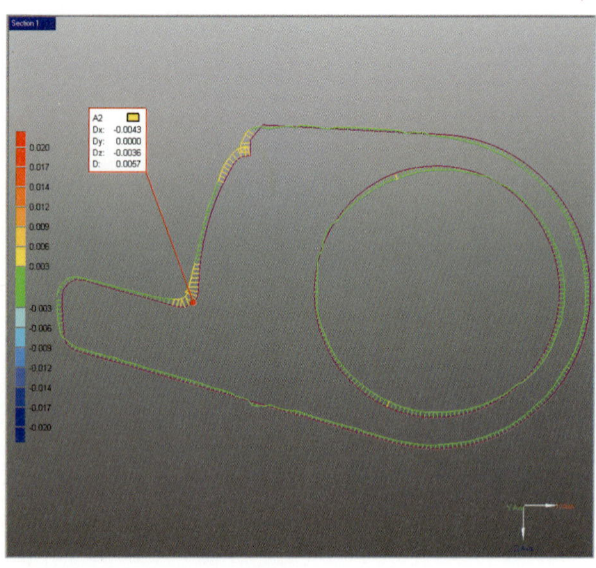

❸ 단면에서 추가로 몇 개를 더 생성한다. 잘못 생성했다면, 그것을 클릭하여 활성화시킨 다음 키보드의 delete 키를 눌러 지운다. 마쳤으면 [OK] 버튼을 눌러 명령창을 종료한다.

❹ 이젠 Test 모델(점군)이 사출물과 어느 정도의 오차를 가지고 있는지 단면을 잘라 치수를 기입하려고 한다. 우선, Test 모델에 여러 개의 단면(cross-section)을 생성해야 한다.

❺ Tools 메뉴의 Section Through Object를 선택한다. Align Plane의 드롭 다운 메뉴에서 System Plane을 선택하고 XZ-Plane으로 지정한다.

> **Quick Tip** 점군을 좀 더 잘 보기 위해 View ➡ Shading 기능을 이용해 모델을 셰이딩해서 본다.

❻ 명령창 상단의 Section Reference and Test Objects를 체크하는데, 이것은 Reference와 Test 모델이 한 번에 단면을 생성하게 하는 기능이다.

❼ 아래 그림과 같이 Position 값을 0.25in으로 놓고, Thickness 값은 디폴트 값인 0.01in로 한다.

❽ Compute 버튼을 누른다. 단면은 아래와 같이 생성되어야 한다.

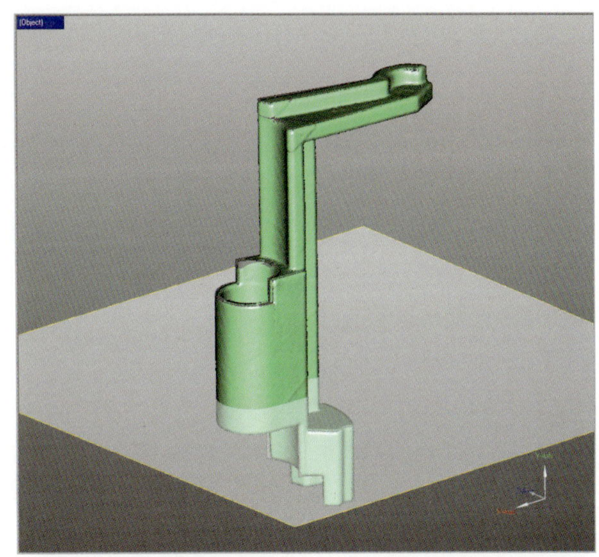

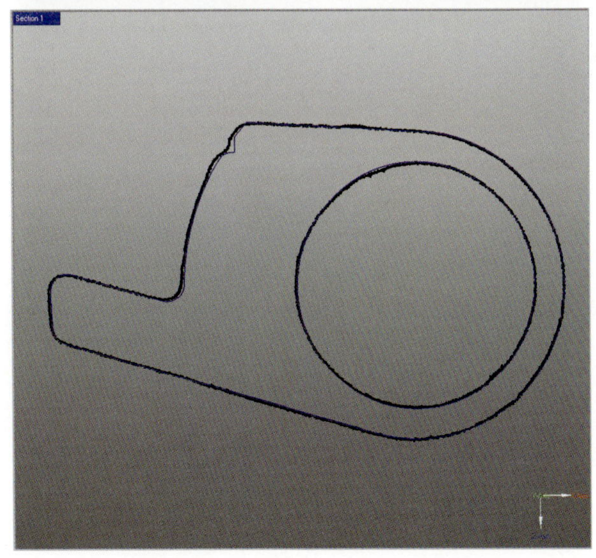

❾ 대화창 아래의 Next 버튼을 눌러 다른 단면을 생성한다. 이번에는, 아래 그림과 같은 Plane을 위치(Position 값은 1.68 in이다.)시키기 위해 슬라이딩 바를 움직인다.

❿ Compute 버튼을 누른다. 다음과 같은 단면이 생성되어야 한다.

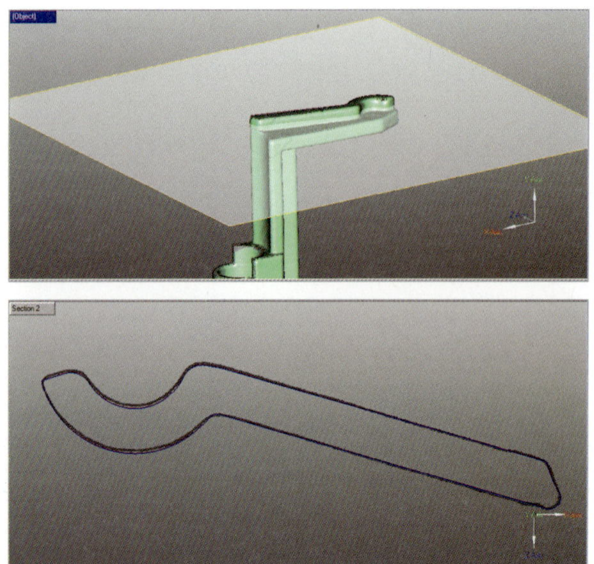

⑪ [OK] 버튼을 눌러 두 개의 단면 생성을 마친다.

⑫ Model Manger 창의 Test 오브젝트의 ⊞ 버튼을 눌러 Cross Sections을 확장하면, Section 1과 Section 2 두 개의 새 오브젝트가 생긴다. 이제는 이 두 개의 단면에서 치수를 기입한다.

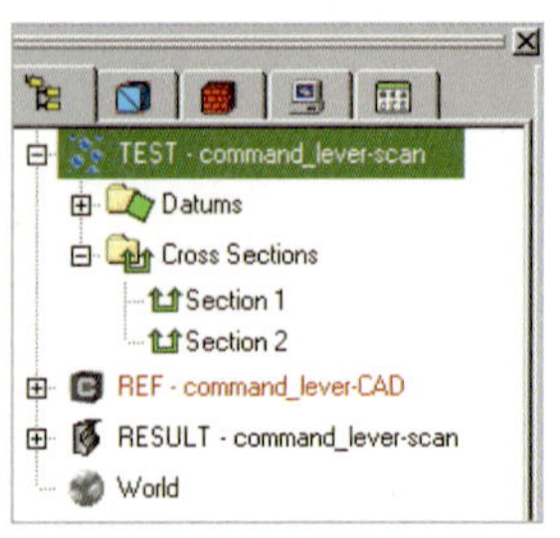

⑬ Test 오브젝트인 점군 모델을 활성화하고, Analysis 메뉴의 Create/Modify Dimensions를 실행한다. 대화창의 상위 메뉴의 드롭 다운 메뉴를 눌러 Section 1 을 선택한다.

⑭ 아래의 Dimension Type에서 Parallel을 선택한다. Pick Method 창에서 Best Fit 을 선택하고, 아래의 그림처럼 마우스로 드래그한다. 초록색 박스가 나타나면서 점 위로 흰색 라인이 그려진다.

⑮ 그리고, 바로 위에 또 다른 상자를 마우스로 드래그한다. 단, 곡선이 있는 부분은 피 하면서 선 위의 점들을 선택해야 한다.

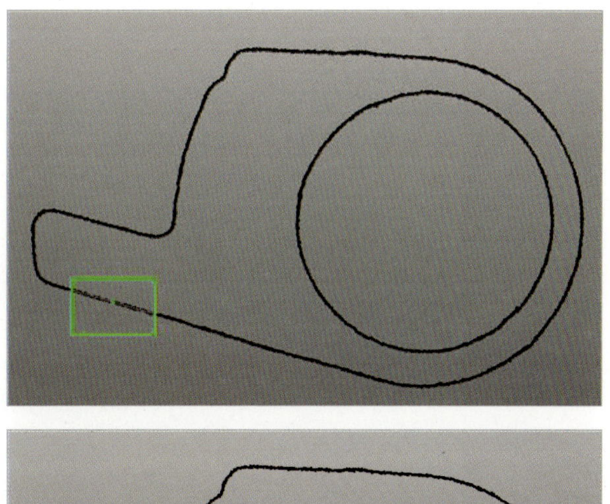

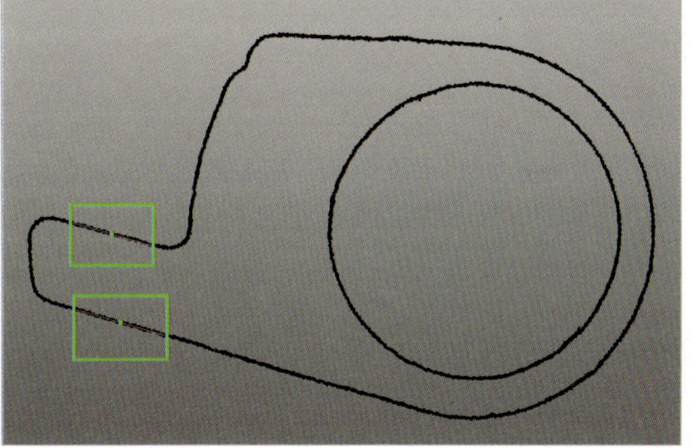

4-4   치수 기입

4-4 치수 기입

❶ 마지막으로, 선택된 두 개의 상자 사이를 마우스로 선택하면 아래 그림처럼 사이 거리값이 나오게 된다.

> **Quick Tip** 원한다면, 키보드의 "F"키를 눌러 치수 레벨 위의 화살표의 방향을 뒤집을 수 있다.

❷ CAD 모델의 단면은 진한 파란색 선으로 표시된다. 치수를 기입하려고 한다. Auto Detect Nominal의 체크를 켜면 CAD 모델로부터 최소값이 Nominal 창에 표시된다.

❸ 화살표가 자주색이면 치수값을 바꿀 수 있다. 치수의 위치가 만족스럽지 못할 때는 치수 레벨을 마우스로 선택한 다음 새로운 위치로 드래그함으로써 치수 레벨의 위치값을 변경할 수 있다. Next 버튼을 누르면 화살표가 흰색으로 바뀌며, 이것은 수정할 수 없음을 말한다.

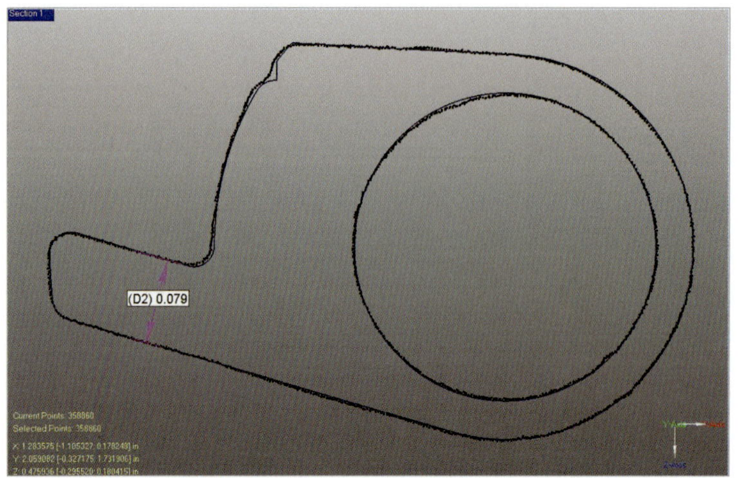

❹ Lasso 선택 툴로 바꾼다.

❺ Dimension Type을 Radius로 바꾸고, Lasso 툴로 아래 그림처럼 안쪽 원을 선택한다. 포인트에 알맞은 흰색 원(반지름을 분석하여 만들어진 원)이 그려진 것을 볼 수 있다. 또한 원의 중심은 일시적인 주황색 점으로 보여진다.

> **Quick Tip** 선택된 상자의 주황색은 이 치수는 자동으로 생성되지 않는다는 것을 표시한다. 자동으로 생성되는 것은 초록색으로 표시된다.

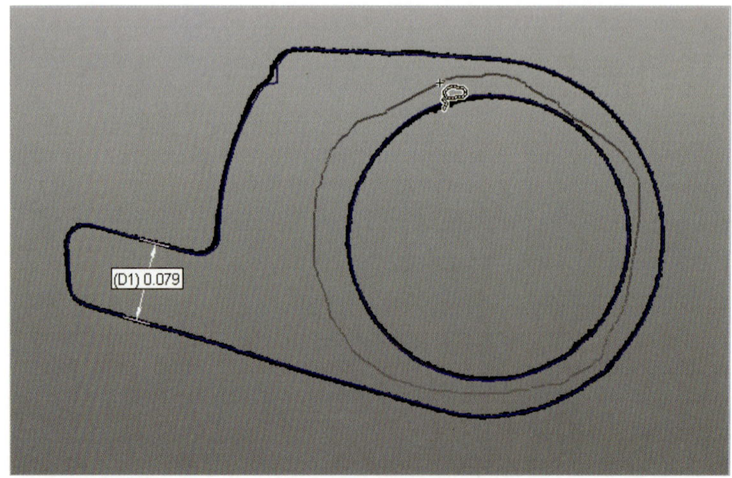

❻ 다음과 같이 선택한다.

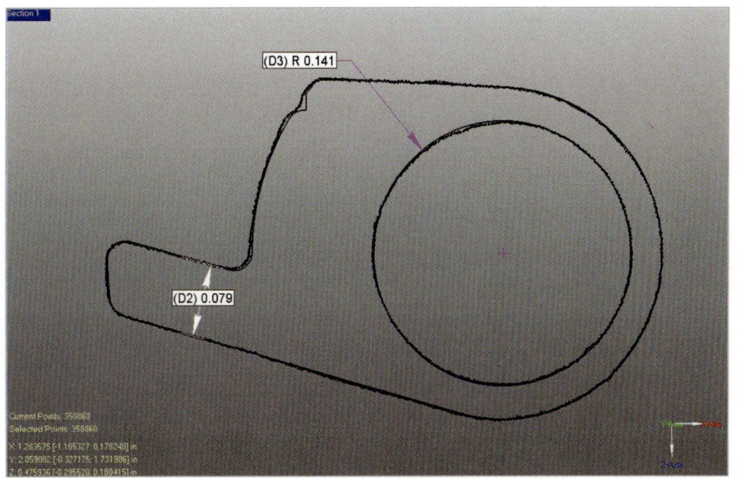

❼ 치수값을 수정한다. 화살표의 머리 부분을 선택하여, 화살표 머리 부분에 표시된 주
황색 점을 마우스로 당겨 위치(원 둘레 내)를 변경한다. 위치가 만족스럽다면 버튼을
누른다.

❽ 사각 선택 부분을 변경한다.

❾ Dimension Type을 Angular로 변경한다. 우선, 다음 그림처럼 아래 라인을 선택
한 다음 위 라인을 선택한다. 마지막으로 두 부분 사이의 치수 레벨이 위치할 부분을
클릭한다.

> **Quick Tip** 치수 표기가 잘못되었다면, 잘못된 치수를 선택하고, 키보드 "delete" 키를 눌러
> 지운다.

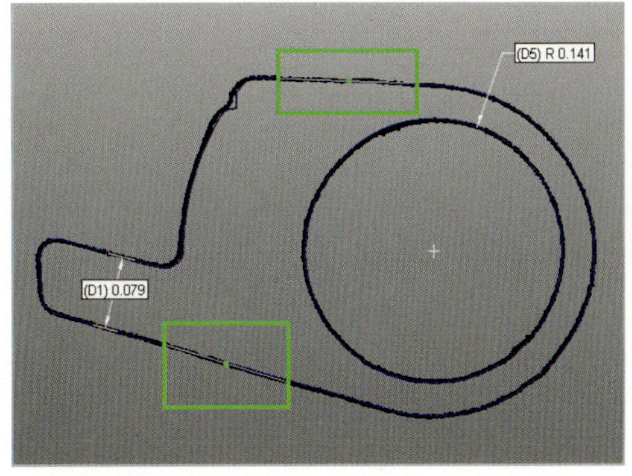 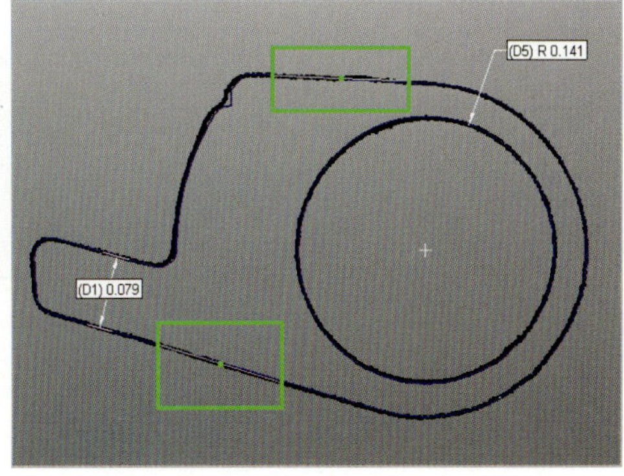

❿ Next 버튼을 누른다.

⓫ Dimension Type을 다시 Parallel로 바꾼다. 다음 그림처럼 단면의 왼쪽 작은 라인
을 선택하고, 키보드의 Ctrl를 누른 채 원의 중심과 교차되는 부분을 클릭한다.

Ctrl 키를 누른 채 기존에 만들어진 치수를 선택하면, "stacked" 치수(큰 사이즈의 치수)와 다른 치수로부터의 치수값을 얻는 데 유용하다.

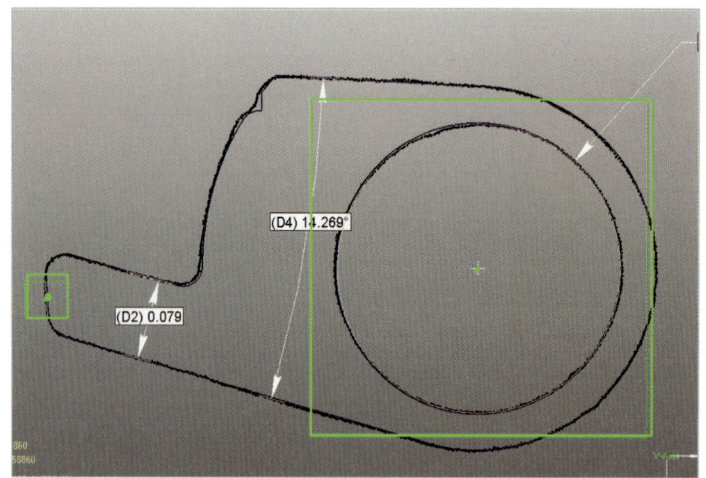

⑫ 아래 그림처럼 치수 레벨을 위치시키고, Next 버튼을 누른다. 완성되면, 아래 그림처럼 보일 것이다. 그렇지 않다면, 원하지 않는 치수 레벨을 선택(선택하여 활성화되면 노란색으로 바뀐다.)하여, 레벨을 움직이거나 화살표의 방향을 바꾸거나, 선택된 부분을 변경함으로써 쉽게 수정할 수 있다.

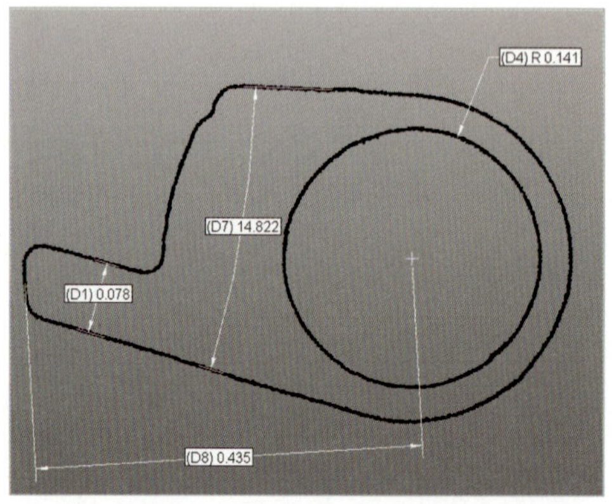

⑬ Section 드롭 다운 메뉴에서 Section 2로 변경한다. 앞서 배운 것을 이용해 다음 그림과 같이 치수를 기입한다.

치수의 변경을 원하지 않으면 미리 치수 레벨을 선택해서 활성화시켜 놓으면 다른 것에 방해받지 않고 수정을 할 수 있다.

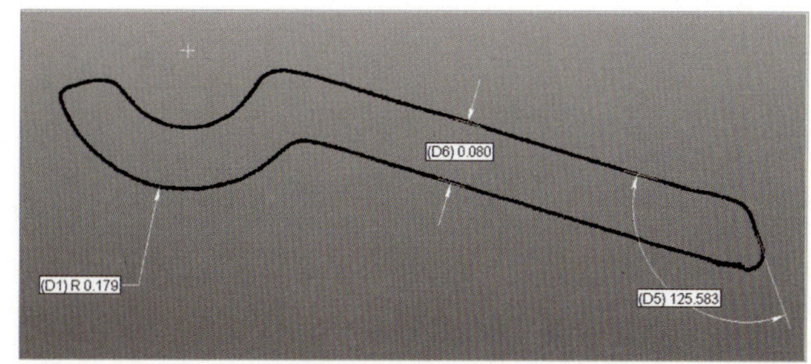

⑭ 완성되면, [OK]를 눌러 대화창을 나간다. 완성된 것은 Model Manager 창의 단면 이름을 클릭하면 볼 수 있다. 이 단면은 점군 오브젝트의 Cross Sections 안에 있다.

⑮ Result 메뉴의 Create/Modify Annotations을 선택한다. 이 기능은 선택 지점의 편차를 지시선으로 표현한다.

> **Quick Tip** 사각형 안에 선택된 오브젝터는 광원의 색깔로 표시되어 쉽게 볼 수 있으며 오브젝터 디렉터리의 특성을 나타낸다.

⑯ View ➡ Predefined Views의 메뉴를 이용해 Top View로 변경한다.

> **Quick Tip** 모니터 화면의 오른쪽 아이콘을 선택할 수도 있다.

⑰ 마우스의 커서를 모델에 넣고, 아래 보이는 것과 같이 모델의 한 점을 잡아당기면 주석이 생긴다. 이 작업을 몇 번 반복하고, 뷰를 변경하면, 주석이 모델과 떨어져 독립적으로 보인다는 것을 알게 될 것이다. 이는 그 주석들은 화면의 뷰 상에서만 활성화된다는 것을 의미한다.

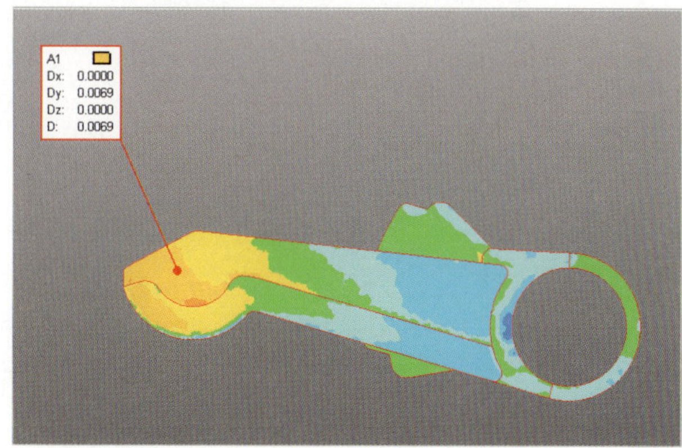

⑱ 몇 개의 주석을 만든 후 [OK]를 눌러 대화창을 빠져 나온다. 지금은 미리 정해진 위치를 사용하여 자동으로 주석을 만들 것이다.

⑲ Analysis 메뉴의 Define Locations를 선택한다. 대화창이 나타나고, Create From File의 Browse 버튼을 눌러 구조 디렉터리에서 command_lever-locations.loc을 찾아 Open한다. 단위는 Inches이다.

⑳ 대화창의 Statistics 부분에서는 연 파일이 18개의 정점을 가지고 있음을 보여준다. 이 정점은 몇 개의 추가 주석을 만드는 데 이용할 예정이다.

> **Quick Tip**
> 정점은 간단한 X, Y, Z 좌표를 포함하는 ＊.loc 텍스트 파일로 결정된다. 이 정점은 CAD로부터 저장된 점이나 Create/Modify Annotations에서 결정된 점이 될 수 있다. 사용할 수 있는 점의 개수의 제한은 없다.

㉑ [OK]를 눌러 대화창을 나온다.

㉒ 다시 Create/Modify Annotations 명령을 실행하고 대화창의 Annotation Type에서 Location을 선택한다. Location Set 1 목록이 보일 것이다. 이것은 좀 전에 불러들인 정점 파일이다.

4-5 Auto Placement

❶ Auto Placement 버튼을 누르면 18개의 주석이 자동으로 만들어진다.

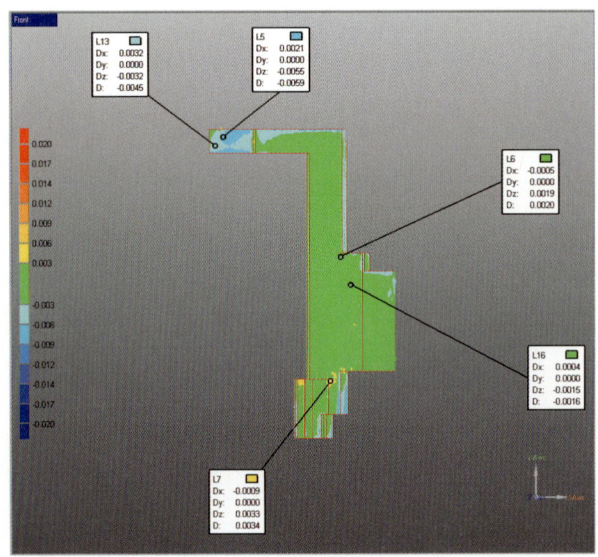

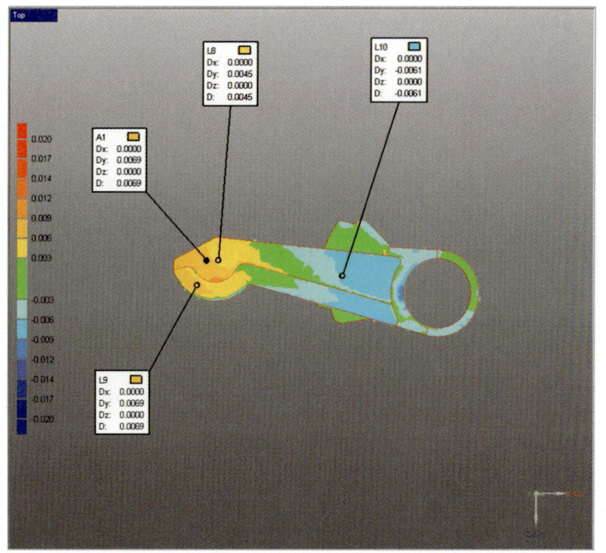

❷ 완료되면, 화면의 오른쪽 View 아이콘이나 View ➡ Predefined Views 메뉴를 이용하여 다른 View 화면으로 이동한다. 각 뷰에서 주석들은 정점이 보이는 View에 따라 위치하고 있다.

❸ [OK]를 눌러 대화창을 나온다.

 ❹ Result 모델은 여전히 활성화되어 있는 상태에서 Result 메뉴의 Create Report을 선택한다.

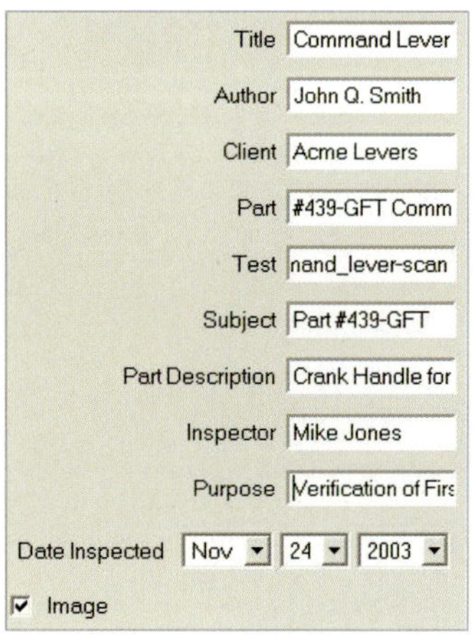

❺ Output Directory 창에서 저장하기 원하는 하드 드라이브의 위치와 Report의 이름을 입력한다.

❻ Formats에서 HTML만 선택한다. 다른 포맷의 체크 표시를 끈다.

❼ Customize 버튼을 누른다. Introduction에 Report에 관한 간략한 설명을 넣을 수 있으며, Conclusion에 결과물에 관한 짧은 설명을 넣을 수 있다.

❽ 이외의 나머지 옵션이 있으나, 이번에는 다른 옵션의 변화는 주지 않겠다. [OK]를 눌러 대화창으로 되돌아온다. 옵션 변화값을 저장하겠는지를 묻는 창이 뜨면 NO를 누른다.

> **Quick Tip** 이 옵션 변화값은 *. qtmpl 파일이나 Qualify Template 파일로 저장된다.

❾ 필요한 옵션을 설정한 다음에 [OK]를 눌러 Report를 완성한다. 완성된 Report는 대화창에서 정해준 디렉터리 아래 저장되어 있다.

❿ Geomagic Qualify 창이 최소화되면, 지정한 Report 폴더를 찾는다. 그 폴더에서 HTML 이름의 디렉터리를 발견할 것이다. 그 디렉터리를 열고, report.html 파일을 찾는다. 결과를 보기 위해 이 파일을 연다. 왼쪽의 링크 메뉴를 이용하여 결과 페이지를 열 수 있다.

C.h.a.p.t.e.r 05

쾌속조형
(Rapid Prototyping)

5-1 쾌속조형이란

3차원 CAD 데이터를 통하여 부품 및 조립체를 빠르게 제조하는 기술의 총칭이다. 쾌속조형은 3차원 모형을 직접 전동하여 복잡한 형상의 물체를 빠르게 만드는 기술로서 그 핵심은 직접적인 CAD 전동이다.

공업 제품의 시제품을 만들 때 필수적인 금형 제조를 없앨 수 있는 기술이 등장했다. '쾌속조형(Rapid Prototyping)'이라고 불리는 이 기술은 제품의 3차원 설계 데이터를 이용, 금형이 없어도 시제품을 그대로 만들어낸다.

원리는 간단하다. 미세하게 자른 제품의 가로축대로 원하는 재료를 굳혀 쌓아 나가는 방법이다. 원료를 뿌린 후 레이저로 가로축 모양을 굳히고 나머지 원료를 제거하는 과정을 반복하면 하나의 시제품이 만들어진다.

이 기술로 시제품을 만들면 가격과 비용이 줄어든다. 보통 시제품 하나를 만들기 위해 필요한 금형 비용은 5000만원 내외이다. 만일 여러 개의 부품을 조립해야 하는 제품이라면 개수에 따라 금형 비용이 올라간다.

반면 쾌속조형 기술로 시제품을 만들면 10개 정도를 기준으로 10분의 1 가격에 해결할 수 있다. 특히 플라스틱은 물론 일부 금속으로도 시제품을 만들 수 있어 낙하나 탄력성 등 여러 가지 물리적 테스트가 가능한 시제품을 만들 수 있다.

신 조형 기술발전의 추이

- 시스템으로부터 만들어진 기하학적 자료로부터 직접 모형을 만들려는 욕구

- MIT대 E. Sachs가 최초 연구

- 1988년에 첫 상업화: 미국의 3D System, Stereolithography

- 1992년까지는 약 12개의 상업화된 신속 조형 기계장치 기술과 30여 개 장비 특허 신청됨

- Rapid Tooling(신속 주형/금형 제작) - 최근 신속 조형기술의 생산가공기술

RP 란

- Rapid Prototyping

- 급속조형, 쾌속조형

- 3차원 형상모델 → 2차원 슬라이스 → 적층방식으로 모형형상을 신속하게 조형

- 다른 가공방식에 비해 매우 빠른 시간에 (총 24시간 이내) 물리적인 모형으로 재현해 낸다는 것이 대표적인 장점

RP의 속도

- 슬라이스 된 한 면 (plate)을 조형하는데 소요되는 시간 : 5초

→ 슬라이스 된 면이 50층일 때 소요되는 시간 : 약 4분 30초

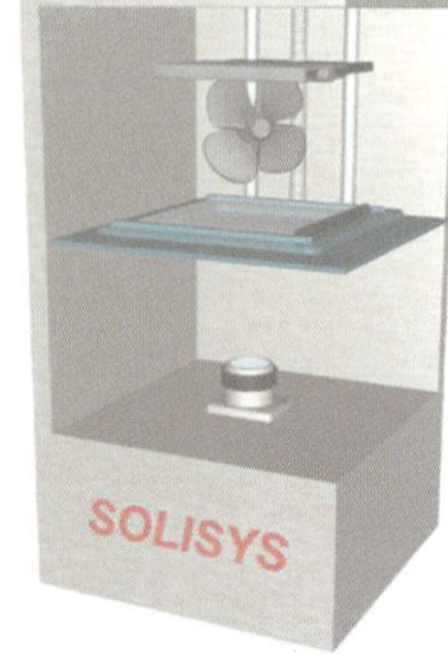

RP의 장점

- **신속**
  - 일괄 노광방식

- **저렴**
  - 가시광선용 경화수지

- **안전**
  - 가시광선을 사용하는 경우

RP와 NC가공의 차이점

- 유사점
  - CAD로부터 데이터를 받아 실물을 만듦
  - 정교한 수치제어 필요

- NC가공에서는 공구간섭에 의하여 가공하기 어려운 형상이 많음

- 5축 이상의 NC-MILLING 에서는 3차원 형상을 가공할 수 있지만, 공구 간섭에 의해 많은 제약

RP와 NC가공의 차이점

- RP는 공구 사용하지 않음 → 임의의 형상 가능

- 속이 비어 있는 형상 가능 (NC가공으로 불가능)

- 제품개발 단계에서 RP가 NC가공을 대체
  - 개발단계에서 수정할 경우가 많고 고가의 금형을 만들 수 없으므로, RP에 의해 고속 시제품을 만듦
  - 시작금형을 RP를 이용하여 제작 (Rapid tooling)
  - 양산단계에서만 NC가공으로 금형 제작

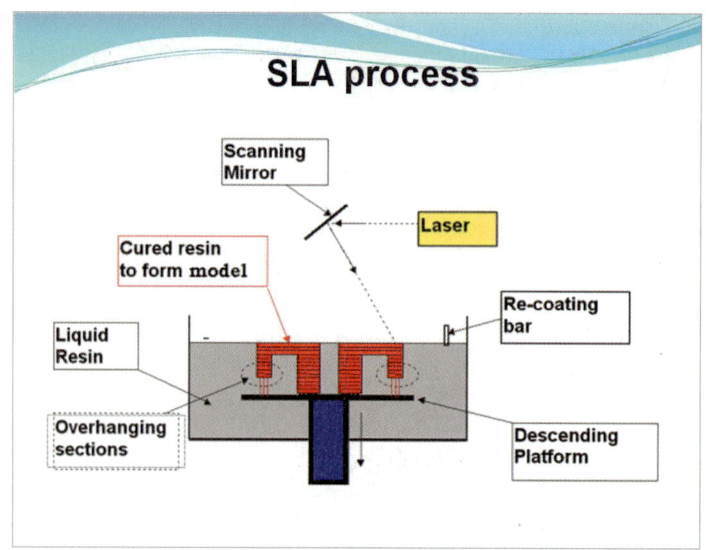
SLA process
Scanning Mirror
Laser
Cured resin to form model
Re-coating bar
Liquid Resin
Overhanging sections
Descending Platform

SLA process

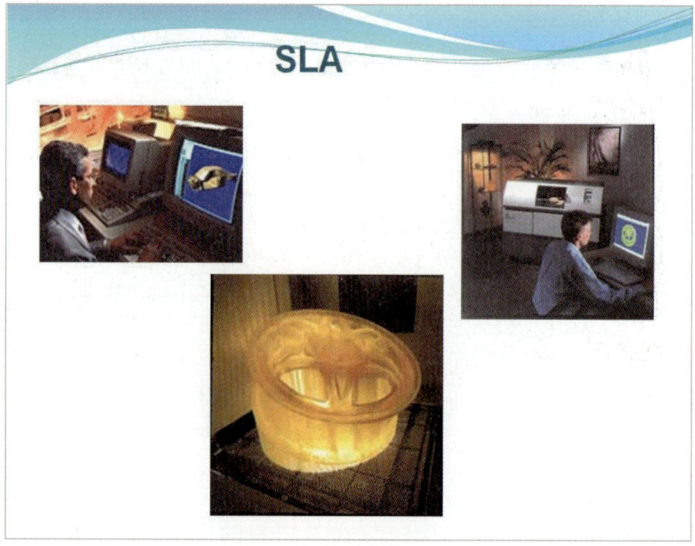
SLA

FDM(Fused Deposition Modeling)

● 필라멘트 선으로 된 열가소성 플라스틱을 노즐 안에서 녹이며 얇게 필름형태로 고화시키며 적층

● 레이저를 사용하지 않기 때문에 기계장치는 간단하나 성형 속도는 SLA에 비해 떨어짐

● 제품은 SLA 보다 단단함

● 장비 가격과 유지보수비 저렴

FDM(Fused Deposition Modeling)

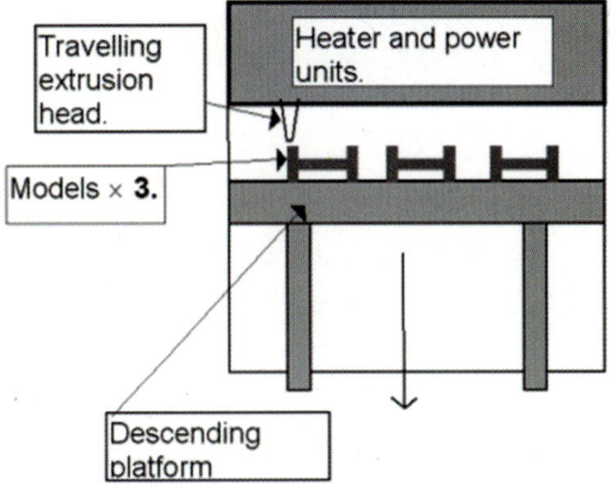

FDM 재료

● ABS (플라스틱)
● Medical ABS
● Investment casting wax
● Elastomer (인조고무)
● Polyethylene
● Polypropylene

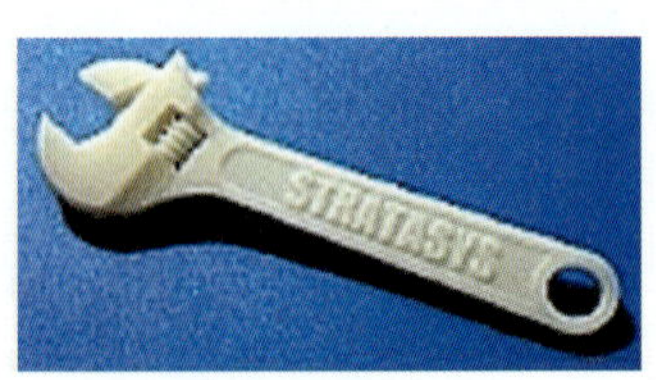

Stratasys FDM 제품의 예
Adjustable Wrench
ABS Material
Ratcheting Knob
Polycarbonate Material

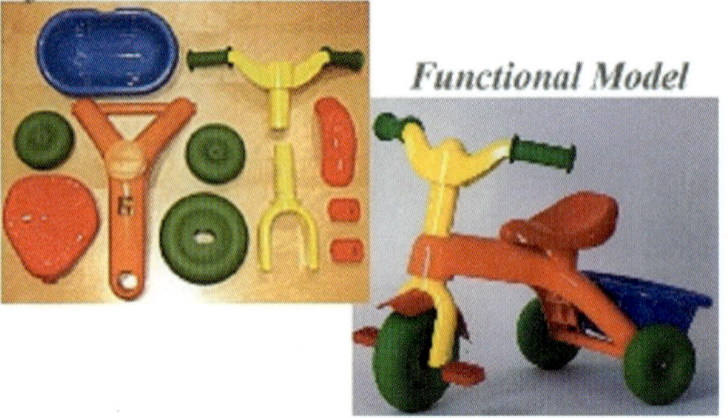

Stratasys
Prototype Parts
from FDM Maxum
Functional Model

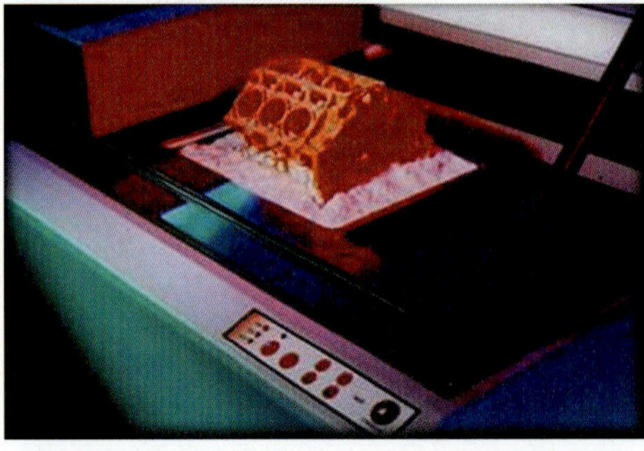

3D printing
녹말가루(혹은 미세 세라믹 가루)를 접착제로
접착하면서 적층

3D printing Post processing

- 과도 분말 제거
- 후처리 작업
- 후처리 없이 사용 (신속한 design review용)
- 왁스에 담금
- 수지에 담금

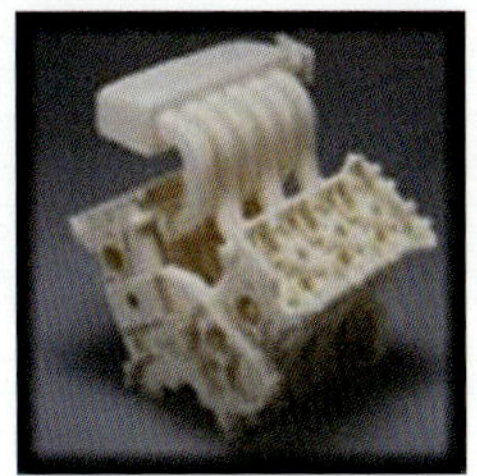

Direct Shell Production Casting (DSPC)

- 세라믹 재료 사용
- 인베스트먼트 주형 제작 (왁스모형 불필요)

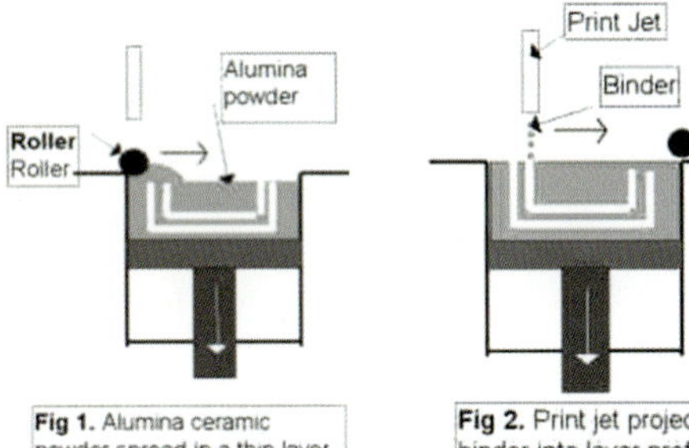

Direct Shell Production Casting (DSPC)

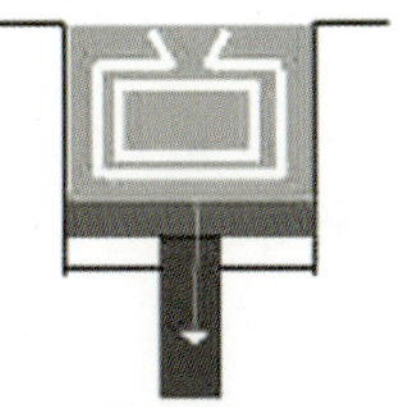

LOM(Laminated Object Manufacturing)

- 접착제가 칠해져 있는 종이를 원하는 단면으로 레이저광선을 이용하여 절단하여 한 층씩 적층

- 성형 정밀도가 떨어지므로 가늘고 작은 모양보다는 크고 두꺼운 형태의 부품제작에 적합

- 습기 등으로 수축 발생 가능

LOM

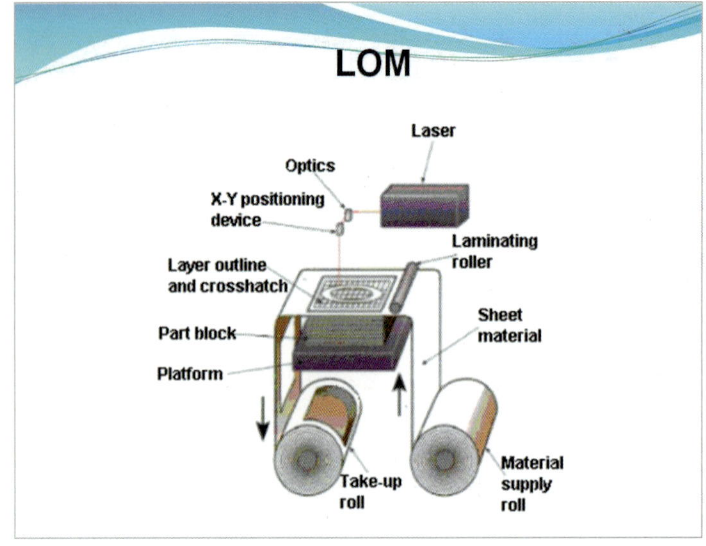

LOM(Laminated Object Manufacturing) 후처리

LOM(Laminated Object Manufacturing)

Curved Layer LOM

● 곡면, 특히 얇은 곡면셸 형상을 가진 구조에 fiber reinforcement

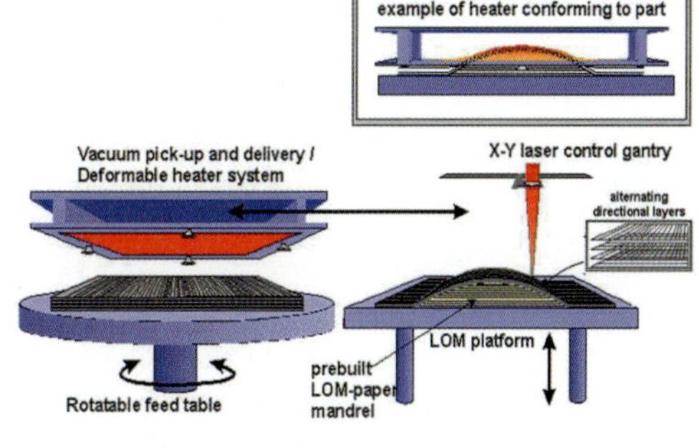

Curved Layer LOM

Original Process
(flat layers only)

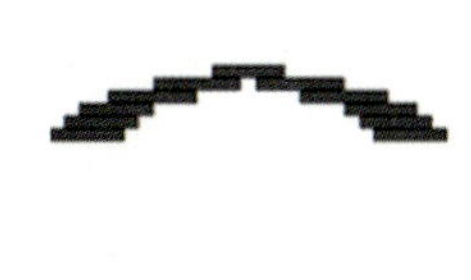

Curved Layer LOM

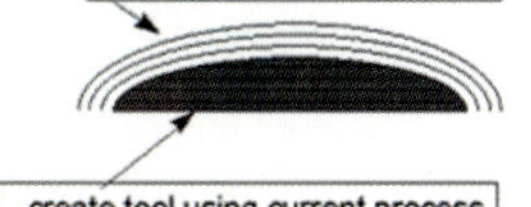

Curved Layer LOM

- SiC fiber / furfural resin prepreg cut with a copper vapor laser.   fiber diameter=15 mm.

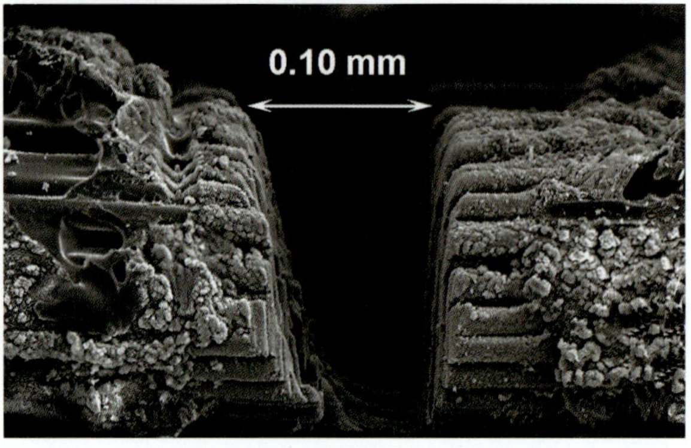

Curved Layer LOM

- curved layer, monolithic SiC body armor panel

Curved Layer LOM

- Aircraft engine flame holders

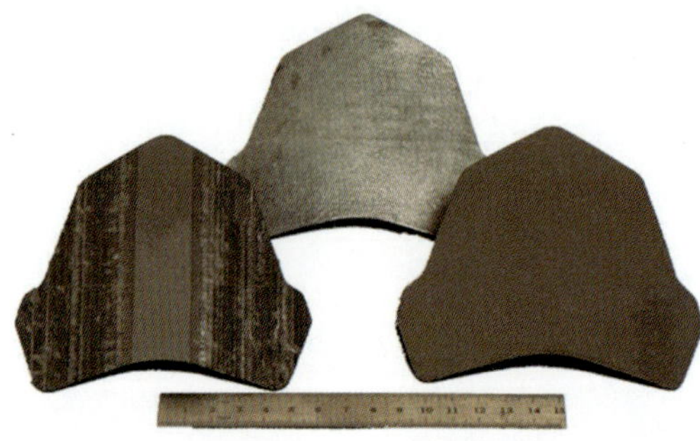

Curved Layer LOM

● Curved surface made with Prepreg

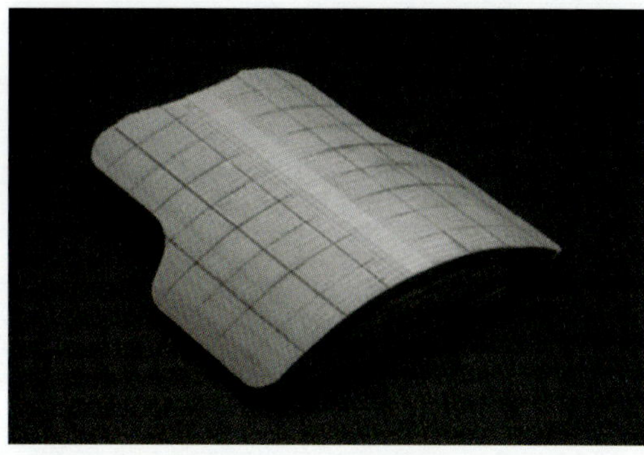

Selective Laser Sintering (SLS)

● 고분자, 금속 분말을 사용, 고출력 레이저를 주사하여 소결시켜 성형

● 강도 우수 → 기능성 부품으로서 시험을 할 수 있는 시제품을 만들 수 있음

● 성형속도는 빠르고 재료 다양

● 고가의 장비, furnace를 비롯한 부대장비 필요

SLS 재료

● Nylon

● Glass filled nylon

● Polycarbonate

● Wax

● Metal (소결가공, 구리 침투)

● 세라믹 분말을 레진으로 코팅한 것

RP의 응용사례

● 외과의학

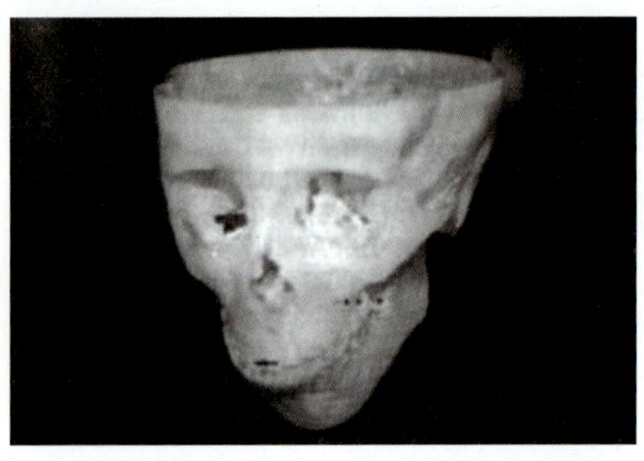

RP의 응용사례

● RP를 이용한 의학용 심폐조직 구조물 (human Lung) 의 제작 생체 폐의 CT 촬영자료에서 얻어낸 SLA 모형

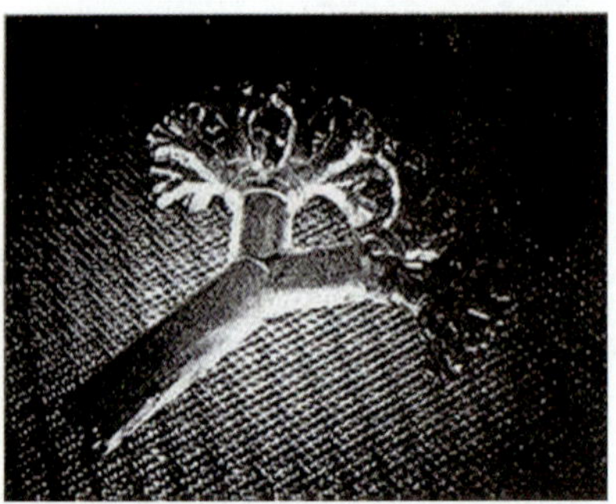

RP의 응용사례

● Sanders ModelMaker를 이용한 인공심장의 모형 인공심장의 인체장착도

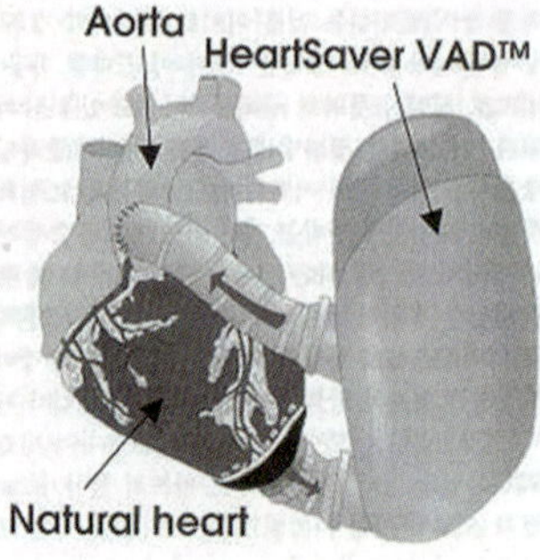

RP의 응용사례

● 조형예술
　SLA 방식으로 제작된 수중생물

RP의 응용사례

● 고고학 분야에서의 RP 기술응용
　탐사선 Belle 호에서 건져낸 'Bob' 의 두개골과
　아래턱

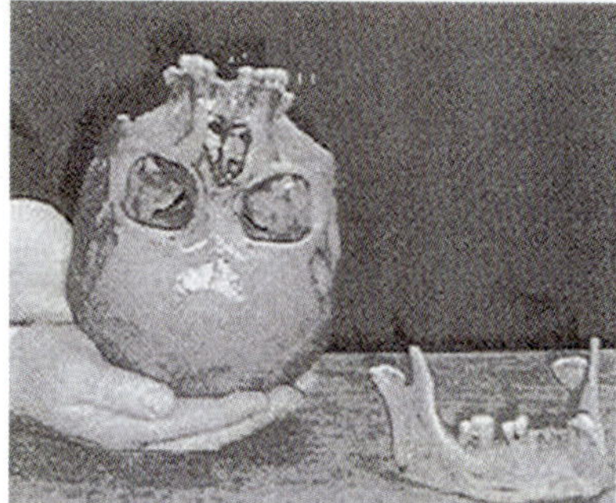

RP의 응용사례

● RP를 이용한 조각예술
　3D Printing 기술로 제작된 예술 작품

RP의 응용사례

● **RP를 이용한 조각예술**
Guggenheim 미술관의 LOM 모델

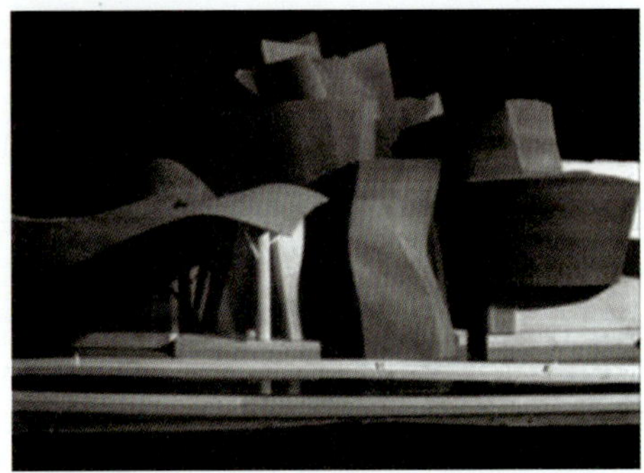

RP의 응용사례

● **Concept modeler 를 이용한 효과적인 조형**

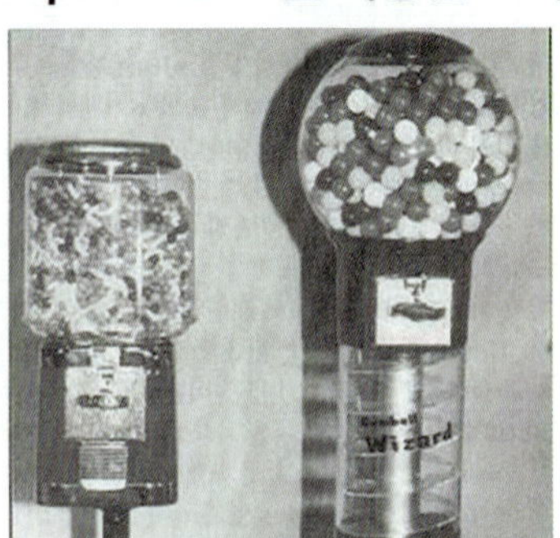

RP의 응용사례

● **SLS 을 이용한 sand casting core 의 제작**
SLS로 제작된 주조용 core

RP의 응용사례

● 고온에서 견디는 **SLA**용 수지를 이용한 펌프
  SLA로 제작된 펌프의 임펠러

RP의 응용사례

● **LOM** 공정을 이용한 **handgun** 개발작업

RP의 응용사례

● **SLA** 를 이용한 실험용 전자 IC칩 용 **clip**의 제조

Mock-up 제작이란?

● 제품개발 시 설계도면과 동일한 형태로 만드는 시작품으로 금형제작 전에 Design 및 설계검토용으로 제작되어 미비한 점을 보완할 수 있으며 Buyer 영업 및 전시용으로 사용되며, 제품생산 전에 Buyer 및 정부승인용으로 제출할 수 있음

● 제품 개발에서 영업, 승인, 생산, 판매까지 걸리는 시간을 단축할 수 있어 Mock-up 제작비에 대비하여 충분한 유익을 주므로 개발분야에 Mock-up 제작은 필수적인 조건이라 할 수 있으며 아래와 같이 크게 2가지로 분류된다.

용도별 Mock-up 분류

● DUMMY MOCK-UP : 주로 외형 DESIGN 만 보기 위한 제품으로 디자인 도면에 따라 겉모양만 제작하는 Mock-up으로 DUMMY MOCK-UP 또는 DESIGN MOCK-UP 이라 한다.

● WORKING MOCK-UP : 외형은 물론 내부 부품 형합이 가능하도록 요구될 때 제작하는 것을 WORKING MOCK-UP 이라 하며 1개만 제작하는 것을 MASTER MOCK-UP 이라 칭한다.

장단점

● 장점
3D MODELING DATA를 이용하여 머시닝센터에서 두꺼운 ABS 소재를 가공하므로 제품 정밀도 우수
COLOR SPRAY 및 SILK 인쇄 가능
금형제작 전에 외관 및 내부기능, 조립성, 양산성, 금형제작성을 사전에 검토 가능

● 단점
수량이 3개 이내일 때 가격이 높고 장시간이 소요되므로, 수량이 많을 때는 진공주형법을 이용하는 것이 좋다.

Mock-up 공정

- 도면 및 사양검토 →
- 작업계획 →
- 도면에 의한 CAD/CAM(MODELING) 설계 →
- CAD/CAM에 의한 Mock-up 제작 →
- SILICONE TOOL/진공주형 →
- 조립관계 및 표면가공 →
- 표면 후 가공

Mock-up Image Sample

Mock-up Image Sample

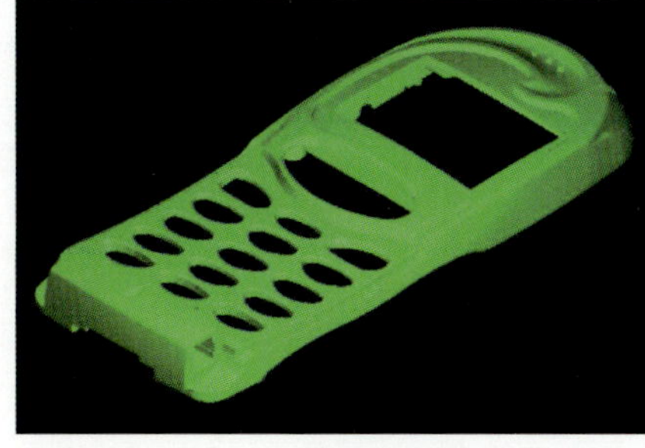

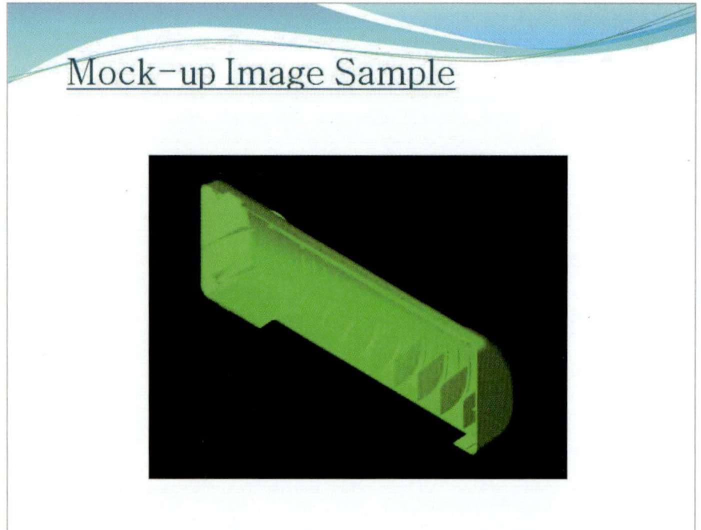
Mock-up Image Sample

Mock-up Image Sample

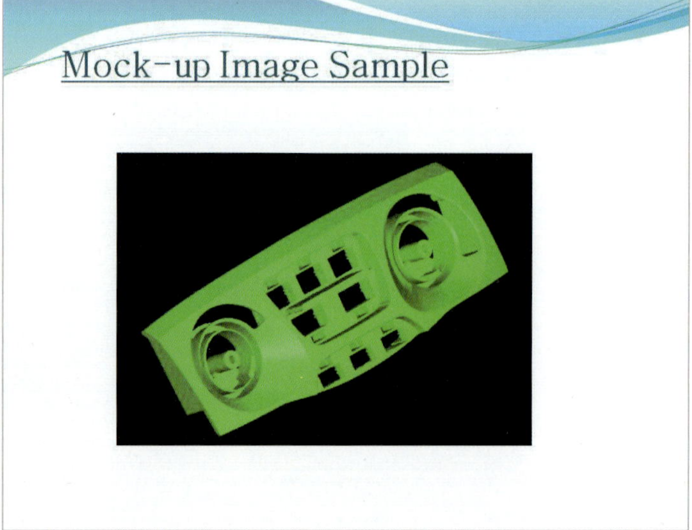
Mock-up Image Sample

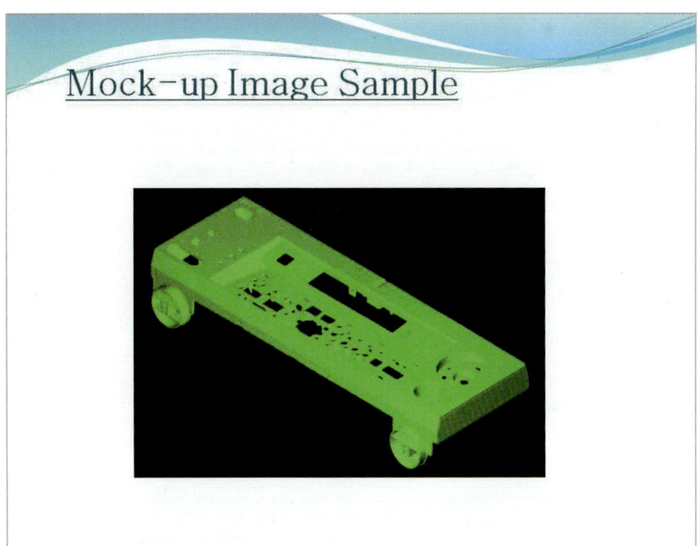
Mock-up Image Sample

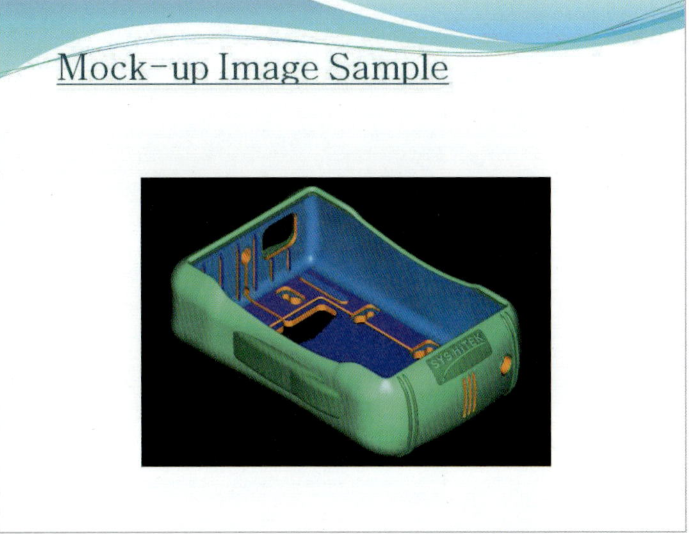
Mock-up Image Sample
SYS HITEK

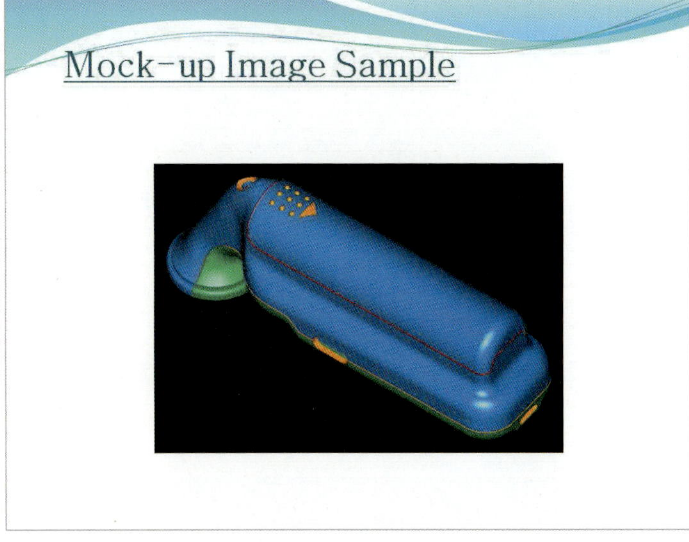
Mock-up Image Sample

진공주형(Vacuum Molding)이란?

- MASTER를 이용하여 SILICONE 수지로 수지 형틀을 제작

- 진공에서 실리콘 주형에 액상수지를 주입, 60℃의 건조로에 2시간 정도 경화시켜 완제품 제작

- 주형 1개로 완제품 15~20개 제작 가능

진공주형 Silicone-Tool Image

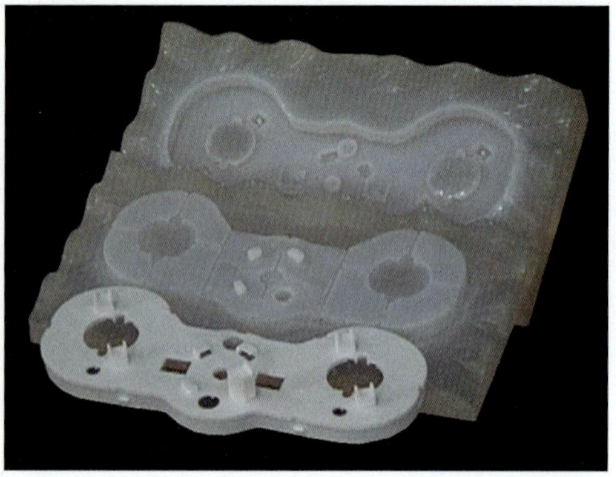

Reverse Engineering 순서

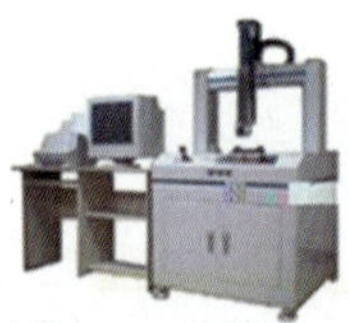

측정방식

구분	방식		내 용
카메라방식	Beam 투영		Point 대신에 Beam에 의한 선상 Laser 또는 Laser Trim을 이용해 CCD Camera Matrix에 투영
	호(縞)투영	Moire 측정법	번갈아 나오는 2개 이상의 광선이 서로 봉합되고, 마치 격자 모양 혹은 섬유 모양의 Moire의 호가 발생, 피 측정물에 투영된 격자 영상이 CCD Camera의 Slit과 겹친 영상을 나타냄
		Code 조명법	여러 가지 Profile Line을 가진 Pattern에 조사. Profile Pattern 물체상의 광학적 분포를 CCD Camera로 측정
		계층식 위상 Shift방식	정상의 縞鉉을 측정물에 투사 위상을 측정하여 좌표 Level로 나타냄
	Multi Camera방식		물체의 모습, 형상 및 크기를 Multi 화상으로 나타내는 측정법
레이저방식	광 주행 시간방식		하나의 Laser Diode부터의 고주파 Laser광을 측정물에 보내어 그 반사광을 표준광에 대한 위상 변화로 분석, 광 주행 시간부터, 측정물 까지의 거리를 계산함
	Point 투영		레이저를 이용한 반사광법 방식으로 이것은 송출부에서 보낸 집속광이 물체에 부딪혀 돌아와서 수광부에 있는 PSD에 착상되는 위치를 읽어서 그 거리를 알아내는 Point Scanning 방식. 이 방식의 특징은 전기적인 잡음에 영향을 적게 받기 때문에 내 잡음성이 좋다. 또한 레이저의 파장이 짧은 것을 장착하면 더욱 정밀한 측정이 가능하다.

접촉식 측정 방법

파트에 직접 접촉하여 표면 데이터를 얻게 되며,
3차원 접촉식 측정기 CMM이 가장 많이 사용됨

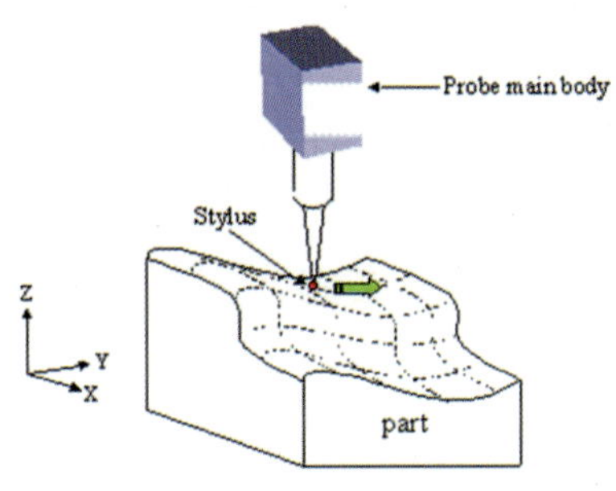

접촉식 측정기

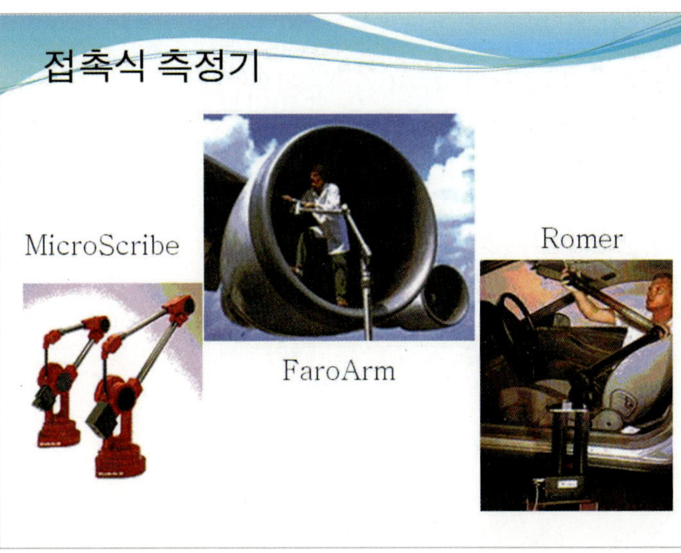

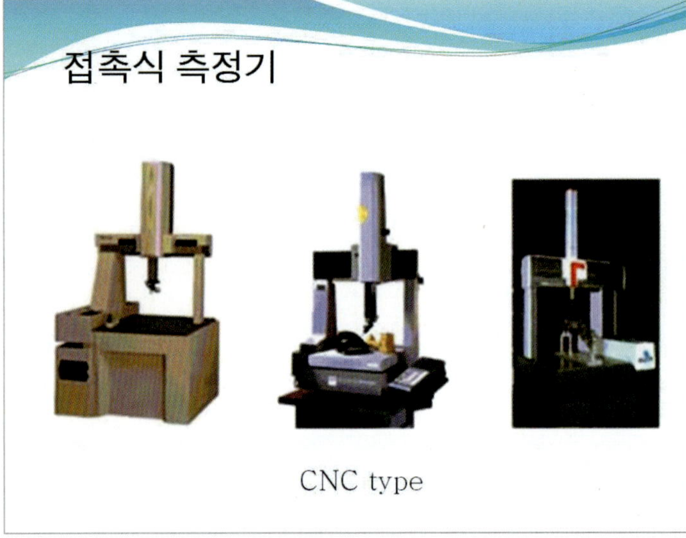

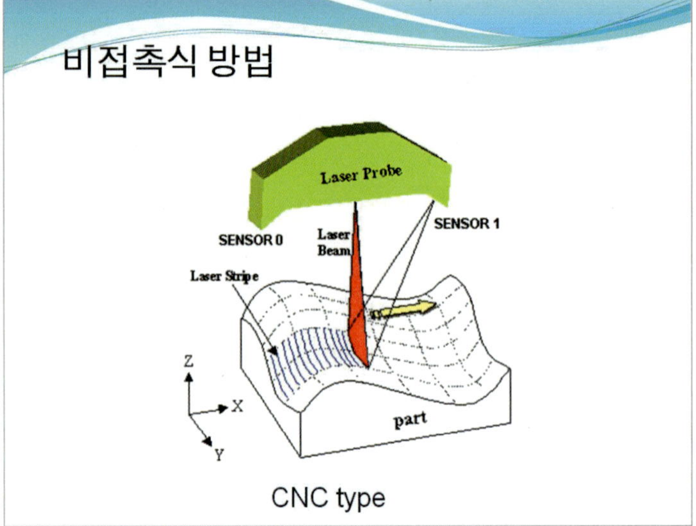

레이저 스캐너의 장단점

- 유연한 재질의 제품도 측정 가능

- 측정속도가 빠름

- 자유곡면과 같은 복잡한 형상 측정에 용이

- 빛의 반사, 센서 감지도 등에 의해 정밀도가 접촉식 방법보다 낮음

- 한꺼번에 매우 많은 점 데이터 획득

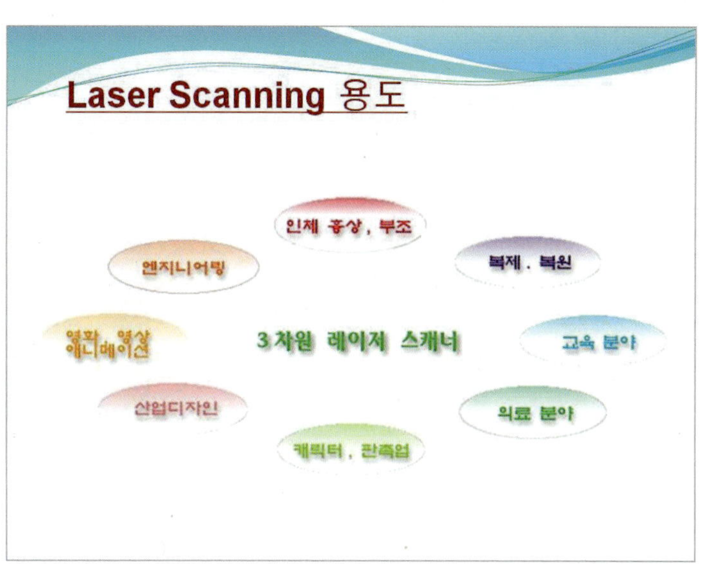

Laser Scanning 용도

인체 흉상, 부조	사람의 실물제작, 입체부조 및 데이터 축적 정보사업
엔지니어링	금형, 모델링, 전자, 실물복제, 측정 등 바로 가공하는 분야
영화, 영상 애니메이션	3차원 입체형상 가공, 모델, 견본 제작, 3차원 데이터 활용
산업디자인	제품 외형 디자인
캐릭터, 판촉업	아동, 캐릭터, 선물용품, 판촉용품 제조
의료 분야	의학, 의료기, 측정, 임상 데이터 보존, 신체측정
교육 분야	연구용, 실습용, 데이터 보존용
복제, 복원	다양한 복제, 복원 분야, 복제 사진 기술

레이저 스캐너의 종류

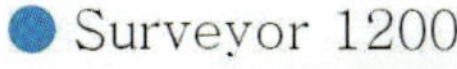

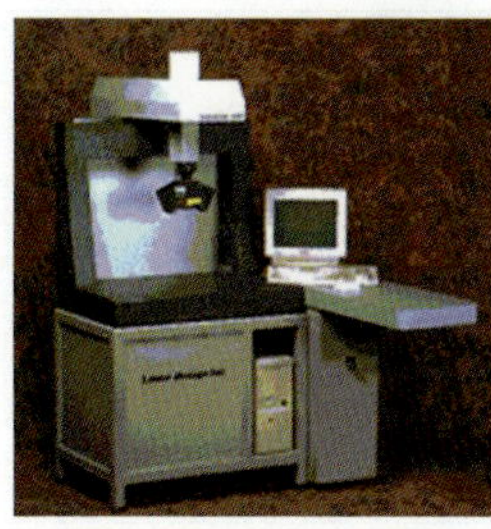
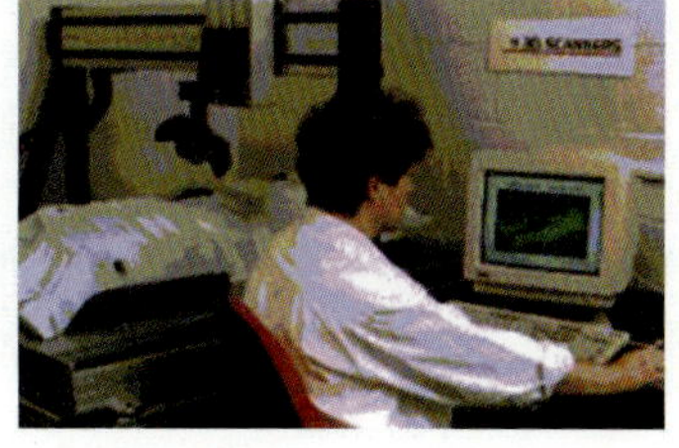

레이저 스캐너의 종류

● DIGIBOTICS

레이저 스캐너의 종류

● Cyberware

● Polhemus

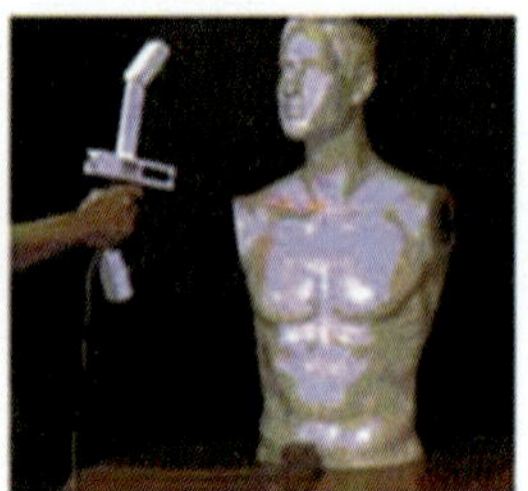

Laser Scanner

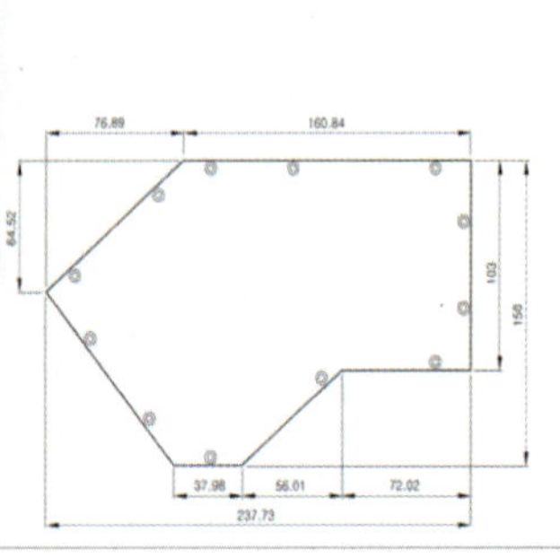

Laser Scanner spec.

SPECIFICATIONS	
Laser Type	Laser diode
Laser Output power	Max 2.5mW
Laser Wavelength	640 nm
Beam width	1mm
IMAGE Sensor	1/4인치 VGA CCD
Resolution	640 × 480
Standoff Distance	
Near	70mm
Far	170mm
Line Length	
Near	45mm
Far	75mm
Sample Count	480 points per line
Output	USB

Scanned data

Scanned data

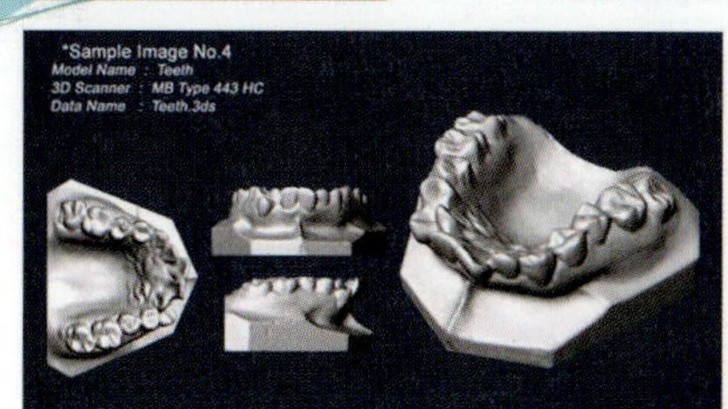

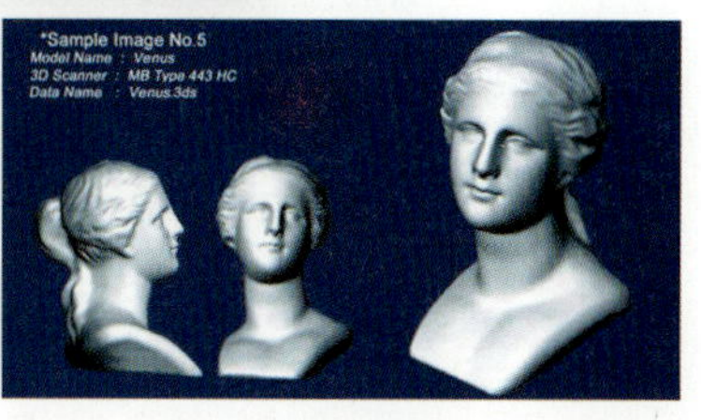

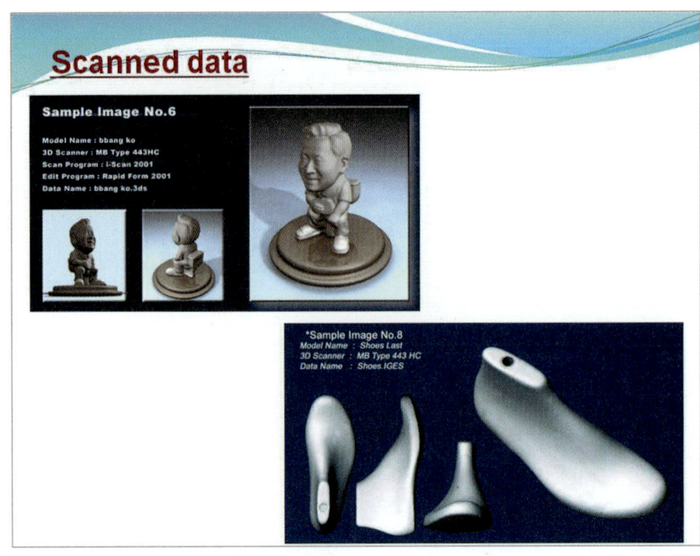
Scanned data
Sample Image No.6
Model Name : bbang ko
3D Scanner : MB Type 443HC
Scan Program : i-Scan 2001
Edit Program : Rapid Form 2001
Data Name : bbang ko.3ds
*Sample Image No.8
Model Name : Shoes Last
3D Scanner : MB Type 443 HC
Data Name : Shoes.IGES

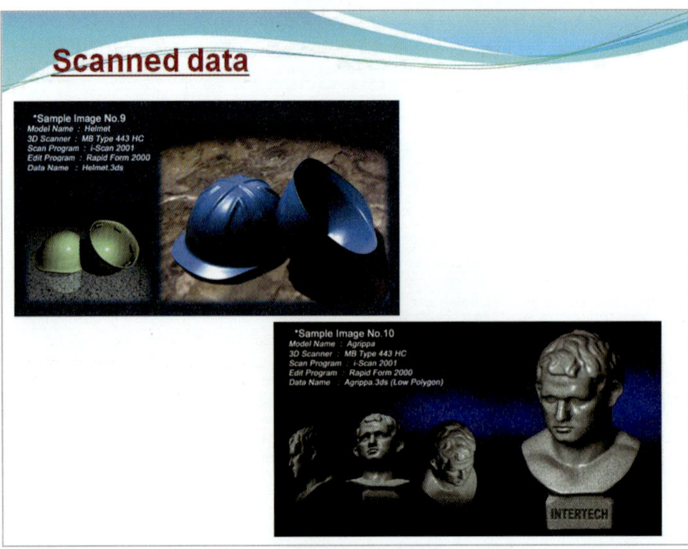
Scanned data
*Sample Image No.9
Model Name : Helmet
3D Scanner : MB Type 443 HC
Scan Program : i-Scan 2001
Edit Program : Rapid Form 2000
Data Name : Helmet.3ds
*Sample Image No.10
Model Name : Agrippa
3D Scanner : MB Type 443 HC
Scan Program : i-Scan 2001
Edit Program : Rapid Form 2000
Data Name : Agrippa.3ds (Low Polygon)
INTERTECH

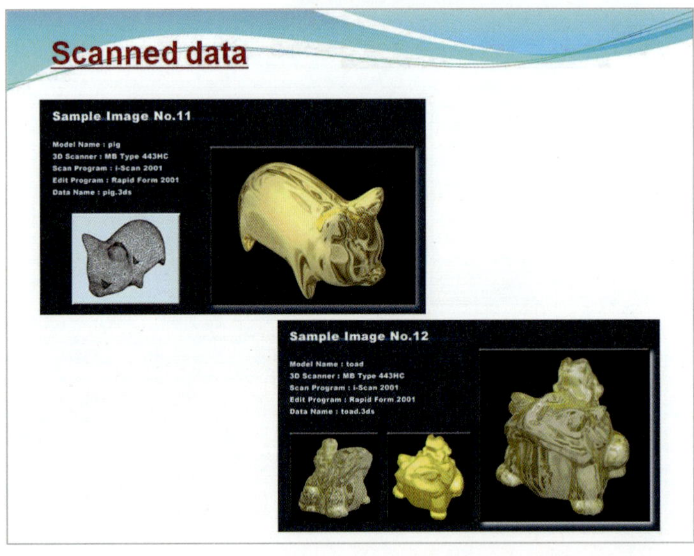
Scanned data
Sample Image No.11
Model Name : pig
3D Scanner : MB Type 443HC
Scan Program : i-Scan 2001
Edit Program : Rapid Form 2001
Data Name : pig.3ds
Sample Image No.12
Model Name : toad
3D Scanner : MB Type 443HC
Scan Program : i-Scan 2001
Edit Program : Rapid Form 2001
Data Name : toad.3ds

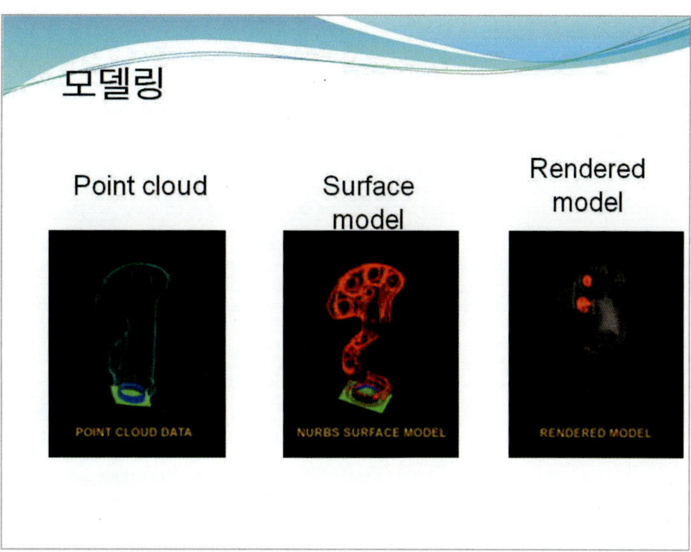
모델링
Point cloud
Surface model
Rendered model
POINT CLOUD DATA
NURBS SURFACE MODEL
RENDERED MODEL

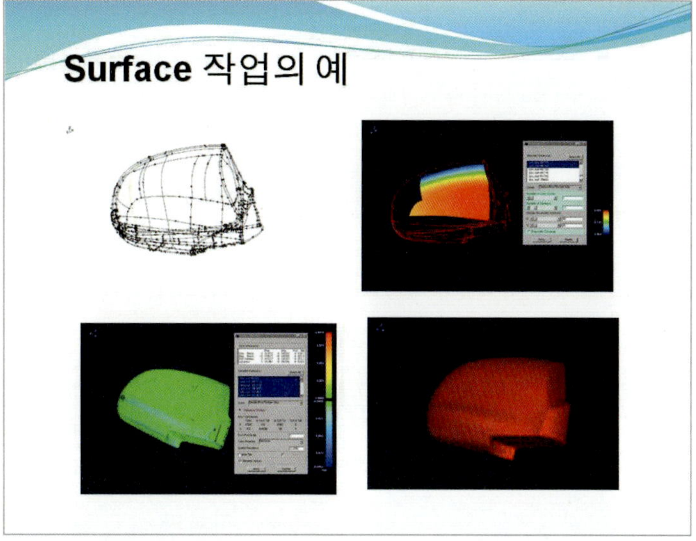
Surface 작업의 예

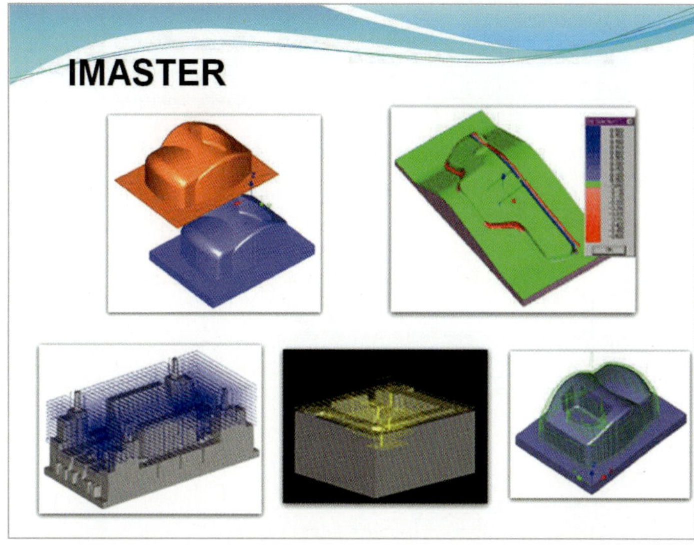
IMASTER

5-2 RP(쾌속 3차원 조형) 기술

오늘날 거의 모든 제조업 분야는 국내외 시장에서의 치열한 경쟁으로 인해 다양한 신제품들을 신속하게 소비자들에게 제공하는 일을 더욱 중요시하고 있다. 이러한 요구에 부응하기 위해서는 제품의 개발 기간과 시작 기간의 단축을 통한 보다 저렴한 가격의 고품질 제품을 만들 수 있는 새로운 생산 기술이 필요하게 되었다.

이러한 혁신적 생산 기술의 개발은 최근에 소개된 쾌속 3차원 조형(RP ; rapid prototyping) 기술을 활용함으로써 성공적으로 이루어지고 있다. 여기서 RP라 함은 주형이나 금형이 사용되지 않고 궁극적으로는 사람이 개입되지 않으며 CAD 데이터로부터 직접 3차원 형상의 모델을 자동으로 제작하는 기술을 말한다.

이러한 RP를 구현하기 위한 기계장치들은 공통적으로 다음 두 단계를 거쳐 모델을 생성하는 특징이 있다. 첫째, 3차원 CAD 모델을 부품의 단면에 해당하는 두께가 얇은 층(layer)들로 자른다. 둘째, RP 장치가 한 층씩 쌓아 부품 모델을 재구성한다. 이때 각 층은 각각의 RP 장비의 제조 방법에 따라 바로 이전 층 위에 생성된다. 이러한 RP 기술은 1986년에 3차원 인쇄술(stereo-lithography)로 불리워지는 공정이 발표된 이래로 다양한 방법들이 개발되어 왔다.

1 쾌속 조형 방법

❶ FDM(용착 조형법)

보통 FDM 성형 공예는 외관 전시에 사용되지 않는 원형 부품을 제작하는 데 사용되며, 표준 공정 열가소성 소재를 사용한다. 예를 들면 ABS를 사용하여 구조 기능적 원형을 생산한다.

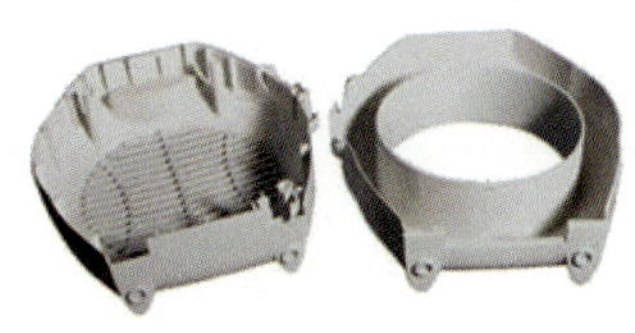

조형 시, 두 가지 재료를 사용할 수 있고 내부는 격자 구조로 인테리어를 하여 재료를 절약하고 완성속도를 단축시킬 수 있다. 비교적 낮은 온도 상태에서 열가소성 소재는 빠르게 냉각된다. 압연단계(milling step)가 없어 층면 침적이 고르지 않아 평면이 울퉁불퉁해진다.

지난 몇 년간 이러한 쾌속조형 공예가 빠르게 발전했다. 미국의 Stratasys는 FDM 공예의 주요 설비 생산업체이다. 이 공예는 1988년에 개발되었으며, 공예의 기초는 열가소성 소재 폴리머를 가열 용해하여 실 형태로 만들어 치약을 짜듯이 노즐에서 짜내어 조형면에 쌓아서 조형시키는 것이다.

설비는 쾌속 개념의 모형 구축부터 저속 고정밀 모형 구축까지의 응용 분야를 포함한다. 이 공정은 폴리에스테르, ABS, 엘라스토머 및 인베스트먼트 코스팅 왁스 등의 소재를 사용한다. FDM 공법의 원리는 아래 그림과 같다.

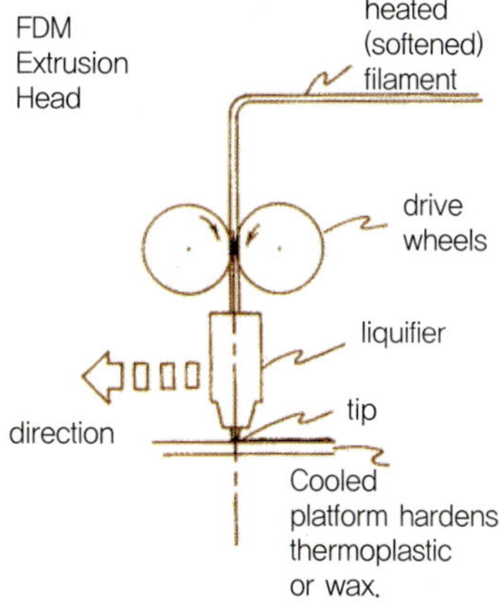

❷ SLS (선택적 레이저 소결법)

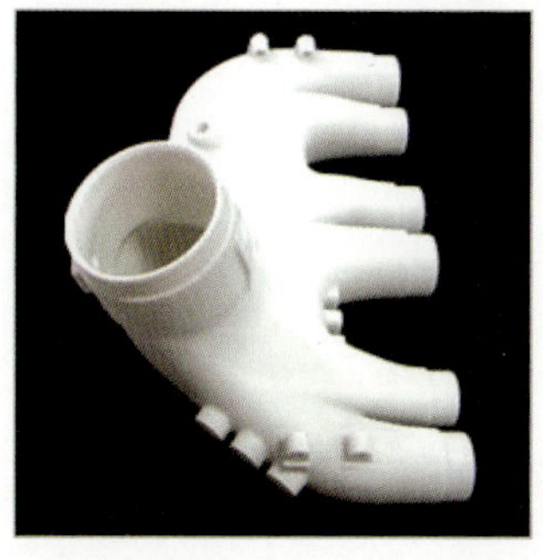

SLS 원형은 일반적으로 로딩 테스트(loading test) 시 복잡한 부품을 제작하는 데 사용된다. 1989년에 발명되었으며, SLA보다 많이 튼튼하므로 일반적으로 구조 기능 부품을 제작하는 데 사용된다. 레이저 선택적 융합 분말 형태의 소재에는 나일론, 엘라스토머, 메탈 등이 있다.

재료가 다양하고 성능이 보통 공정 플라스틱 소재와 비슷하다. 압연단계(milling step)가 없어 Z축 방향의 정밀도 보장이 어렵다. 공예가 간단하고 압연(milling) 및 마스킹(masking) 절차가 필요 없다. 열가소성 소재를 사용하여 활동 힌지(hinges) 등의 부품을 제작할 수 있다. 조형된 부품의 표면에는 분말과 구멍이 많지만 밀봉제를 사용해서 부품을 강화, 개선시킬 수 있다. 닦거나 부는 방법으로도 조형 부품 표면의 소결되지 못한 분말을 쉽게 제거할 수 있다.

재료 특성상 광경화 조형법(SLA) 공예 재료보다 우수하다. 여러 종류의 재료를 선택할 수 있을 뿐 아니라 재료가 열가소성 소재의 특성과 비슷하다. 예를 들면 PC, 나일론 또는 유리 충전 나일론(glass-filled nylon)이다. 그림과 같이, SLS 기계에는 두 개의 분말 창고가 받침대의 양쪽에 위치해 있다.

수평 롤러가 분말을 한 분말 창고에서 작업구간을 지나 다른 (하나의) 분말 창고로 이동시킨다. 그 후에 레이저가 점차적으로 전체 층을 주사한다. 받침대가 한층 두께만큼 내리면 수평 롤러는 반대 방향에서 돌아오며 전체 부품이 소결 완성될 때까지 왕복한다.

> **N**ote 열가소성 수지는 가열하면 가공하기 쉽고 냉각하면 굳어지는 합성수지로, 폴리에틸렌, 폴리아미드 등이 있다. 합성수지는 유기 화합물의 합성으로 만들어진 수지 모양의 고분자 화합물을 통틀어 이르는 말이며, 폴리염화비닐, 폴리에틸렌 등의 열가소성 수지, 페놀 수지, 요소 수지 등의 열경화성 수지가 있다. 폴리에틸렌은 에틸렌을 중합하여 만드는 열가소성 수지로 내약품성, 전기절연성, 방습성, 내한성, 가공성이 뛰어나 절연재료, 그릇, 잡화, 공업용 섬유, 도료 따위에 쓰인다. 폴리아미드(polyamide)는 분자 가운데 아미드 결합을 가지는 고분자 화합물을 통틀어 이르는 말로, 내마모성, 내약품성, 전기절연성이 뛰어나 합성 섬유, 기계 부품, 전기 부품 따위를 만드는 데에 쓰인다.

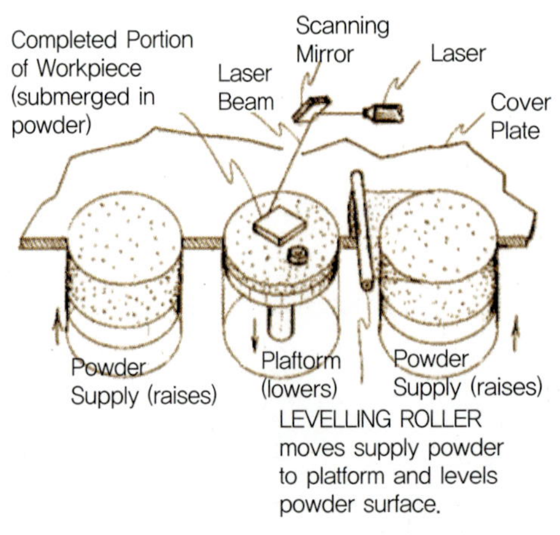

❸ SLA(광경화 조형법)

　　SLA 원형은 일반적으로 외관 및 정밀검사 용도로 쓰이나, 쉽게 부서지는 단점이 있으며, 최초로 개발된 쾌속조형 공예로 현재까지 광범위하게 사용되고 있다. 기타 쾌속조형 기술과 비교 시, 상대적으로 가격이 저렴하며, 광감지 폴리머 수지를 사용한다. 조형 시, 레이저 광선의 에너지로 인해 원형 응고가 어렵기 때문에 일반적으로 후경화 처리가 필요하다.

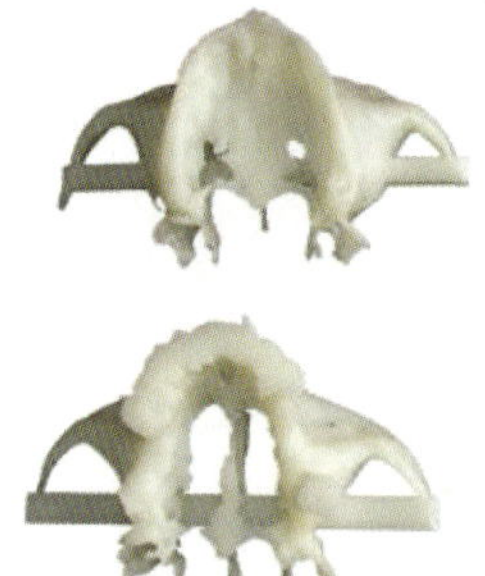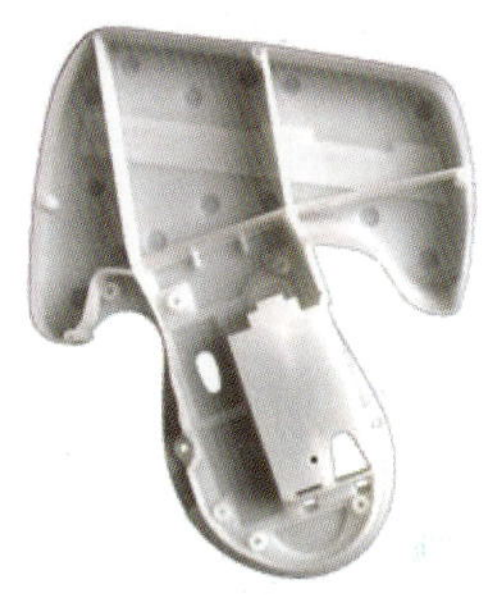

　　장시간에 응고시킬 경우 원형이 변형될 수도 있다. 조형된 제품은 잘 부서지고 표면이 끈끈하다. 압연단계(milling step)가 없어 Z축 방향의 정밀도는 보장하기 어렵다. 일반적으로 받침대를 필요로 한다. 공예가 간단하므로 압연(milling) 및 마스킹(masking) 절차가 필요 없다. 광감지 폴리머 수지는 독성이 있으므로 반드시 통풍시켜야 한다.

　　광경화 조형법(SLA)은 미국 3D 회사가 지난 1986년 최초로 개발해 낸 쾌속조형 공예이다. 세로로 이동하는 받침대를 액상의 광감지 폴리머 수지 용기 안에 놓아둔다. 감광수지는 용기 내에 있는 받침대 위에서 제작된다. 받침대가 한 층 내려가면 한 층이 완성된다. 레이저 광선이 층마다 주사하여 광선이 닿는 부분의 수지를 응고시킨다. 광경화 조형법(SLA) 시스템은 아래 그림과 같다.

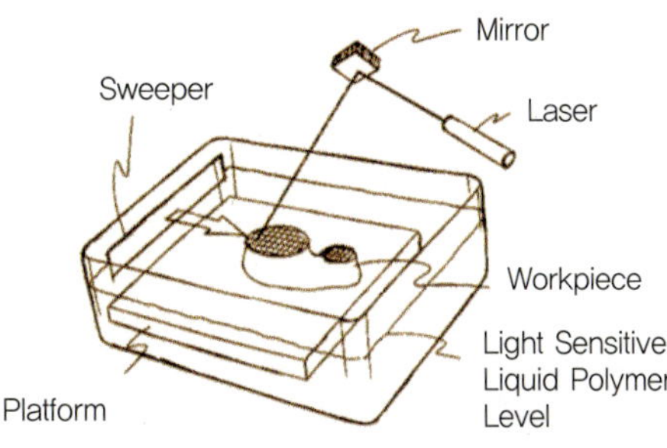

광경화 조형법 공예의 층마다의 생산 절차는 아래 그림과 같다.

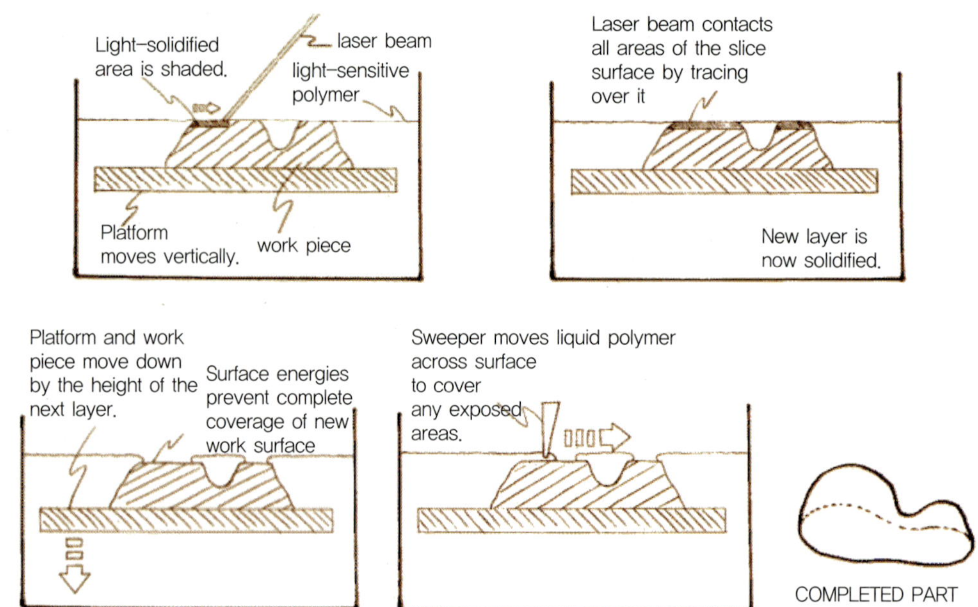

응고를 거치지 않은 수지를 제거한 후에도 조형에 충분한 후경화 처리를 해야 한다. 단계식 가공이므로, 모형 표면에 계단식의 무늬가 생긴다. 표면에 샌드블라스트 처리를 하면 계단식 무늬를 제거하여 좋은 표면 질량을 얻을 수 있다. 조형 방향은 계단식 무늬 및 조형 시간에 영향을 미친다.

일반적으로 긴 축에서 수직으로 원형을 놓아두면 많은 시간이 소모되지만 계단식 무늬는 비교적 적어진다. 반면, 긴 축에서 수평으로 놓아두면 원형은 조형시간을 단축할 수 있으나 계단식 무늬가 현저히 많아진다.

이때 페인트 처리를 하면 조형된 제품이 훨씬 보기 좋다. 제작 과정 중, 조형의 단면이 너무 약하면 받침대를 만들어 조형을 받쳐줄 필요가 있다. 소프트웨어는 받침대 구조를 만들 수 있으나 이는 단지 조형을 돕는 보조 역할만 할 뿐이다. 아래 그림은 받침대가 필요한 이유를 설명하고 있다.

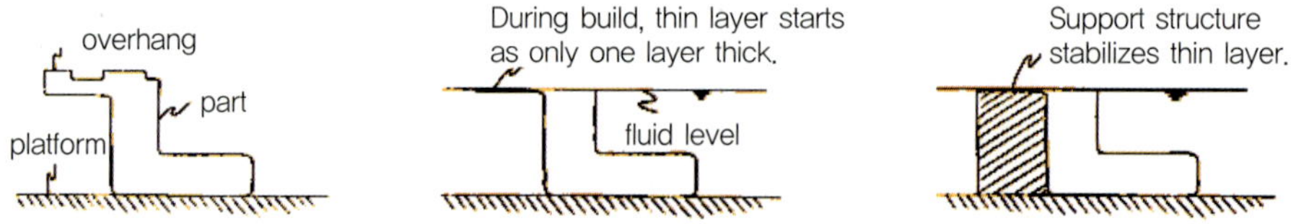

❹ 쾌속 금형(RT ; rapid tooling)

소량 생산방식으로, 폴리우레탄 소재를 사용하여 원형 또는 점검 시 사용하는 제품을 생산한다. 이러한 부품의 소재 특성상, 최종 양산의 플라스틱에 가깝다. 쾌속 금형의 방법으로, 보통 경질 사출 성형기가 생산한 플라스틱 부품과 비교하여 표면 무늬, 색상, 정밀도 및 재료 특성 모두 유사한 플라스틱 제품을 제작할 수 있다. 쾌속 금형은 5개에서 100개까지 소량 생산에 사용되는 공예 방법이다. 시장 타깃을 목표로 제품의 시제품, 테스트용 원형 및 기타 용도의 제품 생산에 사용된다.

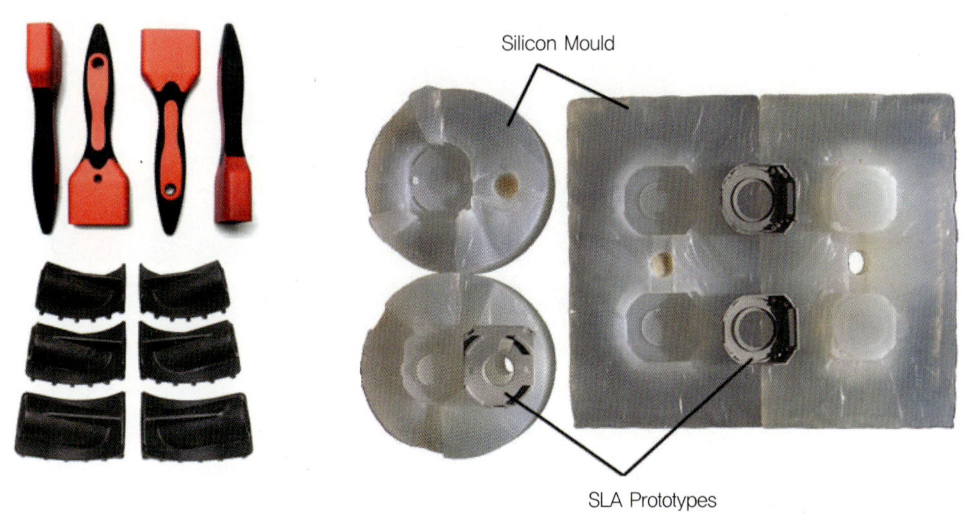

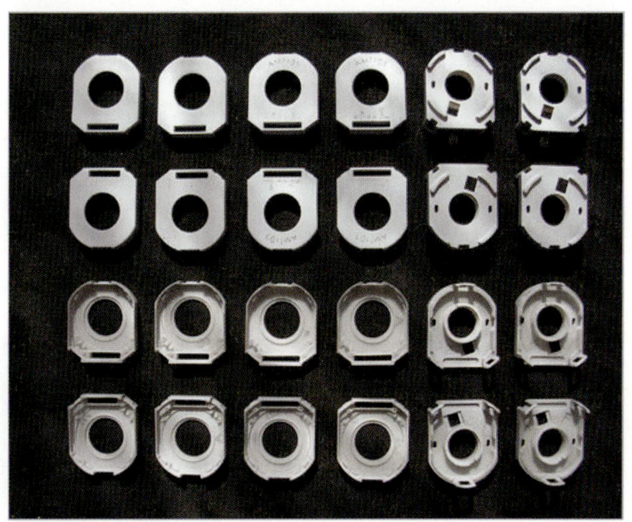

◎ 복합재료 사출 성형

요즘의 부품이나 성형품이 여러 재료를 복합해서 사용하는 특수한 제품을 요구하는 경향이 많아 복합재료를 사용하는 사출 성형법이 많이 사용되고 있다.

압축 성형과 트랜스퍼 성형의 조합으로써 2종 이상의 플라스틱 성형 재료를 같은 금형 캐비티 내에 동시에 충전하는 성형 방법이다.

금속 분말 사출 성형법도 그 일종이며 특수 재료를 소결하여 정밀도 높은 제품을 만들고 있다. 떡가래 뽑듯이 뽑아내는 가공법은 시간, 비용 면에 또 기계로 가공하는 것은 시간이 많이 걸리는 어려움이 따른다.

아래의 그림 같은 제품은 예를 들어 다음 순서로 만든다.
① 조형 제작 및 완성 처리 절차 → ② 실리콘 몰드(silicon mould) 금형 생성 → ③ 진공주조법(vacuum casting)을 사용하여 복제 → ④ 후처리

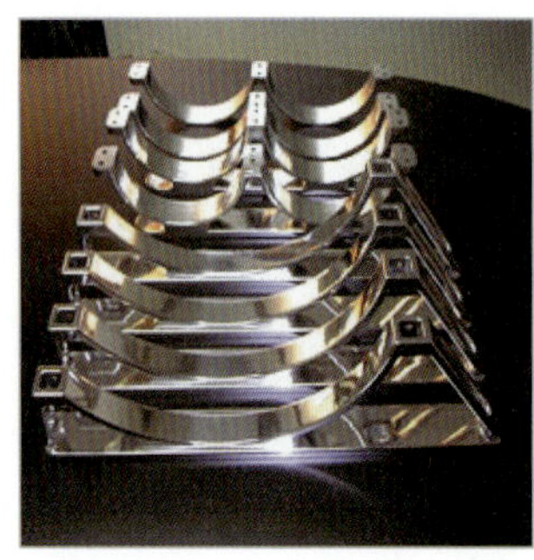
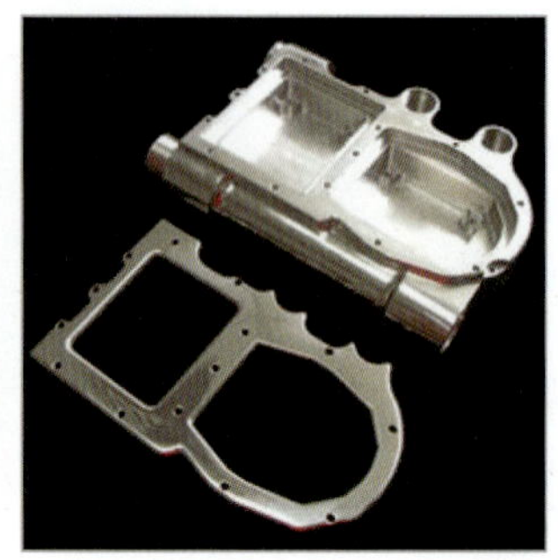

• 가공 재료 : 비금속으로는 ABS, PA(폴리아미드), PC(폴리카보네이트), PMMA(폴리메틸메타크릴레이트), POM(폴리옥시메틸렌), PP(폴리프로필렌) 등이 있고 금속으로는 알루미늄, 황동, 스테인리스 등과 알루미늄 + 정밀연마작업, ABS + 아크릴로니트릴(acrylonitrile), 스티렌(styrene), 부타디엔(butadiene)을 원료로 중합하여 다음 그림과 같은 성형물을 얻는다.

ABS + 표면 크롬 도금   PMMA + 전체가 투명할 때까지 정밀연마
폴리메틸메타크릴레이트(polymethylmethacrylate, PMMA)

항공기 조정석의 덮개와 창문, 보트의 전면유리, 장식품, 상패 및 카메라 렌즈, 자동차 정지등과 미등의 제조 등 광범위한 용도로 쓰인다. 또한 의약에서는 조명기구, 내부기관을 육안으로 검사하기 위한 장치로도 쓰인다.

PC + 표면 샌드블라스트 처리

② 인베스트먼트 주조법(investment casting)

청동 주조에 대한 전형적인 공정은 다음과 같이 6가지 단계로 나뉜다.

❶ 조각된 고형물 주위를 따라 젤라틴 주형을 만든다.

❷ 조각된 고형물에서 2개 이상의 부분으로 주형을 분리한 뒤 이 주형 내부를 밀랍으로 채우거나 원하는 최종 주형과 동일한 두께로 밀랍층을 씌운다.

❸ 외부 젤라틴 주형을 제거한 후, 내열 점토로 만들어진 2차 주형이 내부가 점토 코어(core)로 채워진 밀랍 껍질을 따라 형성된다.

❹ 이것을 구우면 점토는 단단해지고 밀랍은 녹아서 외부 주형에 있는 탕구로 배출된다.

❺ 단단해진 주형을 모래로 싸고, 용융 청동을 탕구로 부으면 밀랍이 녹아서 생긴 빈 공간에 청동이 채워져 성형된다.

❻ 주형을 깨뜨리면 청동 제품이 남게 된다. 현대의 주물공장에서는 밀랍 대신 플라스틱이나 얼린 수은을 사용한다. 점토 대신 내화 시멘트를 입힌 주형은 다공질 시멘트로 싸서 건조·가열시키면 플라스틱이 녹아 용융 금속이 채워질 공동이 만들어진다. 매우 작은 형태를 제외한 모든 주형은 보통 부분별로 만들어진다. 이런 공정으로 장신구·의치가상(義齒假床)·조각품 및 그밖에 매우 정밀한 공업용 소형부품을 제작한다.

> **N**ote
> • 주물(casting)이란?
> 용해된 금속을 주형(鑄型) 속에 놓고 응고시켜서 원하는 모양의 금속 제품으로 만드는 일, 또는 그 제품(기계 제품, 자동차 부품, 전자 부품, 각종 기어박스, 황동, 공예품, 도로 난간 보호대, 간판 등 제작)
> • 금형 주조 : 중력 주조 금형, AI 금형, 다이캐스팅 금형

• 특 징
  1. 동일한 재질의 사용 시 물리적 특성을 사형 주조 제품보다 10% 향상시킬 수 있음
  2. 일반적인 사형 주조보다 정밀한 치수의 확보가 가능함
  3. 대량의 제품 생산에 적용함
• 주 물
  1. 알루미늄 합금 : AC4C-T6, AC2B, AC7A, ALDC
  2. 동합금 주물 : ALBC, HBSC, PBC, SIBC, BS, BRC
• 주조공법
  1. 사형 주조 : 시작품 및 대형물, 소량
  2. 중력 주조 : Al 합금 주물, 황동 합금 주물의 조직 강화 및 기계적성 향상
  3. 원심 주조 : 원심력에 의한 주조법, 기어, 파이프
  4. 스티로폼 주조 : 스티로폼을 이용한 주조
  5. 진공 다이캐스팅(GF법) : 박육제품 및 정밀을 요하는 제품

◎ 모래 주형의 각 부분의 명칭

주형상자에 의해 지탱되는 주형, 두 부분으로 구성되는 주형은 윗부분의 상형과 아래의 하형으로 구성된다. 용탕은 용탕받이 또는 컵을 통해 주입되며 탕구와 탕도를 통해 주형공동부로 들어가게 된다. 이때 라이저는 수축으로 인한 부족분의 용탕을 보충하고 필요한 용탕을 저장하는 저장소 역할을 한다.

주물사 대부분의 사형 주조는 실리카 모래를 사용한다. 모래는 오랜 기간 동안 바위가 쪼개져서 만들어진 것으로 값이 싸고 고온에 잘 견디므로 주형 재료로 적당하다.

모형 주물은 모형을 기본으로 해서 만들어지므로 모형의 좋고 나쁨은 주물의 품질을 좌우한다.

코어는 주물의 내부 표면이 형성되도록 주조하기 전에 주형공동부에 설치하고 공정이 끝나면 완성된 주물로부터 이를 제거한다.

• **장점** : 대부분의 금속 주조 가능, 크기, 모양, 무게에 제한이 없음, 공구 비용 저렴
• **단점** : 부분적으로 마무리 공정 필요, 표면 정도 공차가 거친 편

◎ 정밀주조

일반적인 주조법에서는 제조가 곤란한 형상의 것, 표면 경도가 높은 것, 재질이 치밀하고 안정한 강도를 특히 필요로 하는 것 등의 주조에는 각각 특수한 주조법이 행해지고 있다. 이들 특수 주조법에는 원심주조법, 다이 캐스팅법, 저압주조법, 금형주조법(중력주조법), 인베스트먼트 주조법, 연속주조법 등 이외에 여러 가지 기술이 개발되었다.

정밀주조법은 mold로 금형을 사용하지 않으며 보통 주조법(사형주조법)보다 특별히 치수 정밀도가 높은 제품을 만들 수 있는 주조법의 총칭이다. 그 범주에 들어가는 주조법에는 investment법(Lost wax법), ceramic mold법, plaster mold법이 있다.

Investment 주조법은 기원전 수천년 전부터 이용하여 왔고, 이 방법이 공업적으로 발전한 것은 1940~1944년경이며 현재는 jet engine의 제조에 꼭 필요한 기술이다. ceramic mold법은 Shaw process, unicast process 등으로 대표된다. Shaw process는 1950년경 영국의 Shaw 형제에 의해 고고학상의 필요성으로부터 개발된 주조법으로 이것이 공업적으로 도입되어 현재에 이르고 있다.

unicast process는 1960년경 미국의 그린우드에 의해서 개발된 주조법이다. 모두 금형, 일반기계 부품의 제조분야에서 필수적인 기술로 되어 있다. plaster mold법은 investment 주조법과 마찬가지로 역사적으로 오래되었으며, 중세 청동상의 제조에서 비롯되었고 한다. 공업적으로 1940~1944년경에 구미, 특히 미국에서 발전하여 현재에 이르고 있다. 소실모형주조법은 발포 polystyrene로 만든 모형을 주물사 중에 넣어 모형을 발취하지 않고 주입하여 용탕의 열로 모형을 휘발 제거시키는 방법이다.

이와 같이 소실성의 모형을 사용하는 주조법은 Ford사에서는 EPC(Evaporative Pattern Casting)법, GM사에서는 Lost Foam법, Fiat-Teksid사에서는 Policast법, Auto Alloys사에서는 Styrocast법, SCRATA, Foseco사에서는 Replicast법, John Deer사에서는 Polylok법 등의 다양한 이름으로 불리고 있다. 1968년 E. Krzyzanowski는 주괴의 하부에서 기체를 취입하여 유동상을 만들고 모형을 사중에 매몰하여 주입 시 감압하는 감압 Full mold법을 개발하여, 현재의 양산기술의 근간을 제공하였다.

❶ 인베스트멘트 주조법

investment 주조법은 크게 나누어 2가지의 산업에 이용되고 있다. 하나는 항공우주산업이며, 다른 하나는 일반기계산업이다.

전자는 극도의 고성능과 고신뢰성을 요구하는 제품을 필요로 하며, 후자는 비교적 단순 형상 제품의 대량 생산을 필요로 하고 있다.

investment 주조법은 jet engine, gas turbine, 증기 turbine, 항공기 기체, 내연 기관, 차량, 식품기계, 인쇄기계, 제지기계, 압축기, valve, pump, 전기장치, 통신기, 계측기, 방직기, 공업용 재봉틀, 총기, 화기, 사무기계, 원자로, 기타 기계기구 부품으로 널리 이용되고 있다.

❷ 쇼 프로세스

ceramic mold법과 같은 명칭으로 Shaw process, composite shaw process, unicast process, CM process, HFC process 등이 있다. ceramic mold라고 하는 명칭은 소성주형의 총칭이며, 넓은 의미에서는 위에 기술한 process 외에 investment법에 의한 ceramic shell mold와 석고형 등도 포함되어 있으나, 일반적으로 이것들은 구별되어 불려지고 있다.

ceramic mold에 속하는 위에 기술한 process는 주형의 제조방법에 의한 분류이며, 이들 process에 공통적인 기법으로서 유동성이 좋은 주형 재료를 사용하는 것과 완성된 주형을 소성하는 것이 있다. 유동성 주형 재료를 사용하는 방법에는 그것을 흘려 넣어서 사용하는 방법과 이것에 침적, 혹은 불어서 붙이거나 도포하여 건조하는 방법이 있다.

Shaw process의 원리를 공업적으로 발전시키기 위해 개발된 방법이 composite shaw process이다. 일본에서의 도입은 1957년이며, 그 대부분이 composite shaw process이다. unicast process는 1959년에 미국의 Unicast 개발사가 창설되어, Shaw process를 발전시킨 process로 개발하여 현재는 세계 17개국에서 실시하고 있으며 보급도가 가장 높다.

❸ 발포정밀 주조법

발포정밀 주조법은 Shaw process법과 유사하다. 점결제로서 규산 sol(콜로이달 실리카졸)을 이용하여, 이것에 염기성 gel화 촉진제를 첨가하고, 더욱 분말상의 내화재료를 더해, 잘 혼합하여 slurry를 만들고, 이것을 모형상에 유입하여 조형한다.

여기서 Shaw process와 다른 것은 점결제 중에 미리 소량의 기포제를 첨가해 slurry를 각반 혼련할 때 내부에 무수한 작은 기포를 만들어 모형상에 주입하여 slurry가 고화한 후 모형을 발취해 방치 또는 가열 건조 중에 기포 간에 발생하는 미세 균열에 의해 주형의 변형을 방지하려고 하는 것이다. 더욱이 이 기포에 의해 얻어지는 이점은 다음과 같다.

① 주형 소성에 있어서 열팽창이 완화되기 때문에 반드시 열팽창이 적은 고급 내화재료가 아니더라도 이용할 수 있다. ② 내화재료의 입도, 입형, 비중 등의 차에 의한 편석의 해를 방지할 수 있다. ③ slurry의 유동성을 좋게 하고, 균일한 충진이 가능하다. ④ 주형 중에 틈이 많기 때문에 내화재료가 미세해도 통기성이 좋다. ⑤ 특히 많은 것은 주형의 단열성이 증가하고, 주입금속이 서랭되기 때문에 응력의 발생이 적다.

❹ 석고주조법

석고는 cement와 같이 물을 첨가 교반하여 유입함으로써 수화 응결에 의해 경화한다. 소위 자경성을 갖고 있는 무기재료이다. 이미 기원전 25~35세기부터 이집트나 서남아시아에서 석재의 이음새나 공예용 벽의 마감질용으로 사용되어 왔으며, 현재의 석고본드나 plaster 등의 건축 자재에 이르기까지 40~50세기에 걸친 역사를 갖고 있는 매우 오랫동안 쓰인 재료라고 말할 수가 있다.

석고를 주형으로 사용하기 시작한 것은 1900년경부터이다. 최초에는 치과분야에서 치관이나 의치의 Investment 주조용 매몰재로 사용되었다. 주입중량은 수 g부터 수십 g의 범위이었다. 그 후 1920년경에는 이 치과에서의 기술을 조금 대형화하여 양산화된 형태로 이탈리아나 프랑스에서 반지나 액세서리 등의 장신구 주조에 이용되었다. 치과와 장신구에서의 plaster mold에 의한 investment 주조기술은 현재에 이르기까지 계승되어 각각의 분야에서 널리 이용되고 있다.

단, 주조합금은 금, 은, 동의 합금에 한정되며, 백금합금의 주조에는 석영 등의 내화물 분말에 인산염계의 binder를 첨가한 것이 매몰재로 사용되고 있다. 그러나 이 investment 주조법은 공업제품의 정밀주조에는 거의 이용되고 있지 않다. plaster mold법을 이용하여 공업제품을 주조하는 연구는 1940년경부터 독일, 영국, 미국 등지에서 시작되었다. 최초에는 주형보다 사형의 석고 sleeve제의 압탕 보온재로서의 이용으로부터 시작된 것이며, 점차로 비철합금의 정밀주조에 실용화되었다.

해외에서 plaster mold의 실용화 상황이 1951년부터 1958년경에 걸쳐 기술 잡지를 통해 다수 일본에도 소개되어 주조 업계로부터 주목을 받게 되었다. 그와 동시에 외국산의 주형용 석고가 수입되었다.

❺ LOM 몰드를 이용한 정밀주조

LOM 몰드를 제작하기 위하여 제품의 형상을 정밀 측정기를 이용하여 측정한 후 Pro/engineer를 이용하여 제작할 제품의 모형을 만든 후 STL 파일로 변화시킨다. 이렇게 만든 STL 파일을 LOM 장비에 import한 후 파일의 오류 여부를 확인하고 모형 제작용 몰드를 만든다.

Manufacturing이 끝나면 LOM 몰드를 platform에서 떼어내고 곧바로 body filler를 몰드 표면에 도포한다. filler가 완전히 굳은 후 사포와 줄 등을 이용하여 표면처리를 한다. 이러한 작업을 반복하여 몰드의 종이층을 완전한 곡면으로 만든 후 폴리우레탄 니스를 사용하여 마무리를 한다.

◎ 인베스트먼트 주조법의 장단점

보통의 사형 주조의 모형에 해당하는 것을 가용 또는 가용성의 재료로 만들고, 이것에 슬러리(slurry) 상태의 주형 재료를 씌워 외형을 만든 후 모형을 용융시켜 제거함으로써 아무리 복잡한 주형이라도 분할함이 없이 또 모형을 뽑아내는 일 없이 조형할 수 있다는 데 특징이 있다.

- **장단점** : 기계 가공이 불가능한 재질이나 모양의 제품 생산, 고융점합금의 주형에 널리 쓰여 자동차 부품, 재봉틀 부품, 공구, 사무기기 부품, 총기류, 특히 가스 터빈 및 제트 엔진 부품의 제조에 주로 응용되고 있다. 그러나 치수정밀도나 표면의 평활도는 우수하나 생산성이 높지 못하고 원가가 비싸다.
- **Stucco** : 규사 성분이 들어 있는 외부 마감재

③ 진공 주조

석고형틀 밑으로부터의 압력에 의해, 형틀 속의 공기와 가스를 흡입하면서 결과적으로 진공의 힘으로 쇳물을 위로부터 빨아들여 주조를 하는 방식이다.

진공 주조는 비교적 단순하며 효과가 양호하고 원심 주조 시보다 큰 주조를 할 수 있는 장점이 있다. 주조기의 가격 또한 저렴하여 널리 사용되고 있다.

진공 주조기는 주로 테이블 식으로 제작되었는데 기포 제거와 진공 주조를 위한 진공 펌프가 장착되어 있다.

두 개의 기능이 분리된 모델과 함께 있는 모델이 있다. 분리된 경우는 한쪽에 유리종과 바닥에 사방 25cm 정도의 고무패드가 있으며 이 패드 한쪽에는 진공 펌프의 흡입구가 있다.

주조를 위한 장치로는 중앙에 공기 흡입구가 있는 고무판, 또는 석면판이 있으며 중앙에 구멍이 있어 이를 통해 형틀의 공기를 흡입하게 된다.

5-3　Objet Studio Eden Printers의 사용법

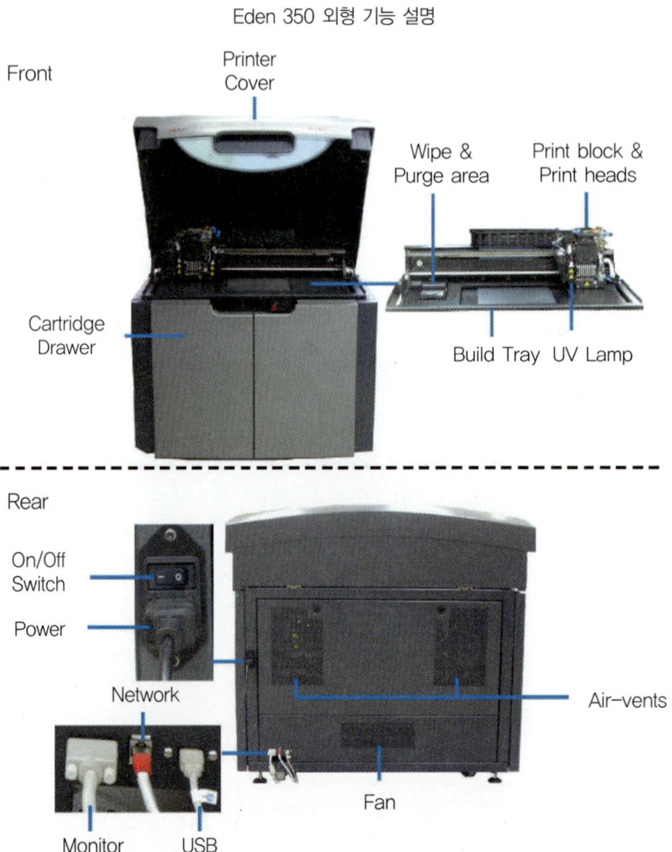

① Objet Studio – Eden Printers

Objet 소프트웨어 응용프로그램은 3가지 프로그램으로 나누어져 운영되고 있다. 그 중 첫 번째로 Objet Studio 소프트웨어를 소개하도록 하겠다.

3D CAD 및 SCAN 작업으로 만들어진 "＊.STL" 데이터를 Objet Studio 프로그램으로 불러온 후 EDEN 350 장비에서 출력할 수 있도록 데이터 배치 및 기본 설정을 지정하여 Objet 전용 파일로 저장하는 소프트웨어이다.

❶ Objet Studio GUI 1(그래픽 사용자 인터페이스)

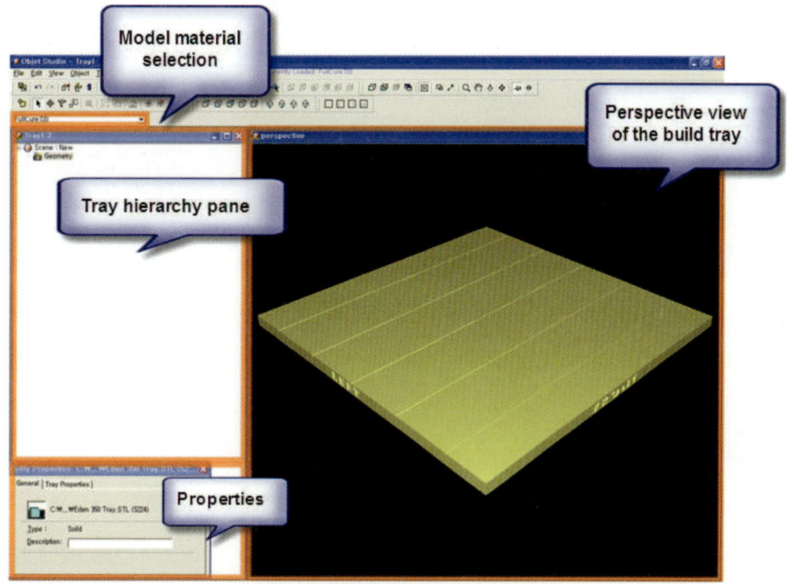

❷ Objet Studio GUI 2(그래픽 사용자 인터페이스)

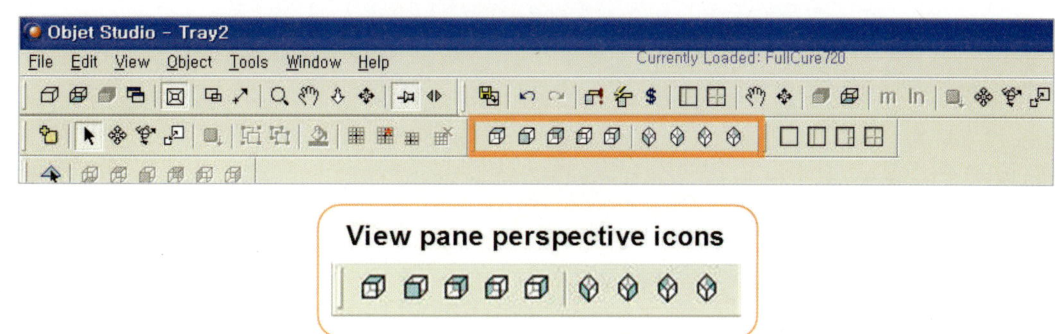

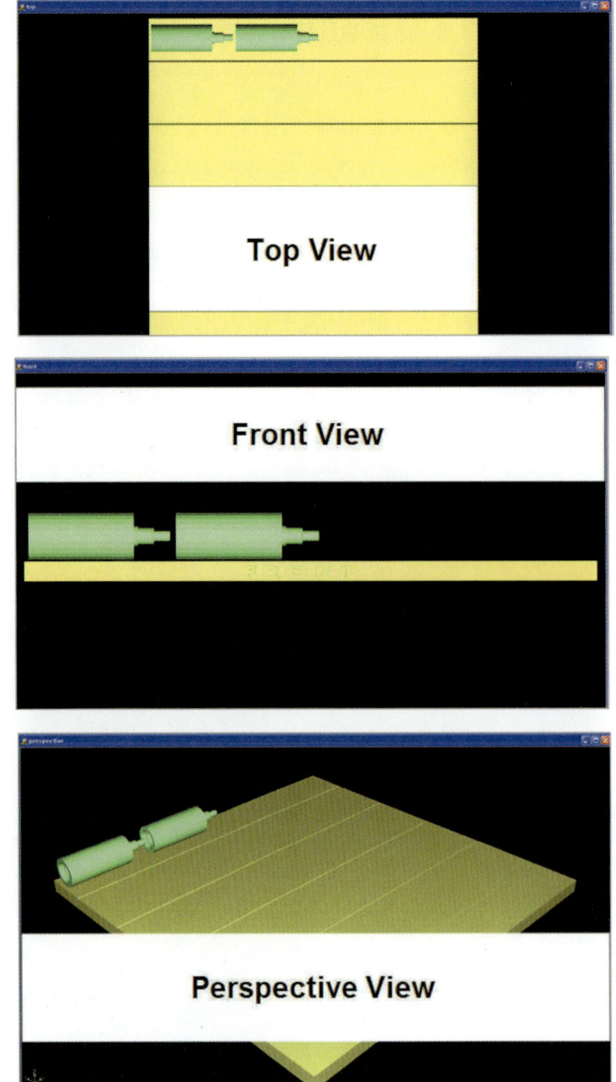

❸ Objet Studio GUI 3 (그래픽 사용자 인터페이스)

Screen layout icons

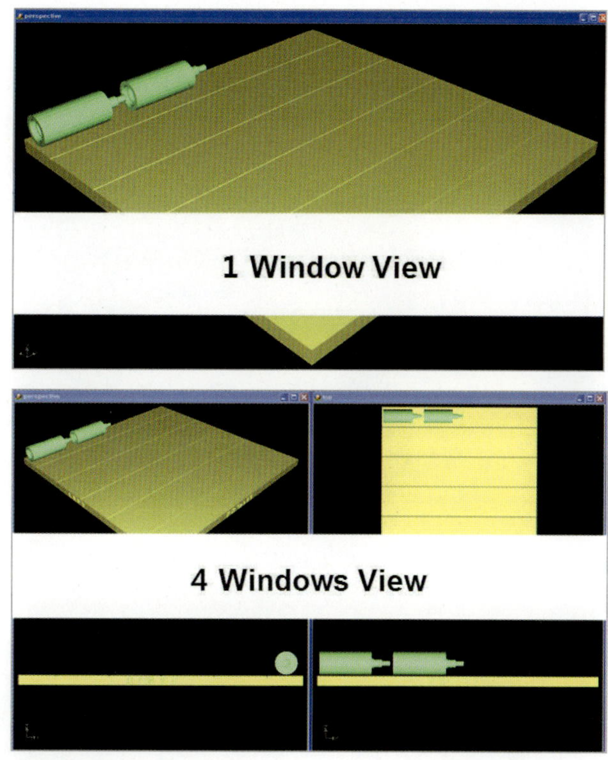

❹ Objet Studio 빠른 사용 방법

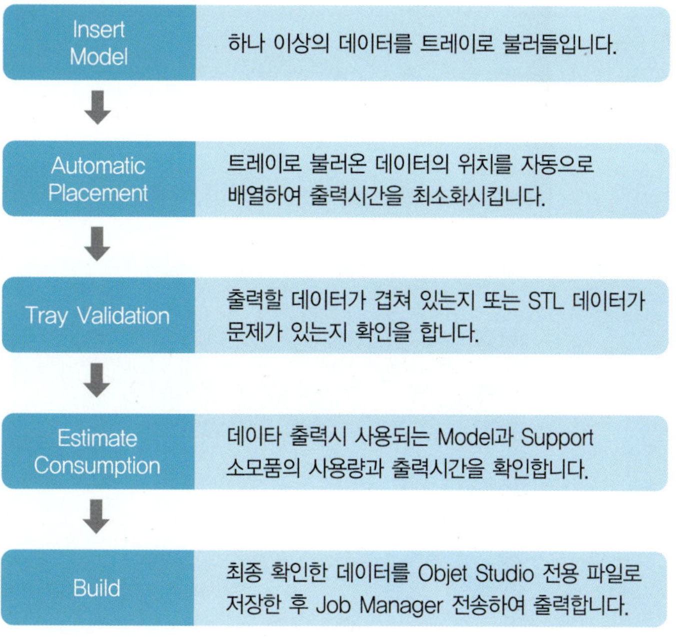

❺ 데이터를 불러오는 방법(2가지 방법)

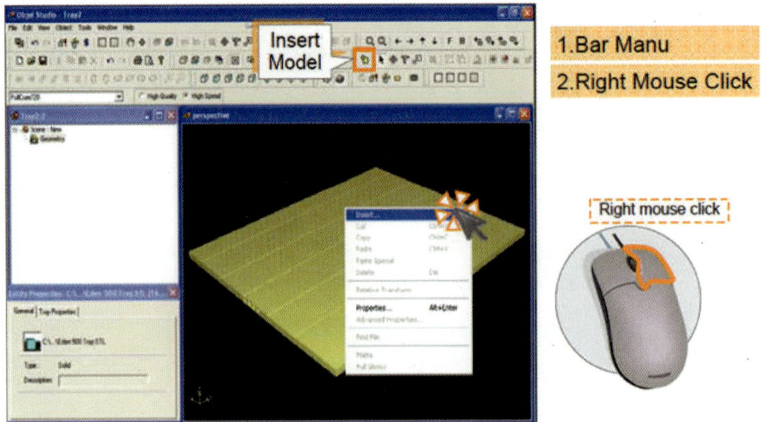

❻ 데이터를 선택한다.

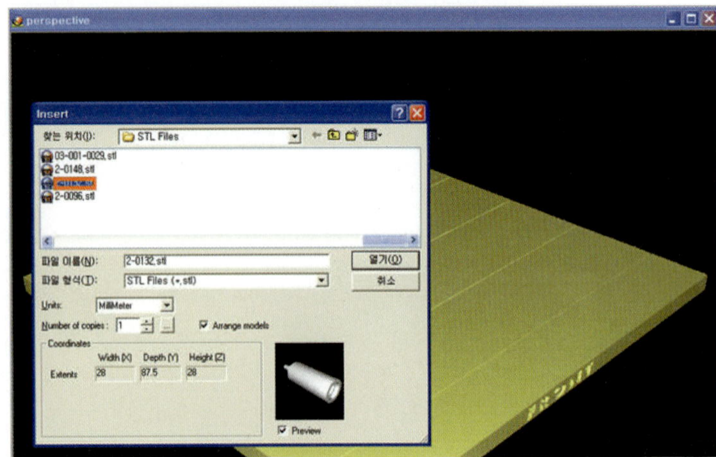

❼ 옵션을 선택하여 자동 배치를 실행한다.

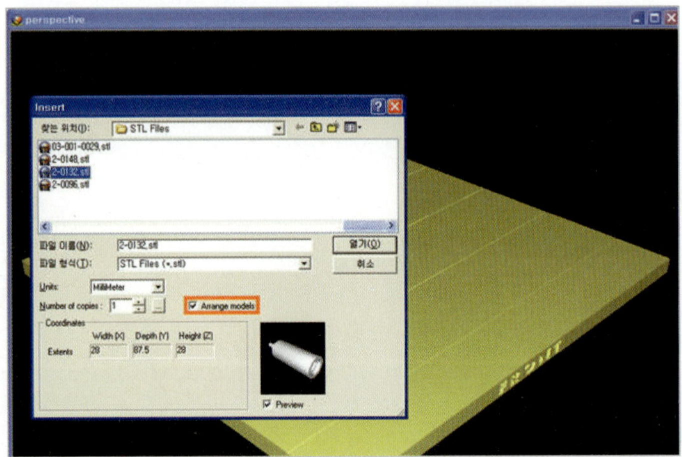

❽ **Automatic Placement icon 실행하기**

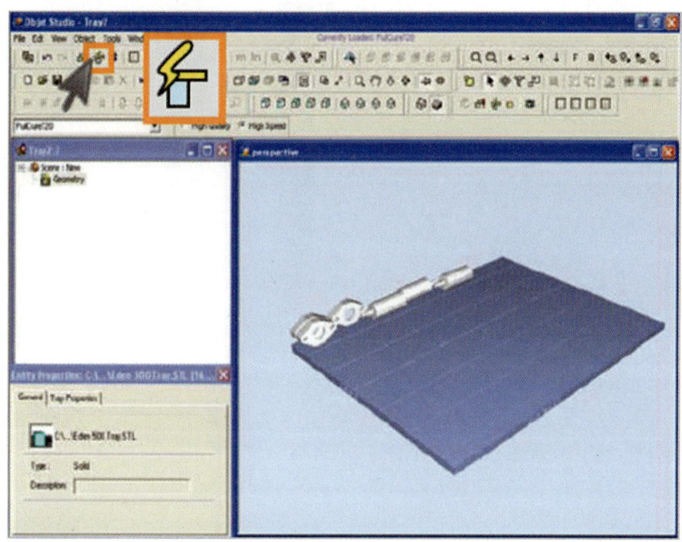

❾ **Arrange Model 방식과 Automatic Placement 방식의 차이점**

• **Arrange Model** : Objet Studio 프로그램에서 데이터를 불러올 경우 객체를 자동으로 배열하는 간격은 하나의 객체 크기의 경계상자를 고려하여 배열한다.

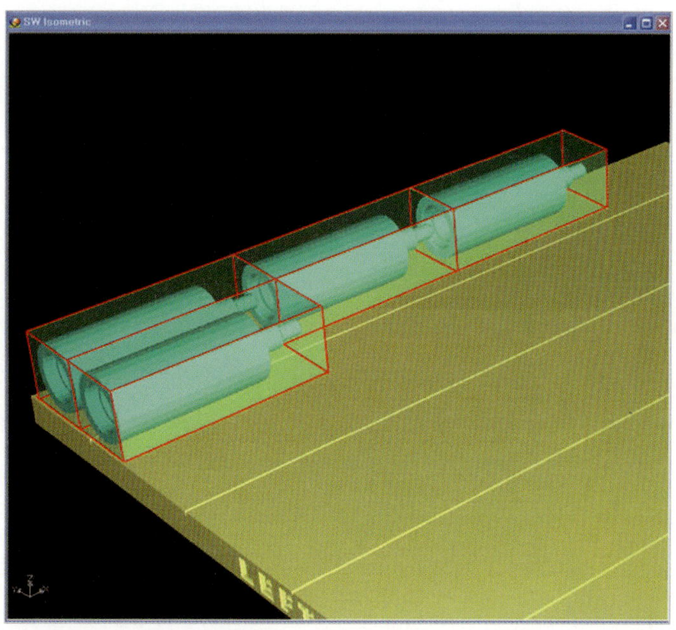

• **Automatic Placement** : Objet Studio 프로그램에서 불러온 데이터를 최대한 적은 출력시간으로 출력할 수 있도록 객체를 회전시켜 빈 공간이 없이 가장 빠른 시간으로 가공할 수 있는 배열을 제공한다.

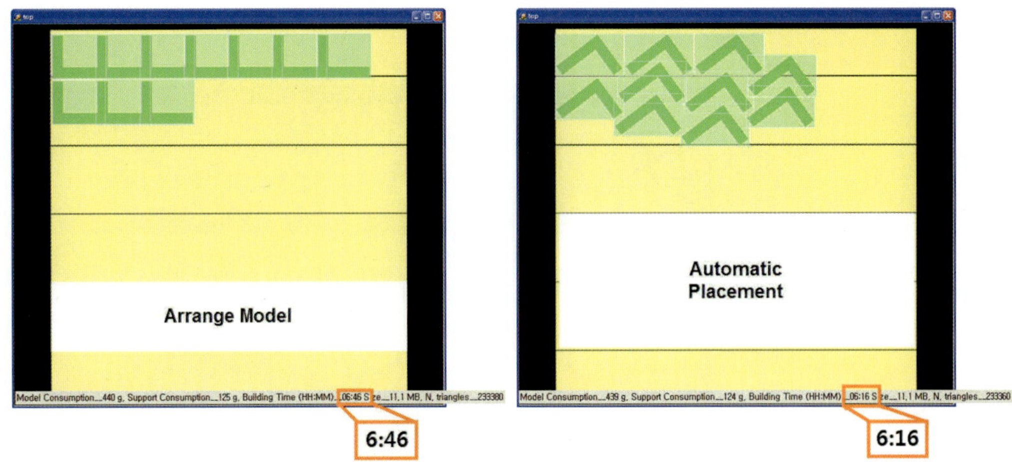

⑩ Tray Validation icon 실행하기

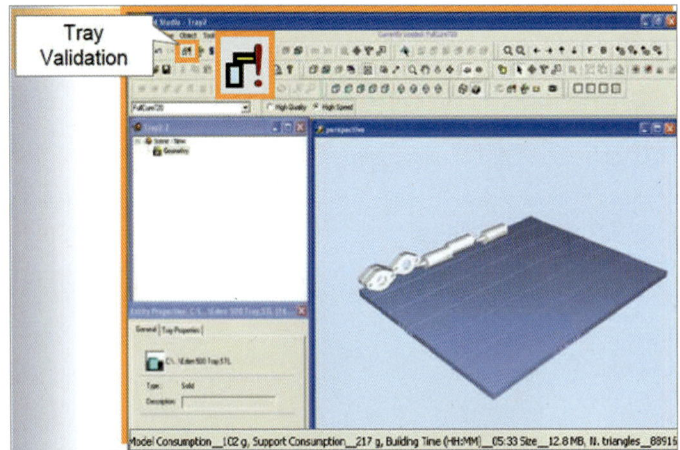

⑪ Tray Validation 기능으로 데이터 오류 확인하는 방법

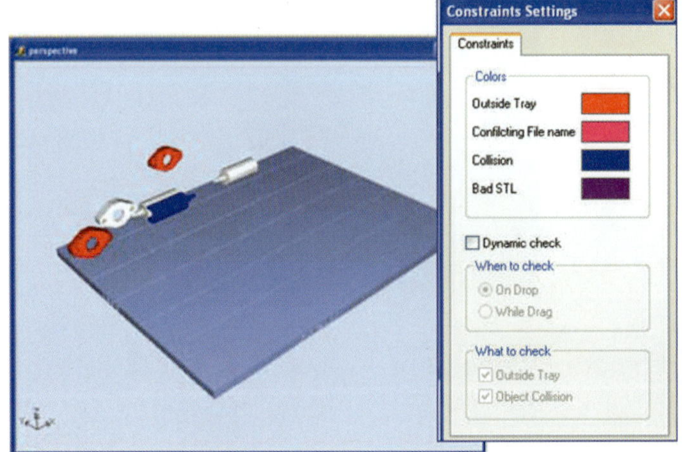

- 여러 가지의 데이터를 배열했을 경우 객체끼리의 간섭 및 STL 데이터의 문제점을 확인할 수 있다.
- 트레이에 배열된 데이터의 문제점이 발견되었을 시 미리 설정된 색상 코드(적색, 보라색, 파란색)로 데이터에 있는 오류를 확인할 수 있다.

⑫ Estimate Consumption icon 실행하기

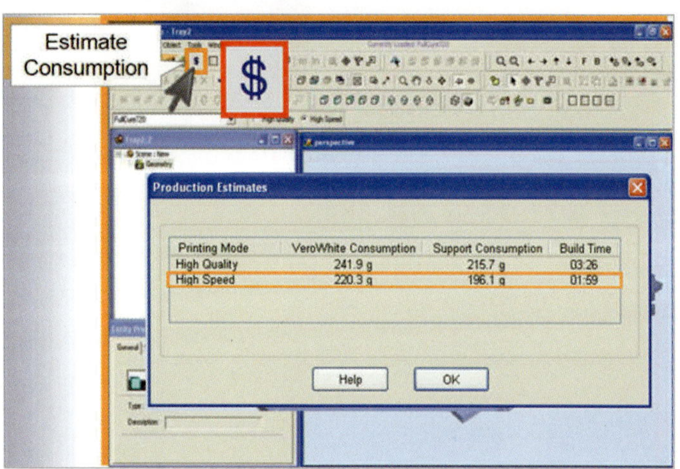

⑬ Build Tray icon 실행하기

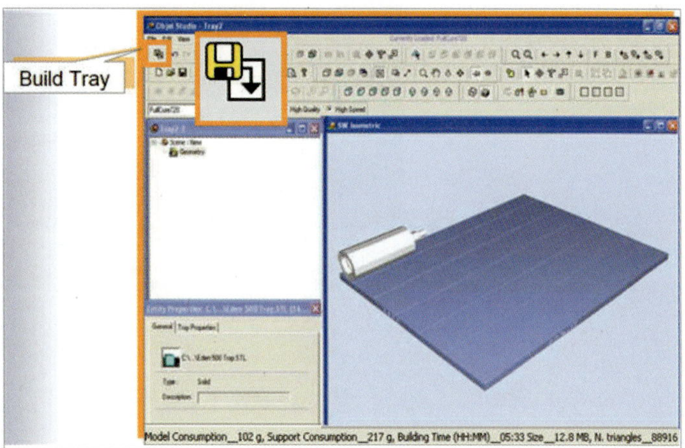

⑭ Model 배치 과정의 효율성

- 데이터를 어떻게 배치하느냐에 따라 출력시간이 달라진다.
- 데이터 배치 상태에 따라 Support 소재의 사용량이 달라진다.
- Glossy 모드로 설정 시 데이터의 강도와 품질이 달라진다.

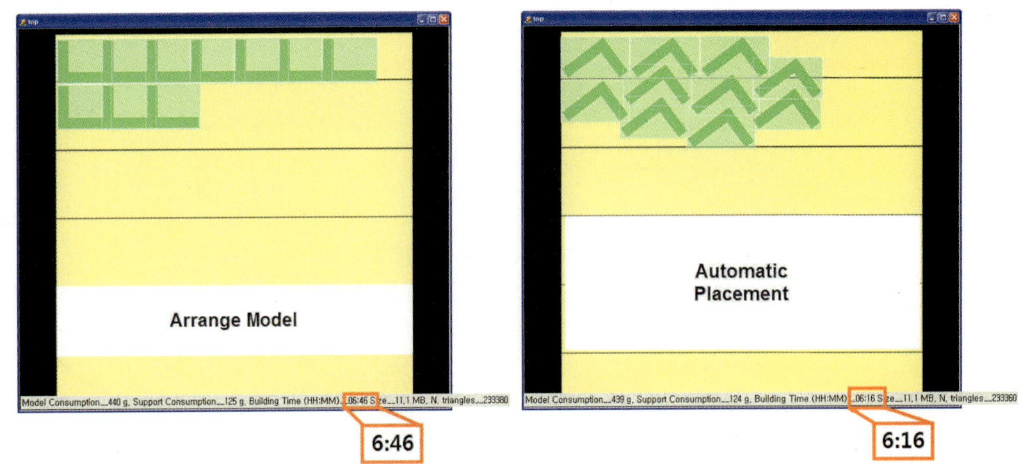

⑮ Model 배치 과정의 기본 정의

- X-축 방향으로 데이터의 가장 긴 축으로 배열한다. X-축 방향으로 이동속도가 가장 빠르기 때문에 빠른 출력이 가능하다.
- Y-축 방향으로 데이터의 중간 정도의 축으로 배열한다.
- Z-축 방향으로 데이터의 가장 작은 축으로 배열한다. Z-축 방향으로 적층 두께가 가장 세밀하고, 적층 높이가 높을수록 시간이 오래 걸리기 때문에 가장 작은 축으로 설정한다.

⑯ Model 배치의 오른쪽 왼쪽 법칙

- 데이터 배열 시 Tray의 오른쪽 부분은 같이 출력하는 데이터 중에 Z-축으로 가장 큰 데이터를 배열하고 왼쪽 부분은 Z-축 부분으로 가장 작은 데이터 순서로 배열하여 출력한다.

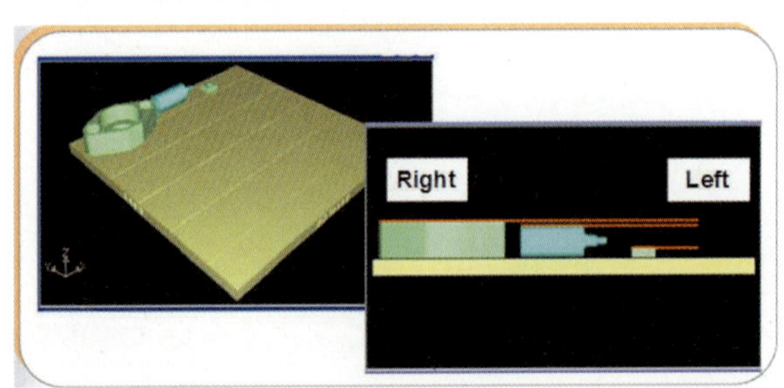

⑰ Model 배치의 가장 좋은 면을 얻기 위한 방법

- 정밀한 해상도가 요구되는 파트를 얻기 위해서는 Top View에서 봤을 시 보이는 면으로 배치하여 출력해야 표면이 매끄러우면서 좋은 해상도의 제품을 확인할 수 있다. 예를 들어 핸드폰 키패드 파트의 경우 키패드 숫자 부분이 Top View에서 봤을 시 보이는 상태로 배치하여 출력해야 한다.

⑱ Model 배치에 따른 Support 사용량 변화

- 예를 들어 긴 파이프관 같은 경우 배치의 방향에 따라 support 사용량 및 출력시간에 큰 차이가 발생할 수 있다.

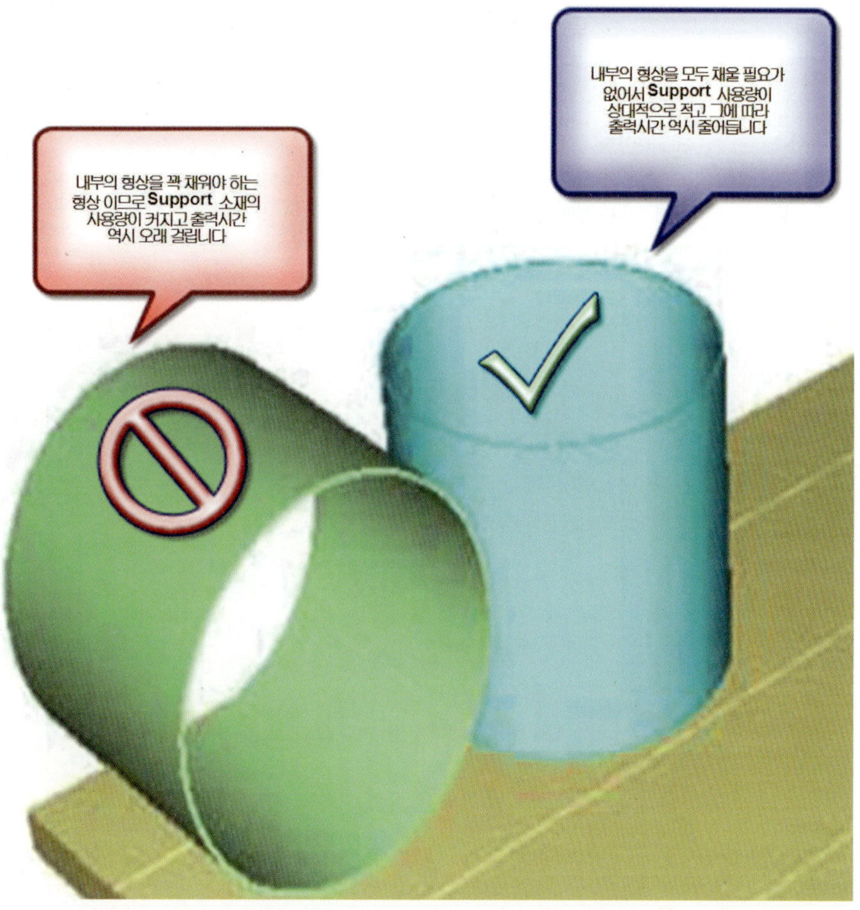

⑲ Model 배치에 따른 Support 소재의 사용 방법

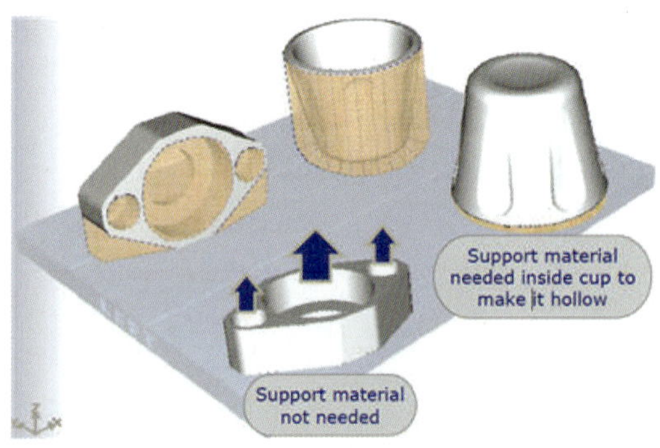

⑳ Glossy Mode 방식과 Matte Mode 방식의 차이

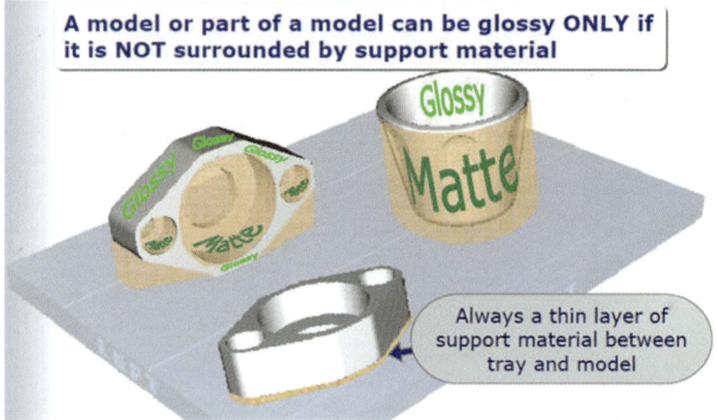

㉑ Glossy Mode 출력 시 장점

강도가 높다

얇은 핀과 벽 출력에 강하고
제품 품질의 해상도가 높아집니다

매끄러운 표면 처리

각 파트의 체결성 및
표면의 해상도가 매끄럽고
광택처리 효과를 낼 수 있습니다

㉒ Glossy Mode의 주의사항

- Glossy Mode 출력 시 전체적으로 동일한 Glossy 형태로 출력이 되지는 않는다. Support 부분이 필요한 부분에 대해서는 Matte 형상으로 출력이 되므로 형상에 따라 적용이 가능하다.

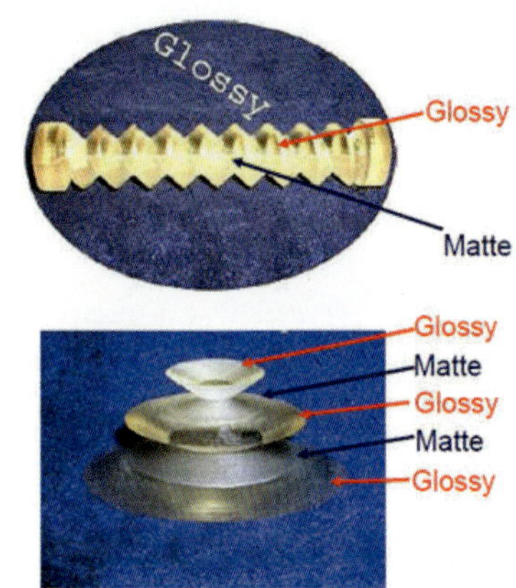

㉓ Support 소재의 3가지 사용 방법

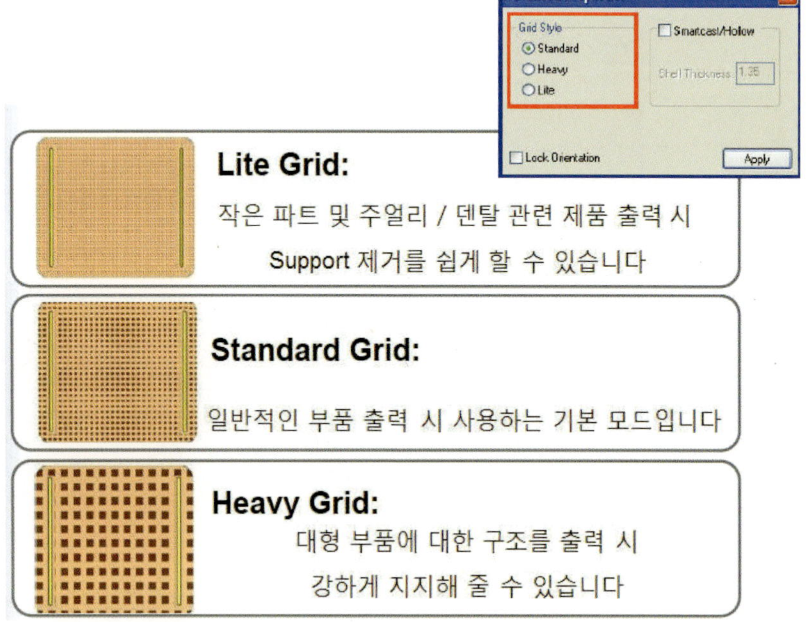

㉔ Objet Studio 최종 정리

- STL 데이터를 불러온 후 Tray 상에 데이터를 배치한다.
- OBJTF (build) : 데이터를 배치한 Tray 파일만 저장된다. 사용된 STL 파일은 사용 컴퓨터 상에 존재해야 하며 불러온 위치 역시 변동이 없어야만 실행할 수 있다.

- OBJZF (export): 데이터를 배치한 Tray 파일과 STL 파일을 함께 저장한다. 다른 컴퓨터에서도 바로 사용이 가능하다.(STL 데이터를 포함하고 있기 때문이다.)
- 다른 3D CAD에서 export한 STL 데이터를 사용할 수 있다. 하지만 Surface Tolerance 부분의 해상도를 높게 설정해야 Objet 장비의 고해상도로 출력이 가능하다. STL 파일을 저장 시 Binary, ASCII File을 저장할 시 Binary 선택한다.
- 간단한 설정으로 데이터를 배치 후 출력 설정을 할 수 있다.
- Model과 Support 소재의 사용량과 시간을 확인할 수 있으므로 출력 시 사용되는 견적을 쉽게 파악할 수 있다.

❷ Job Manager – Eden Printers

Objet Studio에서 저장한 Objet 전용 파일을 이용하여 작업한 데이터를 불러온 후 Eden 350 Control Software와 연동하여 출력하는 작업을 진행하는 소프트웨어이다.

❶ Job Manager GUI 1(그래픽 사용자 인터페이스)

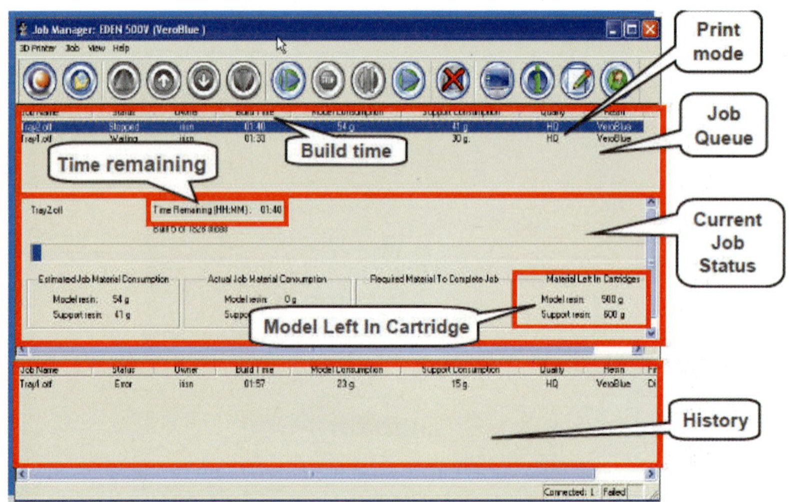

❷ Job Manager와 Eden 350 Control Software 연결 방법

- 3D Printer 탭을 선택한 후 Set Printer 메뉴를 클릭한다.

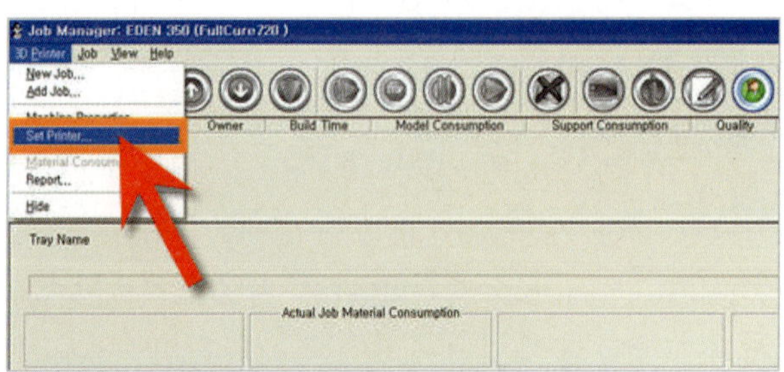

- Set Printer 팝업 창에서 [Connect] 버튼을 클릭한다. Job Manager Software와 Eden 350 Control Software는 Cross Cable LAN으로 연결되어 있다.

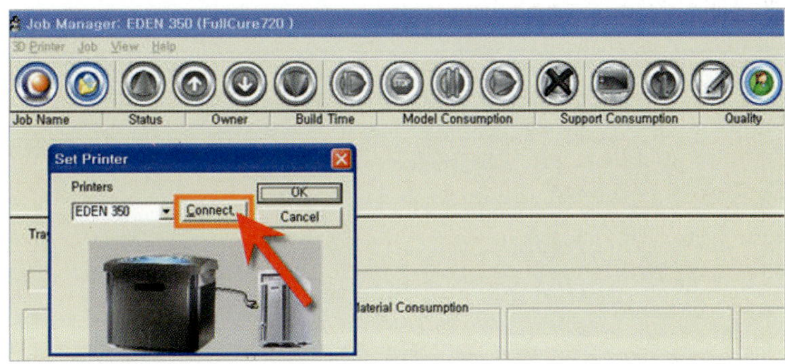

- Setting Network Connection 팝업 창에서 [Browse] 버튼을 클릭하여 Job Manager와 연결할 장비를 찾는다. 연결할 'EDEN 350'을 찾아 선택한 후 [Select] 버튼을 클릭하여 2 가지 소프트웨어를 LAN(TCP/IP)으로 연결한다.

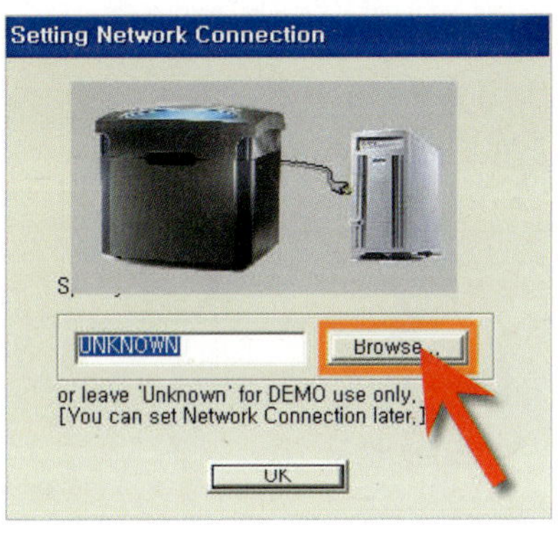
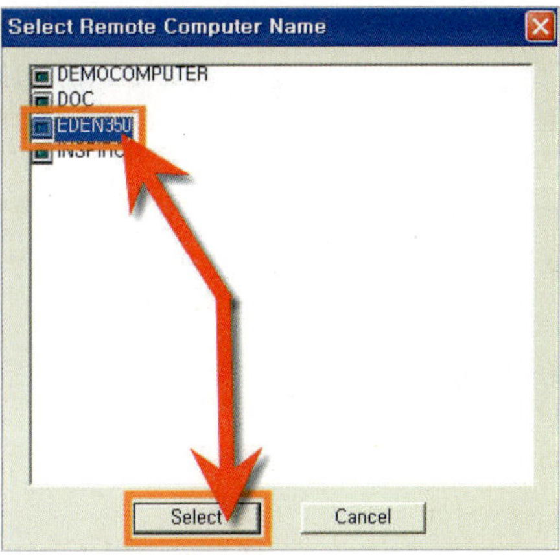

❸ **Job Manager 기본 기능**

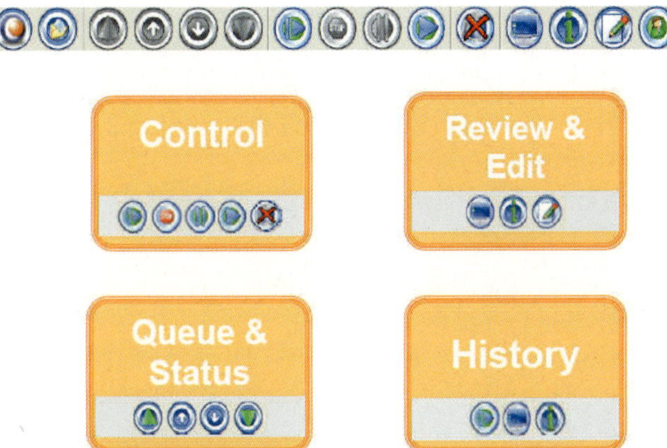

❹ Job manager icon – Control

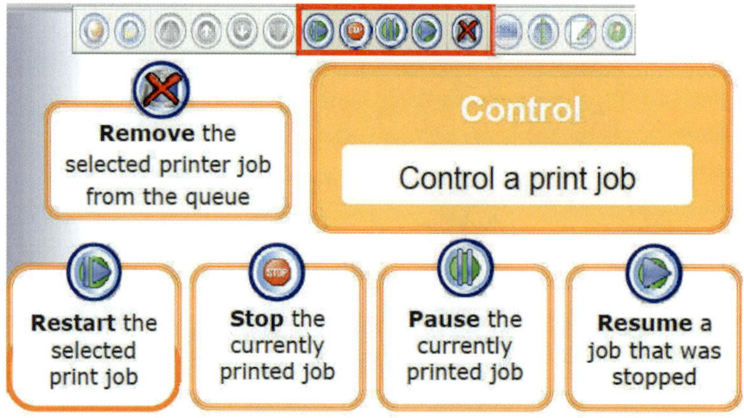

❺ Job Manager icon– Review & Edit

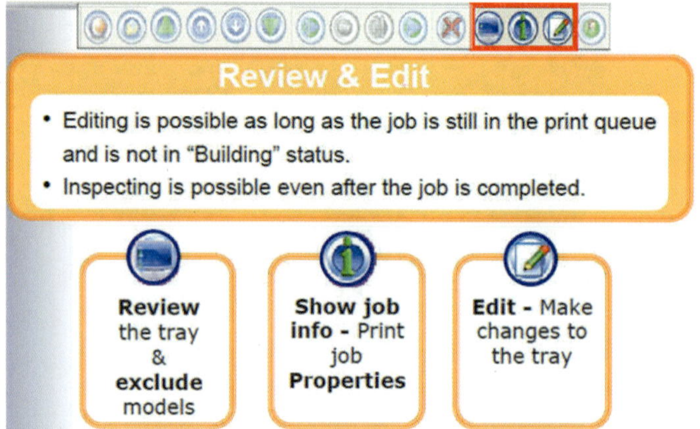

❻ Job Manager Icon – Queue & Status

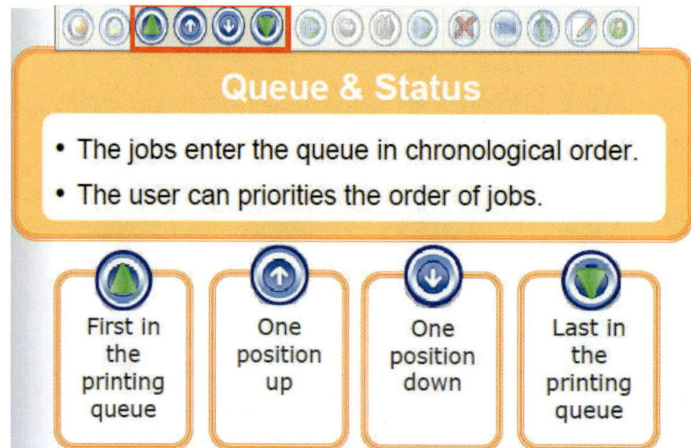

❼ Job Manager icon – History

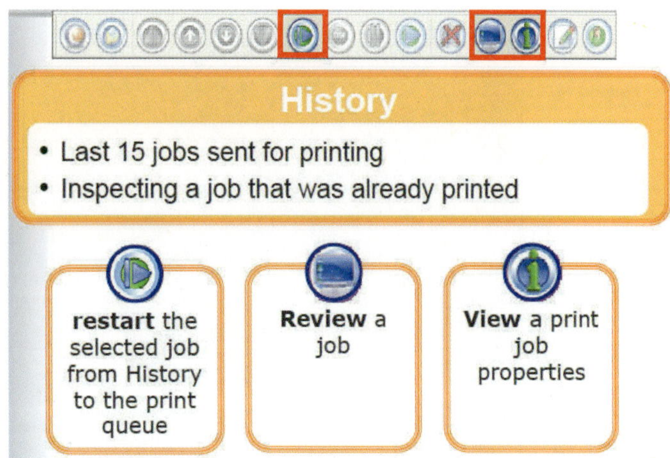

③ Eden Printer Control Software

Eden 350 장비 내부에 설치되어 있는 Windows OS를 이용하여 디스플레이 장치 없이 듀얼 모니터로 Eden 350 장비의 모든 모니터링과 제어가 가능하도록 사용되는 소프트웨어이다.

❶ Eden User Interface 1(사용자 인터페이스)

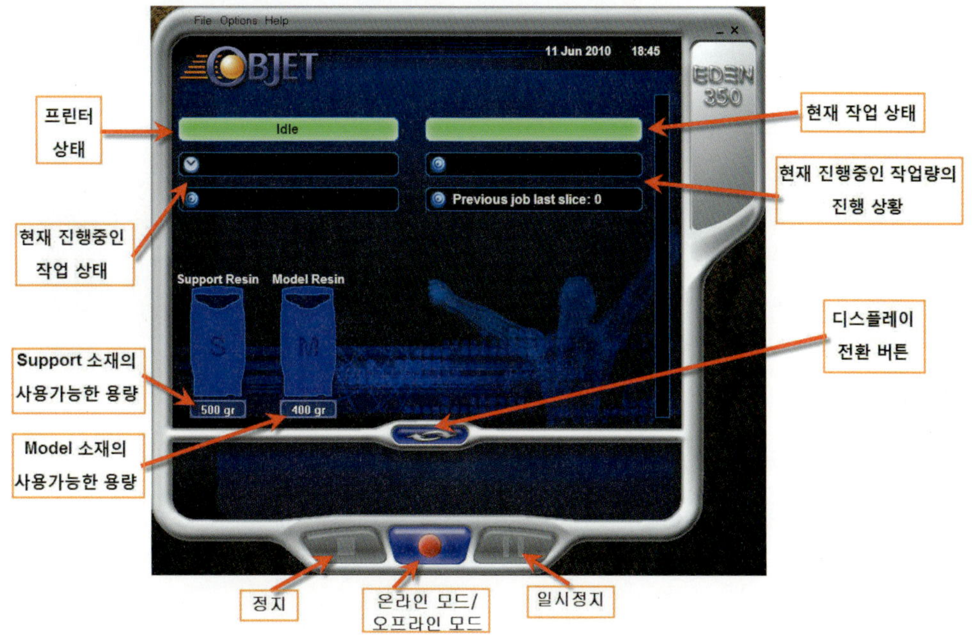

❷ Eden User Interface 2 (사용자 인터페이스)

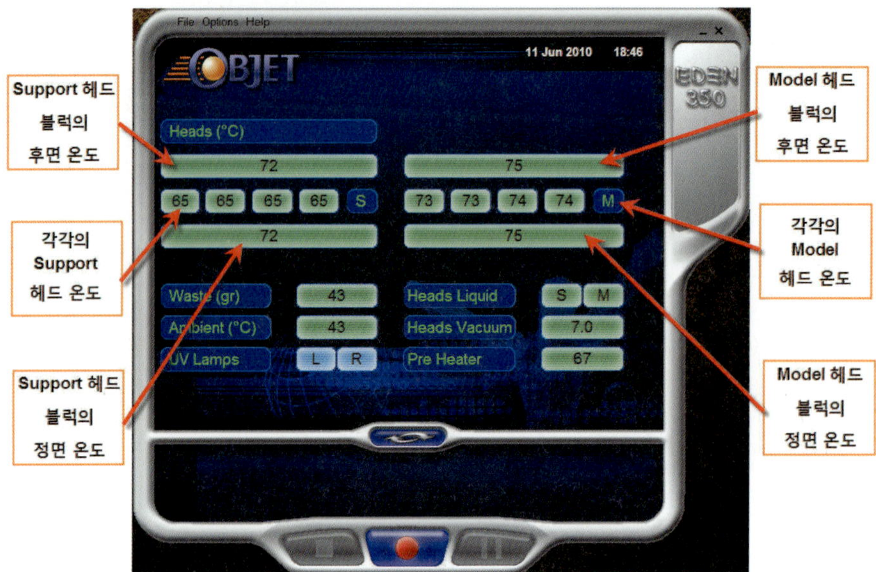

❸ Eden User Interface 3 (사용자 인터페이스)

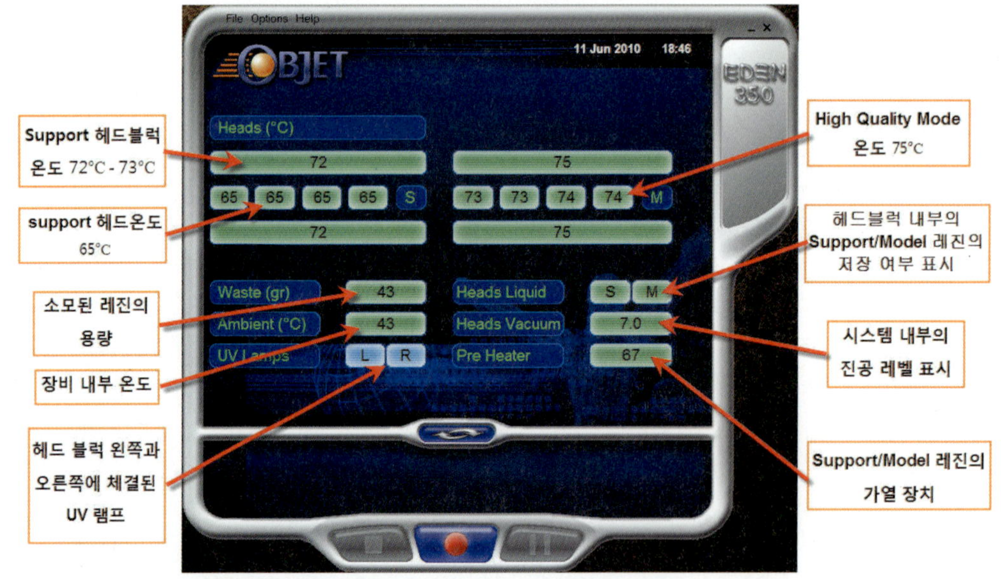

❹ 인터페이스 컬러 의미 (RED)

- **Red** : Eden 350 장비의 사용 시 적합하지 않는 오류 상황 및 경고 메시지 출력을 레드 색상으로 표시한다. 예를 들어 '소모된 레진의 용량'의 무게가 허용 무게 이상으로 확인 시 레드 색상으로 해당 데이터 수치가 표시된다. (Waste Container를 교체해야 한다.)

❺ 인터페이스 컬러 의미 (BLUE)

• **Blue** : Eden 350 장비의 사용 시 적합한 온도로 예열이 되지 않는 상태를 나타낼 때 블루 색상으로 표시된다. 예를 들어 'UV Lamp'의 예열 작업이 진행되지 않은 평상시 기본 상태를 표시한다.

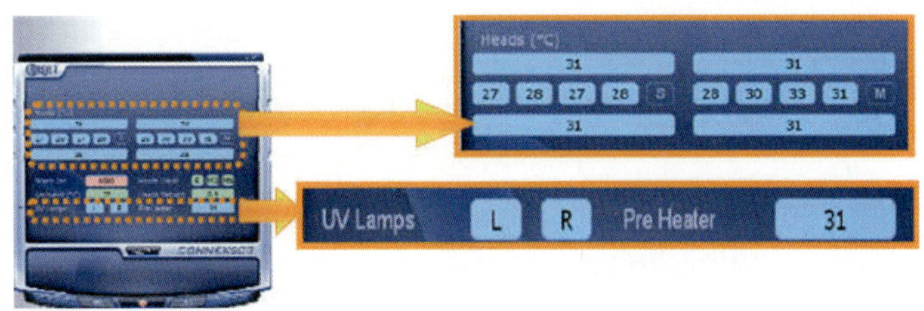

❻ 인터페이스 컬러 의미 (GREEN)

• **Green** : Eden 350 장비의 사용 시 바로 출력할 수 있는 Standby Mode로 Job Manager에서 데이터 전송 시 바로 출력으로 이루어질 수 있는 상태를 표시한다. 예를 들어 'Printer Head'의 예열 작업이 진행되어 있는 상태로 바로 장비가 구동될 수 있는 상태를 표시한다.

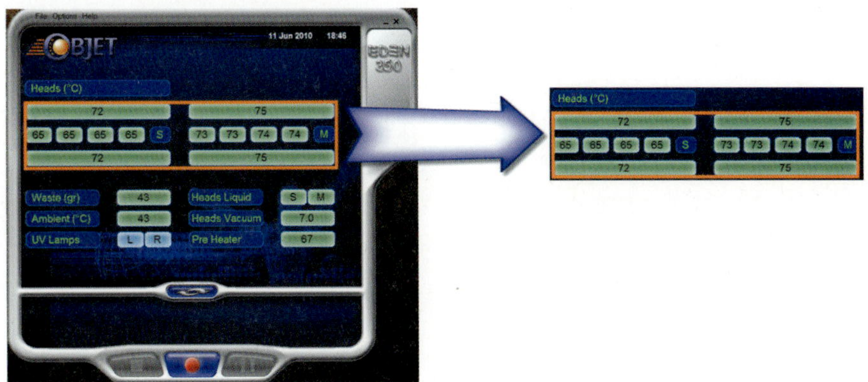

❼ Eden Control Software 최종 정리

• Objet 프린터의 제어 소프트웨어 및 기능을 사용할 수 있다.
• Job Manager와 연동하여 Eden 350 장비를 제어한다.
• 인터페이스의 색상으로 장비 상태의 이상 유무를 확인할 수 있다.

5-4   FreeForm Modeling 사용법

1 FreeForm Modeling 시작하기

FreeForm Modeling 시스템을 실행하면 아래와 같은 화면이 나타난다. 그리고 화면에 블록 모양의 디지털 Clay를 만들 수 있다.

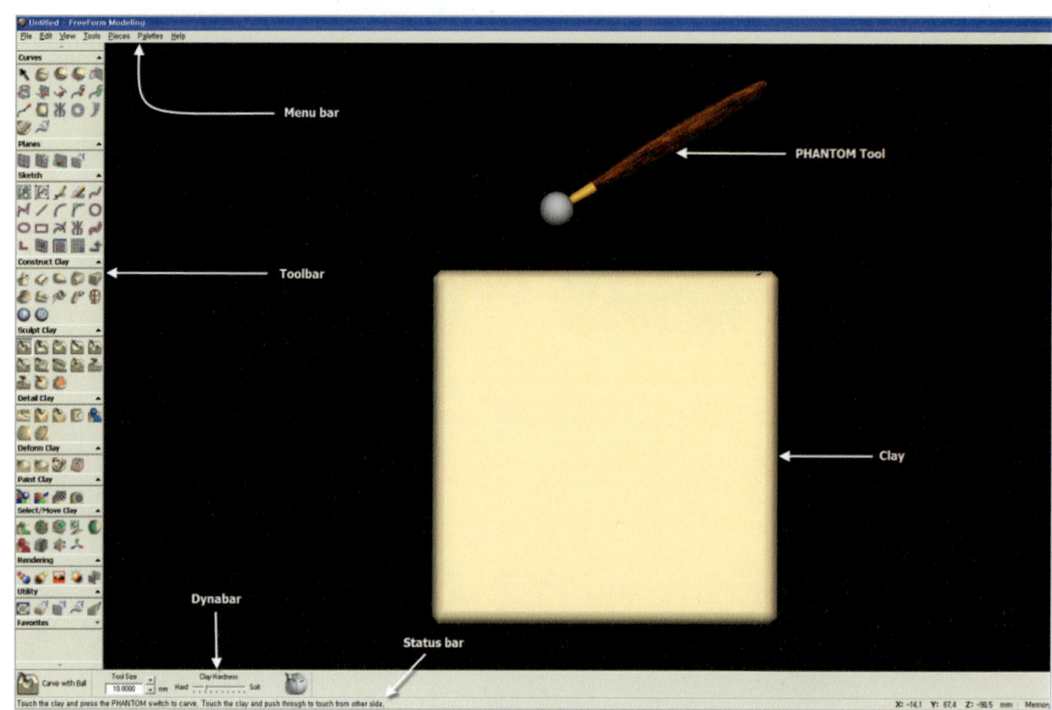

FreeForm Modeling 프로그램의 화면 구성

2 마우스로 모델을 이동하기

화면에 커서를 놓은 상태에서 왼쪽 마우스 버튼을 누르고 이동하면 Clay 모델이 회전한다. 오른쪽 마우스 버튼을 눌러 위아래로 이동하면 모델이 커졌다 작아졌다 할 것이다. 중간의 마우스 버튼을 눌러서 이동하면 마우스와 함께 평행 이동이 된다.

요약하면, 왼쪽 마우스 버튼은 회전, 오른쪽 마우스 버튼은 확대/축소, 중간 마우스 버튼은 화면 이동 또한 방향키로써 모델을 회전시킬 수 있다.

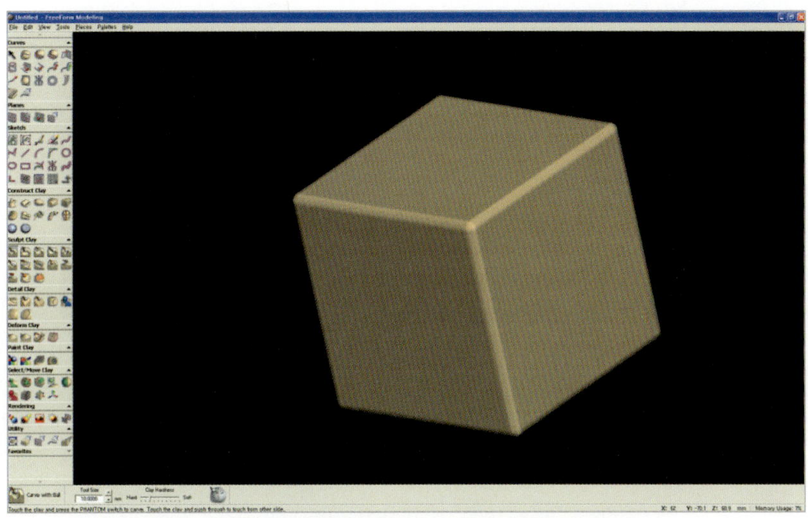

블록의 View를 확대, 축소, 회전, 평행 이동할 수 있다.

③ 키보드와 PHANTOM Desktop을 이용하여 움직이기

끝으로 PHANTOM DEVICE와 키보드를 이용하여 모델을 움직이는 방법이 있는데 이 방법은 매우 쉽고 강력한 기능을 갖고 있기 때문에 대부분 이 방법을 쓰게 될 것이다.

먼저 움켜잡기(grabbing) 기능이 있다. 키보드에서 G를 누르고 PHANTOM DEVICE의 Stylus 펜을 잡고 마음껏 움직여 보면 모델의 회전, 이동, 확대, 축소 등을 마음대로 할 수 있다. 모델을 원하는 위치와 방향으로 이동한 다음 Stylus 펜을 놓는다.

키보드 G 이외에 다른 두 가지가 있는데 H와 J키가 있다. G키를 이용하면 6방향 자유도를 가지고 움직이는데 H키를 누른 상태로는 3방향 자유도를 가지고 모델을 움직일 수 있다. 그리고 J키를 이용하면 오직 x축이나 y축을 중심으로 회전 이동만 가능하다.

④ PHANTOM 마우스

PHANTOM DEVICE의 기본적인 설정은 마우스 기능이 있다. PHANTOM DEVICE의 Stylus를 붙잡고 작업 공간에서 움직여 보면 기본적인 툴인 Ball 조각 기능이 나타나는데, 작업 공간을 벗어나게 되면 전형적인 마우스 표시가 된다.

표시만 마우스와 같은 것이 아니라 기능도 마우스와 같게 된다. 그래서 메뉴에 놓고 마우스처럼 사용해서 메뉴를 선택할 수 있다.

5 Touching (만지기)

이 기능을 보여줄 적당한 그림은 없다. 우리가 그림을 보고 촉각을 느낄 수 있다면 PHANTOM DEVICE나 3D 촉각 기술을 개발할 필요가 없었을 것이다. PHANTOM DEVICE의 Stylus를 붙잡고 Clay 모델에 접근하면 촉각을 느낄 수 있다.

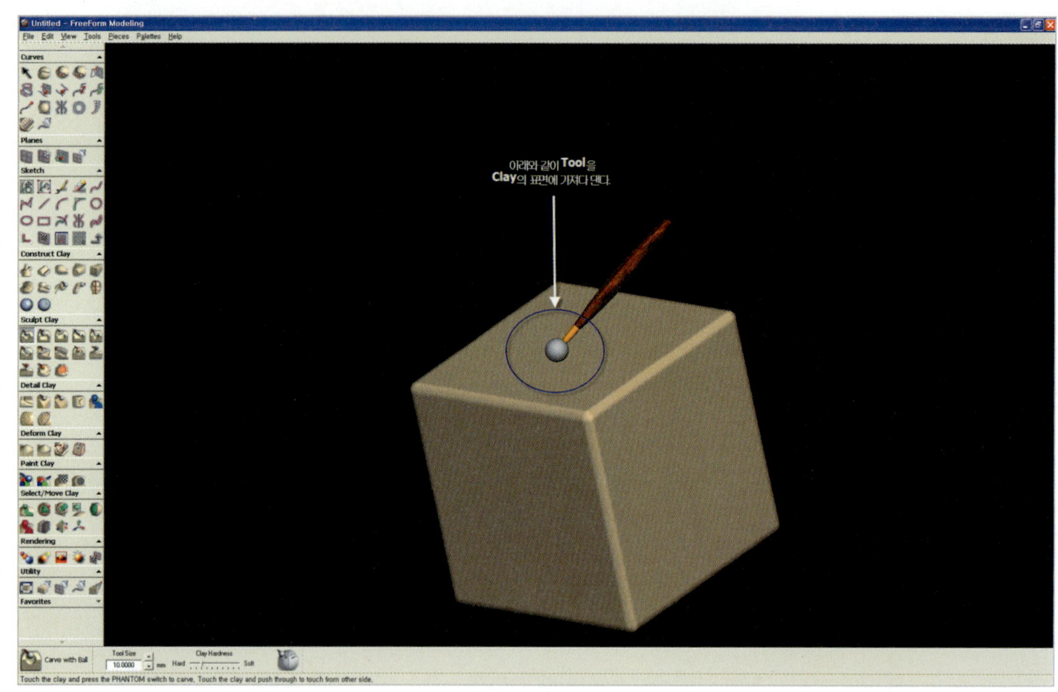

Clay 만지기

6 Clay 안으로 뚫고 들어가기

Clay 모델 표면에 도구가 부딪히면 촉각을 느끼게 되는데 이때 좀 더 약간 힘을 주어 누르면 (이때 Stylus 버튼을 누르지 않는다.), FreeForm Modeling 도구가 Clay 모델을 뚫고 안으로 들어간다.

일단 도구가 안쪽에 들어가면 Clay 모델 내부가 텅 비어 있는 것처럼 도구를 움직일 수 있다. 그러나 실제로 Clay 내부가 비어 있는 것은 아니다.

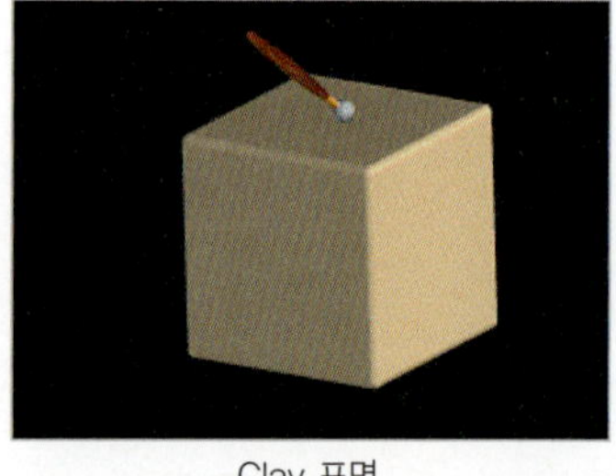

Clay 표면

Clay 내부

모델 외부에서 작업하는 것과 똑같이 쉽게 내부에서 작업할 수 있다. 내부에서 빠져 나올 때 역시 들어갈 때와 같은 방식으로 빠져 나온다.

Clay 표면에서의 동작 　　　　　　Clay 내부에서의 동작

> **Note** Stylus펜 사용법
>
> Stylus펜을 갑자기 너무 세게 밀어 붙이면 3D 촉감의 포스피드 백 기능이 막히게 된다. Stylus 는 절름거리게 되고 모델은 에러 메시지를 표시한다. 이것은 PHANTOM DEVICE를 보호하기 위함이다. 계속하려면 [OK]를 선택한다.

7　도구 안내 및 상태 표시

마우스나 PHANTOM 마우스로 Toolbar의 원하는 아이콘을 선택할 때 커서를 아이콘 위에 놓으면 간단한 안내 글이 나타난다. 그리고 간단한 설명이 상자 속에 나타난다. 이것을 도구 안내 글이라고 한다.

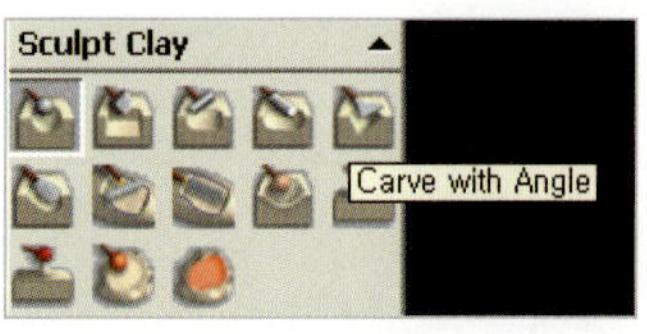

도구 안내 글

그림은 커서가 smooth(B) 아이콘 위에 있을 때 도구 안내가 smooth(B)로 나타나는 것을 보여준다. 이때 윈도 아랫부분의 상태표시줄을 보면 이 도구에 대한 설명이 나온 것을 알 수 있다. "Smooth sharp edges"라는 설명이 나온다. 이것으로 이 아이콘은 날카로운 모서리를 부드럽게 깎아주는 기능임을 알 수 있다.

커서를 위 아래로 움직여 다른 아이콘에 대해서도 실시해 보기 바란다.

> **Note** Dynabar와 작업 모드
>
> 화면 아랫부분의 아이콘들을 아울러 부를 때 Dynabar라고 한다. FreeForm에는 또한 여러 가지 작업 모드가 있는데 각각은 특정 작업을 위한 도구와 기능들이 있다.

8 디지털 Clay 조각하기

F2키를 누르면 모델이 원 위치로 돌아간다. 툴을 가볍게 모델의 앞에 대고 Stylus 버튼을 누른다. 이때 볼 모양의 툴이 투명해지고, 약간의 압력만 주어도 Clay 모델이 깎여진다.

구멍 파기

9 모서리 조각하기

커서를 'Carve with Ball' 아이콘 위에 놓고 누르면 다음과 같이 다른 아이콘들이 나온다.

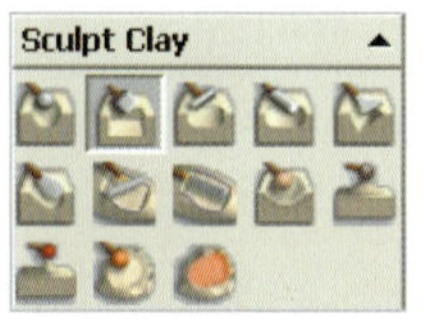

The FreeForm sculpting shapes

이 가운데 큐브 모양의 툴을 선택한다. 그래서 Clay 모델의 모서리 부분을 조각한다.

모서리 조각하기

큐브 모양의 툴을 사용하면 실제 Clay 모델을 조각하듯이 디지털 모델을 깎아낼 수 있다. 물론 디지털 모델의 이점으로 부스러기가 땅에 떨어지지 않는다.

10 터널 파기

Clay 블록의 옆으로 터널을 뚫고 들어가 위로 나와 보자. 조각 툴은 'Carve with Ball' 을 선택하여 옆에서 밀어 넣는다. 중간에 방향을 위로 해서 들어 올린다.

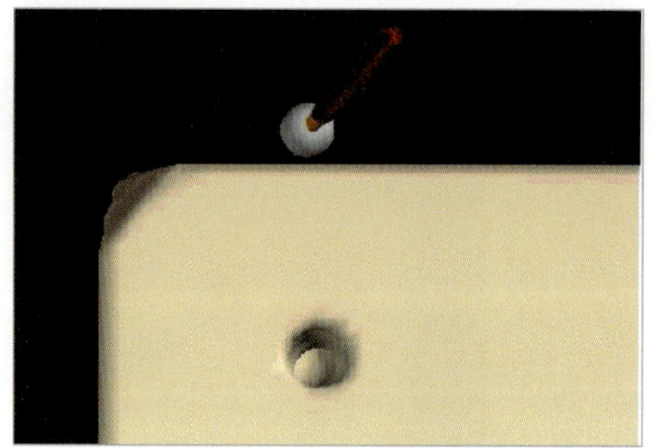

Carve with Ball을 이용하여 블록의 윗부분 파내기

11 촉감 확인 방법

작업을 확인하기 위해 블록을 3차원 보기로 재위치시킬 수 있다.
여러 가지 방법이 있는데 몇 가지 편리한 방법은 다음과 같다.

❶ 방향키를 눌러서 한번에 15°씩 회전하는 방법
❷ J키를 누르고 PHANTOM Stylus를 움직이면 매 90°마다 미묘한 포착을 느낄 수 있다.

모델의 측면에서 위쪽으로 터널이 파진 것을 확인할 수 있다.

12 내부에서 작업하기 – 공간감각 익히기

연습으로 두 개의 구멍을 연결하는 터널을 뚫어 본다.

첫째 구멍과 마찬가지로 두 번째 구멍을 그 옆에 뚫어가다가 어느 정도 깊이에서 첫째 구멍 쪽으로 뚫어나간다. 첫째 구멍을 만나면 어떤 느낌을 가지게 될 것이다.

Clay의 두 구멍이 터널처럼 연결되었다.

이제 두 개의 구멍이 서로 연결된 터널이 되었다. 모델을 움직여 세 개의 구멍이 뚫린 것을 확인한다.

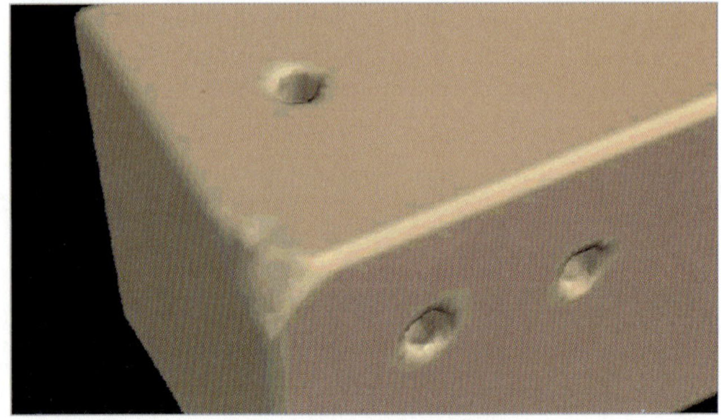

회전시켜 모델의 구멍들을 확인한다.

13 다양한 View 기능

F2에서 F9까지의 기능키들은 각기 다른 View를 보여준다.

F2에서 F5까지는 다른 각도에서 보는 View이고 F6에서 F9까지는 윈도의 사이드 View에서 추가적인 View를 제공한다.

사이드 View를 이용할 때 이점은 동시에 두 가지 View를 보면서 작업할 수 있다는 것이다.

❶ Sculpt Dynabar : 툴 크기와 Clay 강도 조절

'Sculpt Dynabar'에는 두 가지 주요 기능이 있다. 툴의 크기와 Clay의 강도를 조절하는 것이다.

Sculpt 기능의 Dynabar

스핀 박스를 이용해서 툴의 크기를 조절할 수 있고 또한 직립 툴의 크기를 입력해서 결정할 수도 있다. Clay의 강도를 조절하려면 슬라이더 컨트롤을 이용한다. 왼쪽으로 갈수록 부드럽게 되고 오른쪽으로 갈수록 단단해진다.

❷ 키보드로 툴 사이즈 변경하기

툴 사이즈 스핀 박스에서 툴의 크기를 결정하는 방법 이외에 또 다른 방법은 키보드의 + − 키를 이용하는 것이다. +키를 누르면 툴 사이즈가 커지고 −키를 누르면 작아진다.

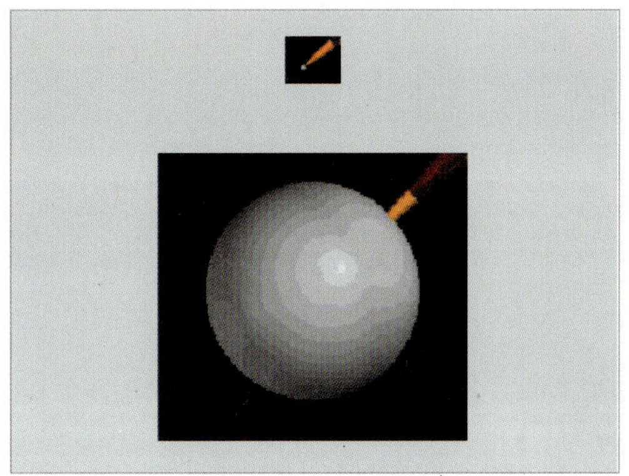

> **Note** **FreeForm 모델링의 특징**
> - FreeForm 모델링은 실제의 물리 법칙과 다른 점이 있다. 즉 Clay 모델을 파내면 실제로는 부스러기가 떨어져 쌓이지만 FreeForm에서는 사라진다.
> - Clay 모델을 마음대로 회전, 이동하고 확대 및 축소가 가능하다.
> - 툴의 손잡이는 아무것에도 걸림이 없다. 툴이 Clay에 파묻혀도 손잡이는 유령처럼 아무 저항이 없다.
> - 화면상의 모델은 단순한 이미지가 아니라 실제로 거기에 있는 무엇이다.

연습을 마쳤으면 File 메뉴에서 Exit로 빠져 나온다. 지금까지 작업을 저장하고 싶으면 File 메뉴에서 Save 메뉴를 선택한 다음 디렉터리를 지정하고 파일명을 입력한 후 Save를 선택하여 저장한다.

14 기초 모델 만들기

이번에는 아래 그림과 같은 오리 모델을 연습한다. 본 연습의 목적은 그림에서 보는 것과 꼭 같은 오리 모델을 만드는 것이 아니라 FreeForm 모델링과 그 기능에 익숙해지는 것이다. 그리고 익숙해진 다음에 그림과 같이 예쁘장한 모델을 만들어 보는 것이다. 그림의 모델과 얼마나 닮았느냐가 중요한 것이 아니라 이상의 목표가 달성되면 본 연습은 성공한 것이다.

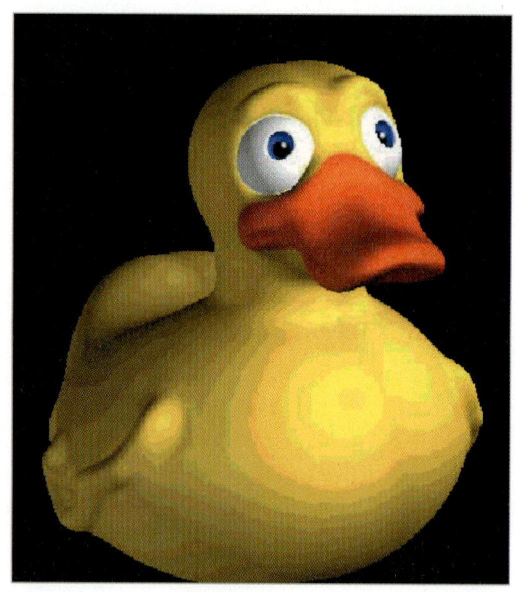

완성된 모델

15 새 모델 만들기

01 >> FreeForm Modeling을 시작한다.

02 >> File 메뉴에서 New를 선택한다.

03 >> "Start with Empty Model"을 선택한다.

04 >> 단위로 mm를 선택한다.

05 >> 모델 사이즈를 기본값으로 선택한다.

06 >> Clay 거칠기를 Rough Shape로 세팅한다.
거친 Clay 모델로 시작해서 나중에 필요 시 "upsample",
즉 Clay 외 거칠기를 미세 모델로 조정한다.

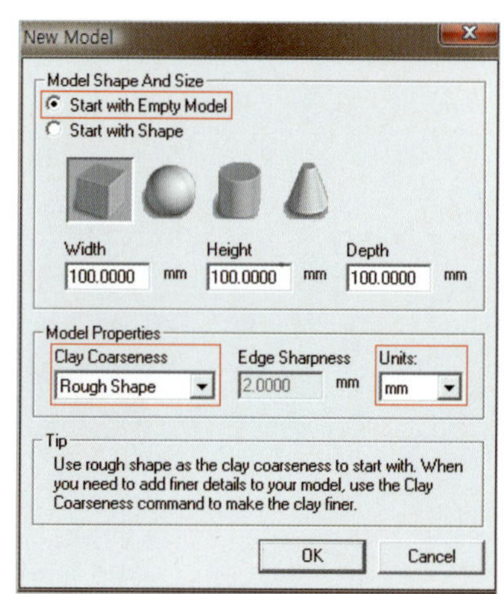

Create New Model 대화상자

07 >>   모두 마쳤으면 [OK]를 선택한다. 새로운 빈 작업 공간이 나타난다.

The starting, empty Work Area

16 보조 창 띄우기

오리 모델을 시작하기 전에 View 메뉴에서 Show Side View를 선택하고 From Right of Main View를 선택한다. (또는 F6 키를 누른다.)

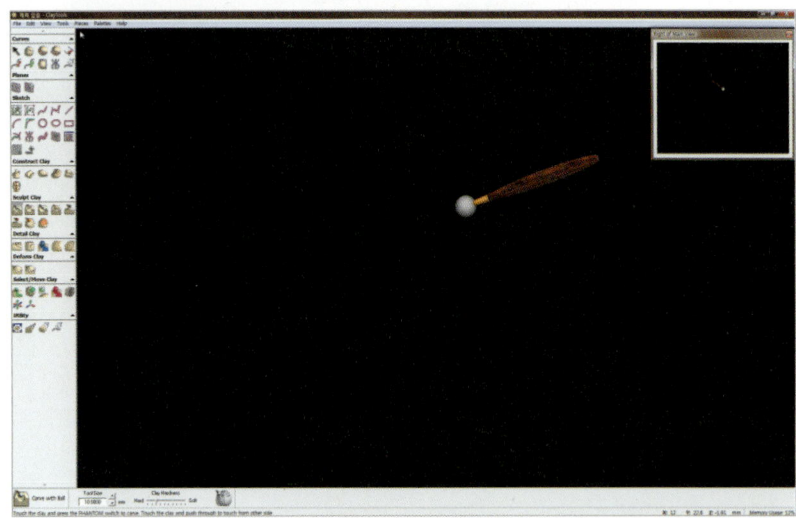

보조 창이 나타난 모습

작업 공간에 보조 창이 떠서 다른 각도에서 모델을 볼 수 있게 도와준다.

17 Clay를 추가하여 모양 만들기

기본 모양을 만들기 위해 Add Clay 기능을 이용한다.

01 >> Toolbar의 Construct Clay 탭에서 Add Clay 을 선택한다.

02 >> 하단의 Add Clay Dynabar에서 Ice Cream Cone 아이콘 버튼을 선택한다.

03 >> Add Clay Sphere가 다음 그림과 같이 작업 공간에 위치하도록 움직인다.

04 >> 키보드에서 + (plus) 키를 눌러 Add Clay Sphere를 키운다. 구 모양이 오리의 가슴 사이즈로 적당하게 되었을 때 (아래 그림 참조) Stylus 버튼을 한 번만 클릭한다. 그러면 Add Clay Sphere의 장소에 구형의 Clay가 놓여진다.

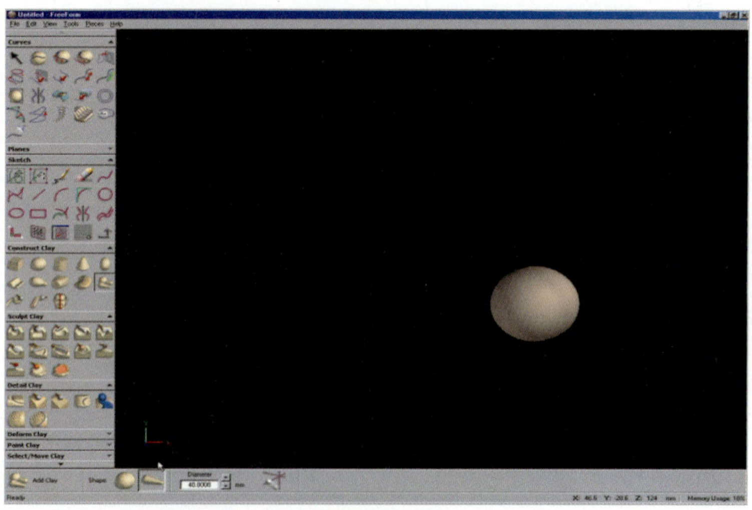

Clay 조각을 만든다

05 >> Add Clay Sphere를 구형의 Clay 왼편으로 이동한다. 두 개의 구면 사이 공간이 Clay로 채워지는 것을 볼 수 있다.

06 >> PHANTOM 도구를 붙잡고서 키보드의 − 키를 눌러서 두 번째 구의 크기를 적당히 줄인다.

07 >> 왼쪽 구면의 크기가 적당하게 작아지면 Stylus펜을 누른다. 두 구면 사이가 Clay로 채워진다. 이것이 Ice Cream Cone 옵션의 Add Clay 기능이다.

08 >> 다음 그림에 나온 것처럼 계속해서 Add Clay를 사용하여 오리의 모양을 만들어 본다.

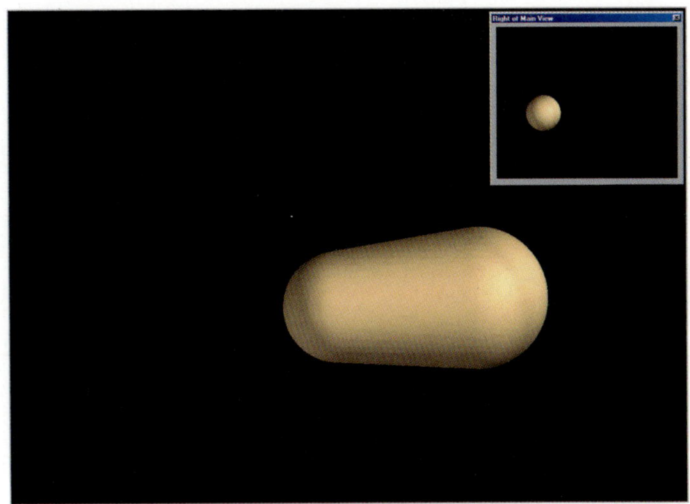

Add Clay 기능의 Ice Cream Cone 옵션

Note 보조 창이 메인 화면의 모델을 덮을 경우 여러 가지 View 조정을 통해 View를 바꿀 수 있다.

❶ 마우스의 중간 단추를 눌러서 이동한다. (마우스 버튼이 두 개인 경우, 두 버튼을 다 누른다.)
❷ 키보드의 H키를 누른 상태에서 Device의 손잡이 부분을 움직여서 이동한다.

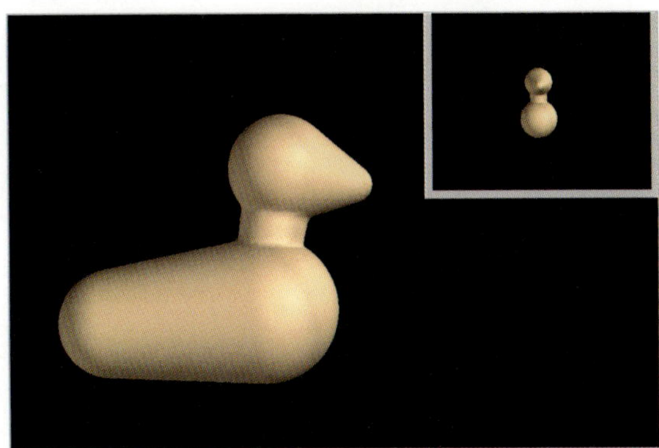

Add Clay로 만든 오리의 기초 형상

18 모델 형상을 부드럽게 만들기

오리의 목이 너무 거칠게 보이면 그 모습을 좀 더 부드럽게 할 수 있다.

❶ Toolabar에서 Sculpt Clay 탭의 Smooth Area 아이콘을 클릭한다.

　Smooth Area 아이콘을 선택하면 PHANTOM Tool이 변경되며 Smooth Area Dynabar
가 나타난다.

◎ **Smooth Area Dynabar의 구성 요소**

 Select – PHANTOM 도구를 선택하여 모델을 주황색으로 하이라이트시킨다.
 Deselect – 하이라이트 된 Clay 모델의 선택을 취소한다.
 Select All – 모든 모델을 선택하여 하이라이트시킨다.
 Clear – 모든 선택을 취소한다.

선택 범위의 크기를 조절하기 위해 지름의 크기를 Diameter box에서 변경한다. 스핀 박스에서 화살표로 키우거나 줄일 수 있고 또는 직접 크기를 입력할 수 있다.

Dynabar에서 Smooth level은 모델에서 선택된 부위에 적용된다. 보다 많이 Smooth하게 하려면 Smooth level 표시를 오른쪽으로 이동한다. Apply 버튼을 누르면 선택한 Smooth level이 선택 부위에 적용된다.

❷ **이제 default selection option에서 오리의 목 부위를 그림처럼 페인트한다.**

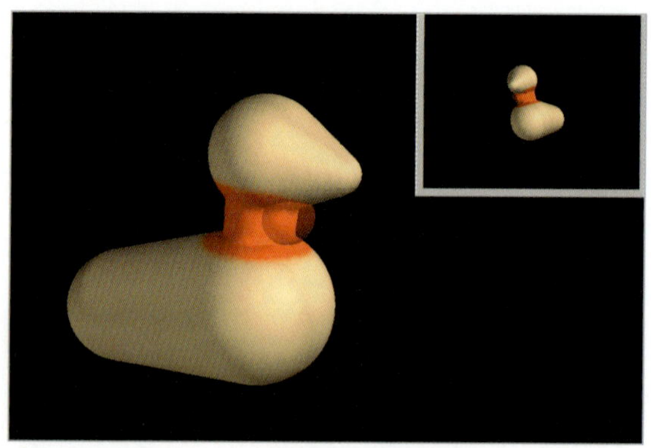

목 부분을 부드럽게

❸ **Apply를 선택한다.**

목 부위 하이라이트 된 부분이 부드럽게 된다.

◎ **Tug**

Tug (Deform Clay 탭에 위치)는 모델 표면을 잡아당기거나 밀어 넣는 것이다. Add Clay로 Clay 모델을 만든 후 형상을 좀 더 완성시키는 방법이다.

Tug로 모델 표면을 끌어당기려면 모델을 터치한 후 Stylus 버튼을 클릭해서 붙잡으면 된다. PHANTOM Device로 모델의 재료를 잡아 늘린 후 원하는 위치에서 놓으면 된다.

이제 Tug를 선택해서 오리의 꼬리, 몸통, 그리고 부리를 만들어 본다.

Smooth Area와 마찬가지로 Tug도 Dynabar에서 Diameter 박스를 이용하여 Tug의 크기를 변화시킬 수도 있고, + − 키보드를 이용하여 변화시킬 수도 있다.

Clear 버튼을 누르면 Tug로 수행한 작업이 사라지고 처음 상태로 되돌아간다. 만약에 보다 정밀하고 천천히 변형시키고 싶을 경우 Precise Movement 를 선택하거나 Device를 이동할 때 Shift 키를 누르면 된다.

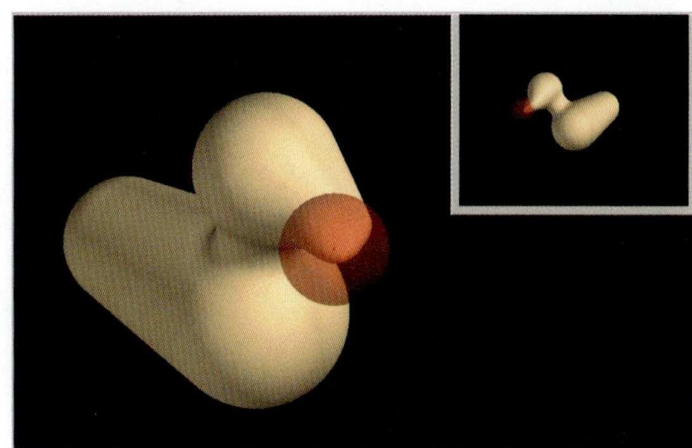

오리의 부리 부분을 잡아당긴다

작업 결과와 다음 그림들을 서로 비교해 본 후 오리가 비슷하게 만들어졌으면 Tug Dynabar에서 Apply 버튼을 눌러 변경을 적용한다.

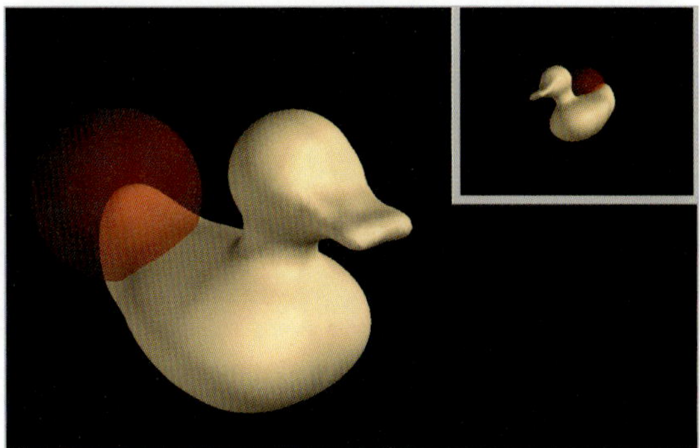

Tug로 오리 모양을 만들어 간다

19 Clay의 거칠기를 변화해서 상세 모델링하기

지금까지 비교적 거친 Clay로 작업했다. 이 모델을 좀 더 세밀한 작업으로 완성하려면 좀 더 조밀한 Clay 모델로 변경하는데, 이런 과정을 upsampling이라 한다.

01 >> 화면 상단의 메뉴 바 중 Tool에서 Clay property를 선택하고 Clay Coarseness를 선택한다. Change Clay Coarseness 대화상자가 나타나는데 현재 상태인 Current와 새로운 변경인 New가 보인다.

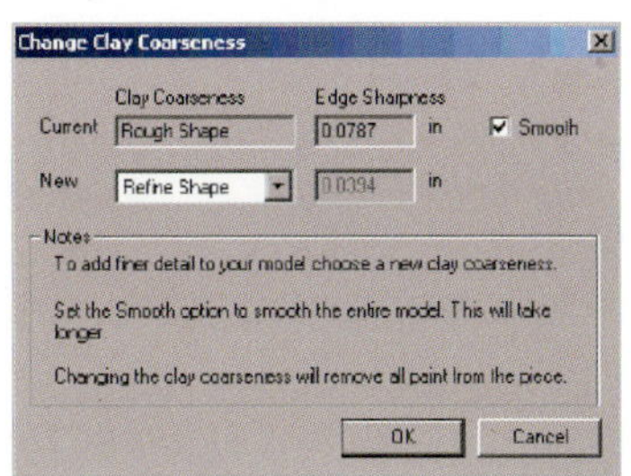

02 >> New에서 Refine Shape을 선택한다.

03 >> [OK]를 선택한다. 모델을 재생성하는 동안 "Working" 진행 상태가 표시된다.

20 Smudging 사용하기

모델은 이제 좀 더 정교한 Clay 모델이 되었다. 그러나 그 외관은 아직 눈에 띄게 달라진 것이 없다.

모델에 상세 작업을 주기 위해 몇 가지 기능이 있다. 날개와 부리를 조각하기 위해 앞장에서 설명한 ball shaped carving tool을 이용할 수 있다 그러나 Carving은 날카로운 모서리를 남긴다. 그래서 이를 피하기 위해 Smudging tool을 이용한다. Smudging은 파내기보다는 밀어 넣는 듯한 작업이다.

한편, FreeForm 모델링에서 모델의 외곽에서 작업하듯 모델 내부에서 작업할 수도 있다. 여러분은 작업 내용에 따라 모델 안쪽에서 또는 모델 밖에서 Smudging을 할 수 있다.

01 >> Smudge 아이콘을 Toolbar의 Sculpt Clay에서 선택한다.

02 >> 날개와 부리를 만드는 데 Smudge tool을 사용한다.

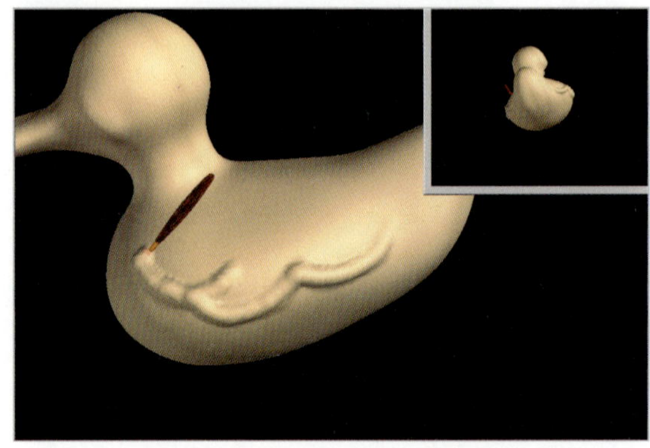

Smudge tool로 모델의 내부에서 작업하기

21 Mirror를 이용하여 시간 절약과 대칭 효과 만들기

오리의 한쪽을 완성하면 Mirror 기능을 이용하여 대칭 모델을 만든다. Mirror 기능은 Plane을 중심으로 한 대칭 복사 기능이다.

Mirror Clay 아이콘을 Construct Clay에서 선택한다. 작업 영역에 대칭 복사 Plane을 나타내면 Mirror Clay Dynabar가 나타난다.

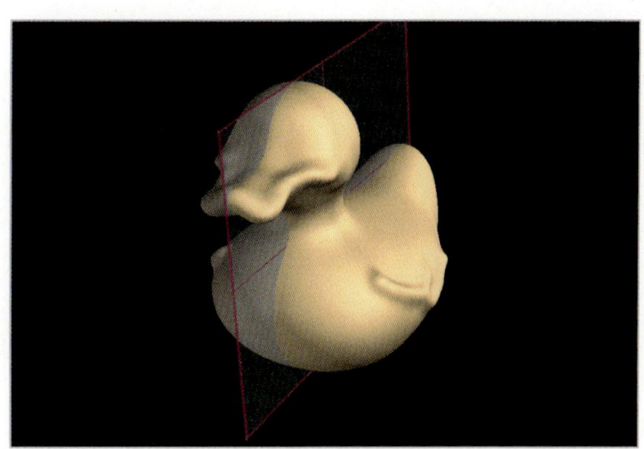

복사면이 원래의 모델을 반대편으로 반사하여 보여준다

Mirror 복사면을 필요한 곳에 나타낼 수 있다. 그림처럼 모델이 중앙에 나타나지 않으면 복사 Plane을 이동하면 된다. Dynabar에서 Positioning Aids를 사용하여 이동하거나 Plane을 PHANTOM으로 붙잡아 수동으로 이동하는 방법이 있다. 오리 모델에서 이 두 가지 기능이 다 필요할 것이다.

◎ FreeForm Plane에 대하여

Mirror Plane을 포함해서 여러 가지 FreeForm Plane을 사용하고 이동하고 조작하는 방법이 많이 있다. 그러나 본 예제에서의 학습목표는 오리를 모델링하는 데 필요한 작업을 복사하기 위해 MirrorPlane을 바른 위치로 옮기는 방법만을 다룬다. FreeForm Plane을 다루는 광범위한 내용은 뒷부분을 참조하기 바란다.

지금으로서는 위의 그림에서 보듯 한쪽을 복사해서 두 쪽으로 완성하는 것이다. Mirror Plane이 제대로 되어 있지 않다면 다음과 같은 절차를 따라 완성한다.

01 >> Mirror Plane 이동 아이콘을 Toolbar에서 선택한다. 선택되지 않은 Plane은 이동할 수 없다.

02 >> Dynabar에서 Switch Orientation 버튼을 눌러 Mirror Plane이 오리 모델의 중앙에 위치하도록 만든다.

03 >> Preview를 눌러 형상을 확인하며, 어느 쪽을 복사할 것인지에 따라 필요 시 Flip을 선택한다.

04 >> PHANTOM DEVICE를 이용하여 Mirror Plane의 붉은색 경계선이나 중심선에서 떨어진 지점을 접촉한다. 상황에 따라 변하는 커서가 양쪽 화살표 기호로 변한다. (상단 그림 참조)

Mirror Plane의 경계선이나 중심선을 터치하면 커서의 모양이 다르게 나타나는데 여기서 필요한 기능이 아니므로 주의한다.

Stylus펜을 눌러서 PHANTOM DEVICE로 Mirror Plane을 밀거나 당긴다. Mirror Plane을 복사하기에 알맞은 중심에 놓고 Finish 아이콘을 누른다. FreeForm 프로그램이 모델을 복사하고 복사 모드에서 빠져 나온다.

작업 중 실수했을 경우 Cancel을 선택하거나 Ctrl+Z키를 누른다.

22 복사하면서 조각하기

모델은 만들어 놓고 대칭 복사하는 방법뿐만 아니라 조각 중에 복사하는 방법도 있다. 이 방법으로 하면 작업과 동시에 복사 Plane 반대 방향에도 PHANTOM DEVICE의 Stylus 버튼을 놓는 순간 자동으로 생성된다.

예를 들어, eye sockets을 써서 오리의 눈을 만들 수 있는데 작업하면서 대칭으로 복사하기 위해서는 Dynabar의 Interactive Mirror 아이콘을 클릭한다.

Mirror Plane은 대칭 복사 모드를 빠져 나왔을 때와 똑같은 위치에 나타난다. Toolbar에서 조각칼을 선택하고 오리의 한쪽 방향에서 작업한다. 작업을 진행할 때마다 오리 모델의 다른 쪽에 작업이 복사된다.

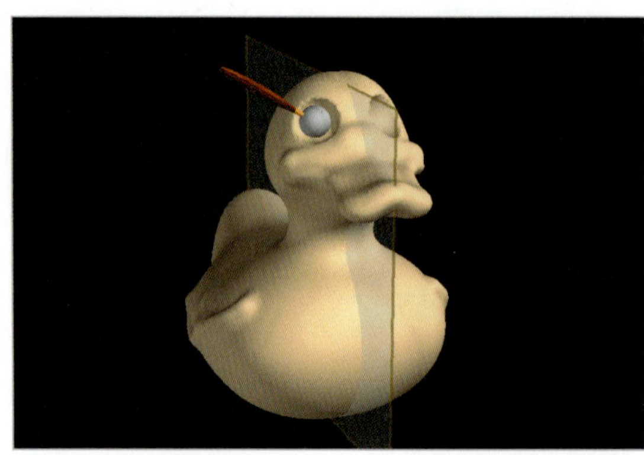

원본을 조각하면 반사면도 조각된다.

작업 결과가 만족스럽지 못할 때면 언제나 Edit 메뉴에서 Undo를 선택하거나 키보드에서 Ctrl+Z를 누르면 된다.

> **Note** Undo 와 Cancel의 차이
> 복사하면서 조각할 때 언제나 마지막 작업을 Undo로 취소할 수 있다. 그러면 양쪽에서 모두 마지막 작업 이전의 상태로 돌아간다. 만약 Cancel을 선택해서 취소하면 조각하면서 복사하는 모드에서 빠져 나오게 되고 지금까지 했던 모든 작업이 복사된 면에서 취소된다. 그렇지만 원래의 작업면 작업은 그대로 남는다.

변경을 저장하고 대칭 복사 모드에서 빠져 나오려면 끝내기 아이콘을 누른다.

23 조각하면서 복사하는 법과 나중에 복사하는 법의 비교

때로는 작업을 마친 다음 대칭 복사하는 경우가 더 현명할 수 있다.

예를 들어 복사하면서 작업하기보다 그냥 작업할 때보다 다양한 조각칼을 이용할 수 있다. 한편, 작업하면서 모델의 다른 대칭면 쪽에서 참조점이 필요한 경우 조각하면서 복사하는 방법이 더 편리할 것이다.

결국 어느 것이 절대적으로 더 좋다고 할 수는 없고, 사용자의 취향이나 습성에 좌우된다. 계속해서 오리의 눈동자와 부리의 모양을 만들어 본다.

눈동자를 위해서는 Smudge 도구가 가장 좋을 것이다. 왜냐하면 그것이 보다 부드러운 외곽을 만들기 때문이다. 우리는 또한 부리의 모양을 다듬기 위해 Tug를 이용하고 그 결과를 복사한다. 아래 그림에 보이는 것을 참고하여 모델 작업을 계속해 보자.

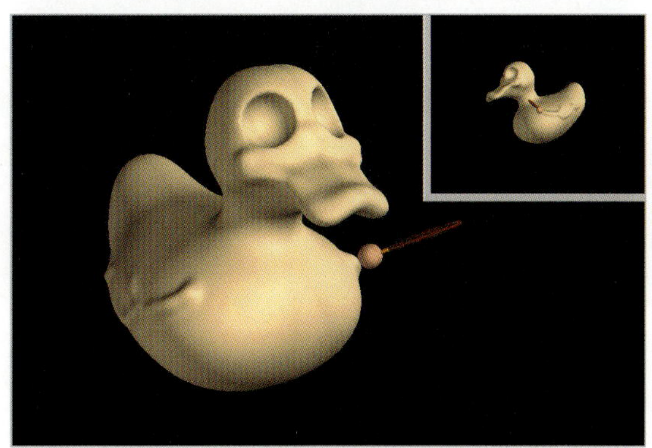

Smudge, Tug, Mirror 기능을 이용한 전체의 모델

24 상세 작업하기

이제 우리는 모델을 보다 상세하게 다듬기 위해 upsample할 필요가 있다.

01 >> Clay Properties를 선택하고 Tools 메뉴에서 Clay Coarseness를 선택한다.

02 >> Add Detail을 선택한다.

03 >> [OK]를 클릭한다.

오리 모델이 upsample 된다.

25 Attract Tool (잡아 끌기)

Attract (Sculpt Clay)는 볼 모양의 자석처럼 모델 표면을 끌어당기는 도구로, 오리의 눈썹 모양을 만드는 데 유용하다.

Attract를 선택한다. Stylus펜의 버튼을 누르고서 눈썹마루를 따라 움직인다.

다음 그림에서 보듯 모델 표면이 툴에 끌려서 오리의 눈썹마루가 형성된다.

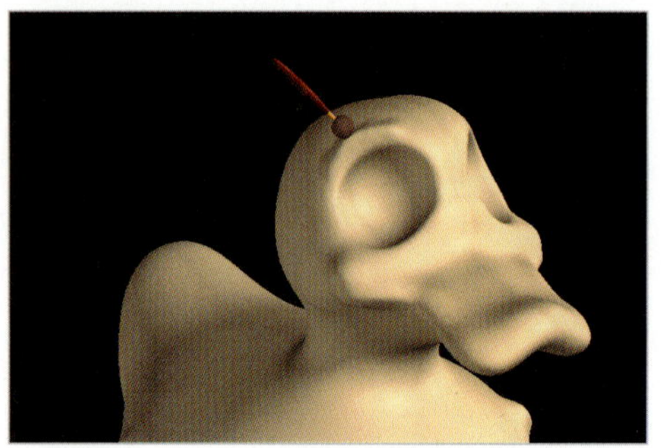

Attract 도구 사용

또한 끌어당기기 기능으로 부리와 날개 부위도 다듬을 수 있다.

한쪽이 완성되면 대칭 복사 기능을 이용해서 빠르고 간단하게 완성 모델을 만들 수 있다.

26 구면의 Clay 추가하기

01 >> Toolbar에서 Add Clay를 다시 한번 선택한다.

02 >> Add Clay Dynabar에서 Sphere 버튼을 클릭한다.

03 >> 오리 안구 소켓에 Sphere Clay를 놓고 +, − 키보드로 구면의 크기를 적당히 조절한 다음 Stylus펜을 눌러 눈알을 만든다.

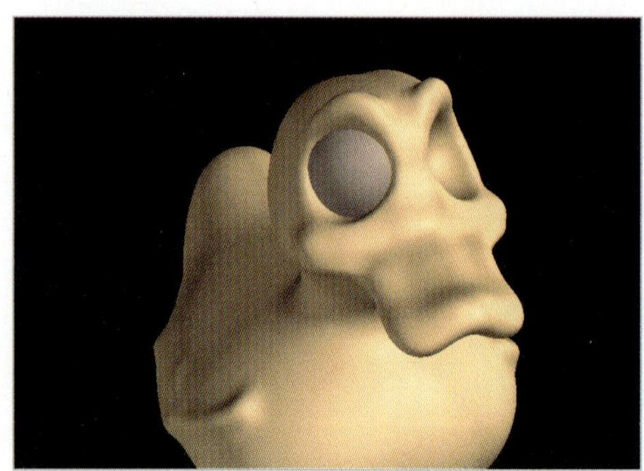

Add Clay로 눈알 만들기

이제 다른 쪽에도 안구를 만들어 넣거나 아니면 대칭 복사를 할 수도 있다.

또한 안구에 눈동자를 표현하고 싶을 것이다. 눈동자는 Carve with Ball을 이용한다.

이제 상세 모델을 마칠 때가 되었다. 너무 많이 upsample을 수행하면 상세 모델의 어떤 부위가 사라지거나 문질러질 수 있다. 그래서 resample하기 전에 이러한 부위를 검토하고 수정할 필요가 있다. 그러한 부위로 눈두덩이, 부리의 윗부분과 아랫부분 사이, 날개 등이 있다. 결과는 다음 그림과 같다.

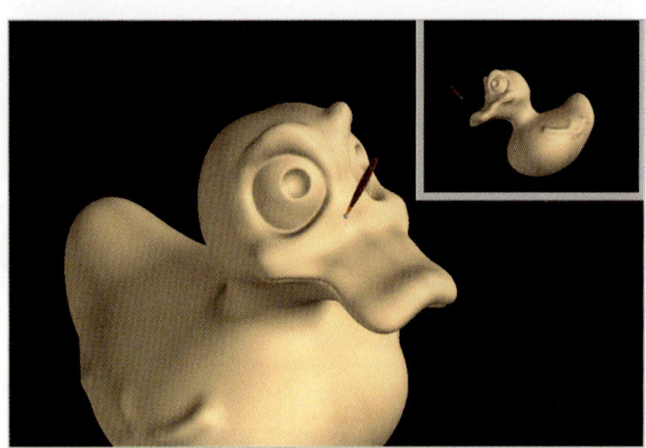

오리를 상세 조각하기

27 페인트 칠하기

모델을 완성하는 최종 단계는 색칠하기로 간단하지만 신경 써야 할 작업이다.

색칠을 시작하려면 Toolbar에서 Paint 을 선택한다. Paint Dynabar가 나타날 것이다.

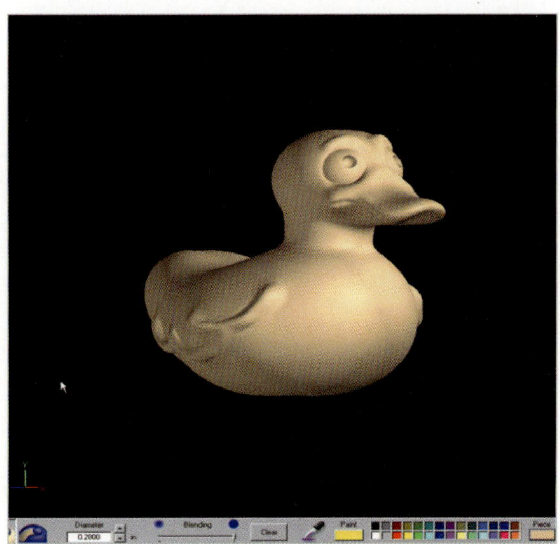

Paint Dynabar

컴퓨터에서 색칠하기 프로그램을 사용해 본 사용자라면 FreeForm에서 어떻게 색칠하는지 바로 알 것이다.

마음대로 연습해보기 바란다. Paint를 사용하려면 컬러 팔레트에서 색을 선택하여 PHANTOM DEVICE로 색을 칠한다. 한꺼번에 모델 전체의 색을 입히려면 Paint Dynabar 에서 Piece 상자를 클릭한다. Color Picker가 나타나면 색을 선택하거나 사용자 정의 색을 만들 수 있다. 색을 선택하고 [OK]를 클릭하면 모델 전체의 색이 달라진다. 그리고 팔레트에서 색을 선택하여 색칠을 할 수도 있다. 다음 그림은 색칠한 예이다.

채색이 완료된 오리

28 Piece를 이용하여 모델 만들기

FreeForm은 각각 독립된 여러 조각(부품)들을 모아서 모델링할 수 있다.

예를 들어 관절 부품으로 이루어진 기능 제품을 모델링하는 경우 그 부품들을 각기 별도로 만들어서 동일한 파일 내에 모든 부품들이 표시되게 하면 된다.

본 실습에서 우리는 몇 개의 부품으로 된 무선 휴대 전화기를 FreeForm의 한 파일 내에서 모델링할 것이다. 본 실습에서 중심으로 다뤄질 기능은 다음과 같다.

• Object List
• Spin
• 3D Curves
• Emboss with Curve
• Paste Pattern
• Groove
• Combining Pieces
• Repositioning
• Hiding and Showing Design Curves

29 워키토키 만들기

본 실습의 목표는 워키토키 모델링인데 완성된 모델은 다음 그림과 같다.

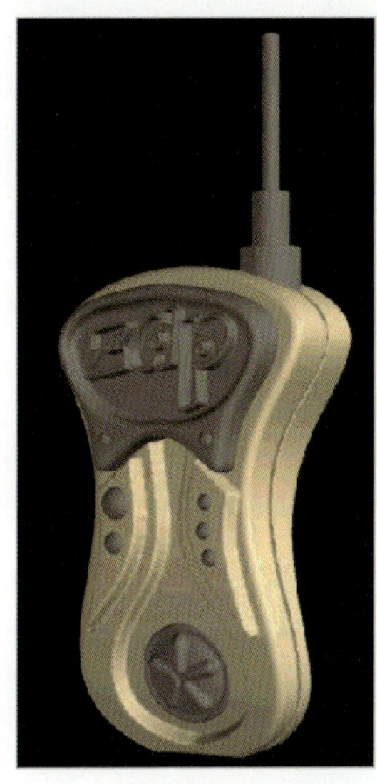

완성된 워키토키

완성된 모델 파일은 Tutorials Models라는 폴더 내에 Zap_Walkie_talkie.cly라는 파일로
저장되어 있으니 참조하기 바란다.

◎ 처음의 기초 모양 만들기

01 >> 모델링을 처음 시작하면서 다음 조건으로 시작한다.
- Start With Empty Model
- Add Detail 수준의 Clay 거칠기

02 >> 새로운 Plane을 만들고 다음 그림처럼 프로파일을 그린다

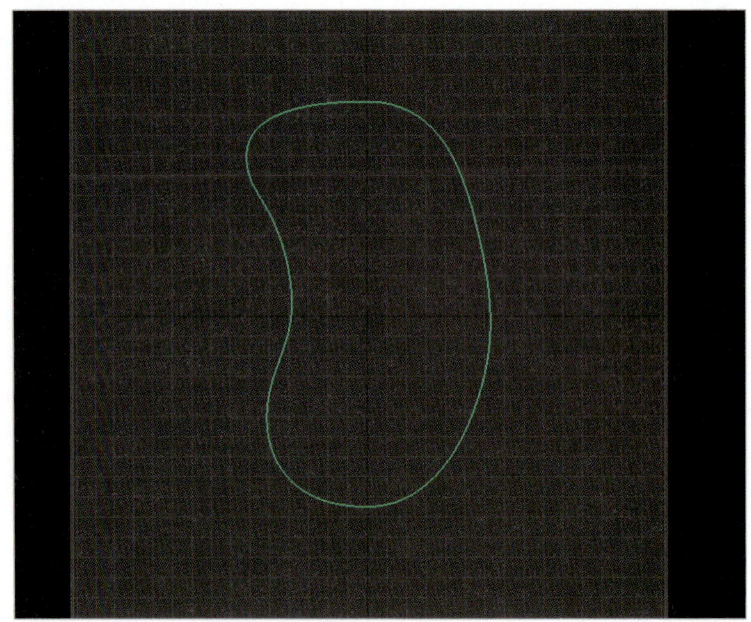

첫 번째 프로파일

03 >> Wire Cut을 이용하는데 Create Inside 🔘 옵션을 써서 무선 전화기의 기본 모양
을 만든다.(Clay를 만들기 전에 두 Plane이 좀 더 가까이 되도록 Plane 이동이 필요함을
기억한다.)

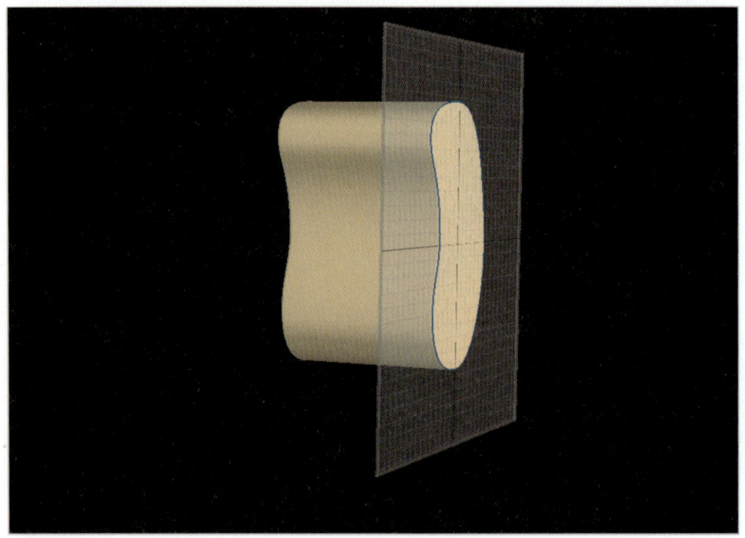

Wire cut 된 모습

04 >> 모델 측면에 별도의 Plane을 만들어 다음 그림과 같은 프로파일을 Sketch한다.

05 >> 또 다시 Wire Cut을 사용하는데 이번에는 Cut-Outside 🔘 옵션을 이용한다.

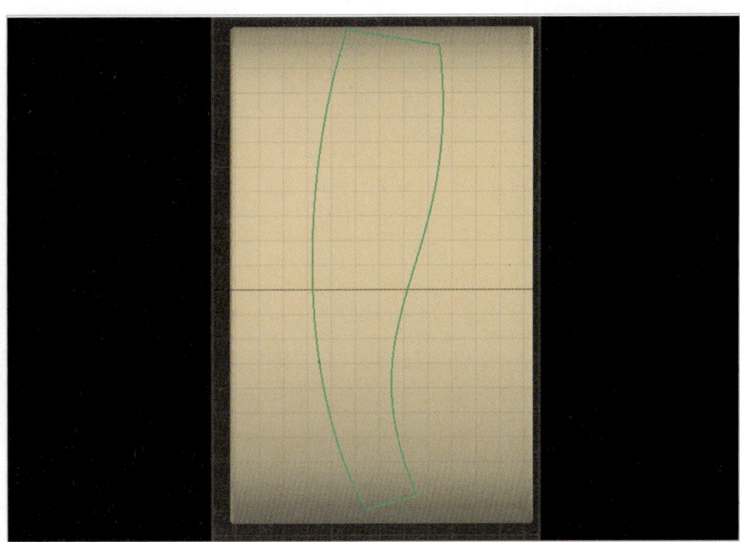

다른 면을 자르기 위한 프로파일

06 >> 키보드 O를 눌러 Object list를 열면 다음 그림처럼 된다.

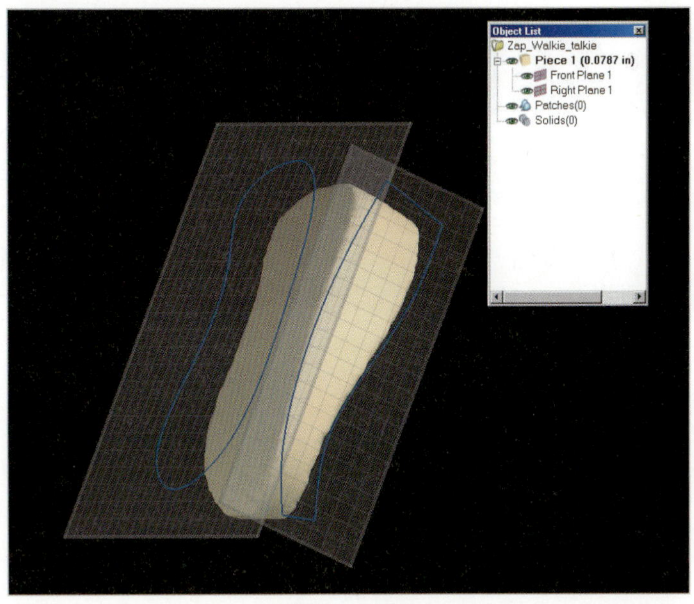

워키토키의 기본 형상

다음 작업에서 모델을 보다 쉽게 보려면 Sketch Plane 등을 감추는 것이 좋다.

07 >> Object list에서 각각 Sketch Plane을 선택하여 Hide한다.

08 >> 도구모음에서 Mirror를 선택하여 다음 그림과 같이 되도록 대칭 복사한다.(필요 시 Flip 기능을 이용한다.)

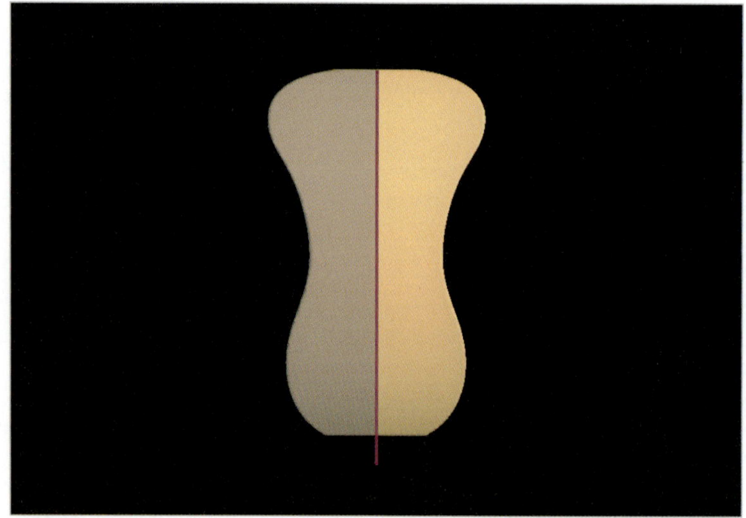

Mirror 기능으로 좌우 대칭으로 만든다

Sketch할 때 오른쪽에 너무 신경 쓰지 않는다는 것을 기억한다. 왜냐하면 대칭 복사하는 경우 오른쪽 작업은 모두 날아가 버리기 때문이다.

09 >> 모델을 대칭 복사하였다면 Smooth Area 을 이용하여 모델 전체를 Smooth하는데 이때 Dynabar에서 Select All 옵션을 사용해야 된다.

이것으로 맨 첫 단계인 모델의 기본 모형을 완성했다.

30 새로운 부품 만들기

01 >> Pieces 메뉴에서 New Pieces를 선택하면 Create New Pieces 대화상자가 나타난다. 이 대화상자는 사실 Create New Model 대화상자와 동일한 기능을 갖는다.

02 >> Start with Empty piece를 선택한 후 Add Fine Detail에 이어 [OK]를 클릭한다. 빈 작업 공간이 만들어지고 작업 공간에 처음의 모델 조각이 보이는데 어둡게 보이면서 그것을 느낄 수는 없게 되어 있다.

03 >> 새로운 부품을 위해 새 Plane을 만든 후 다음 그림과 같이 프로파일을 그린다.

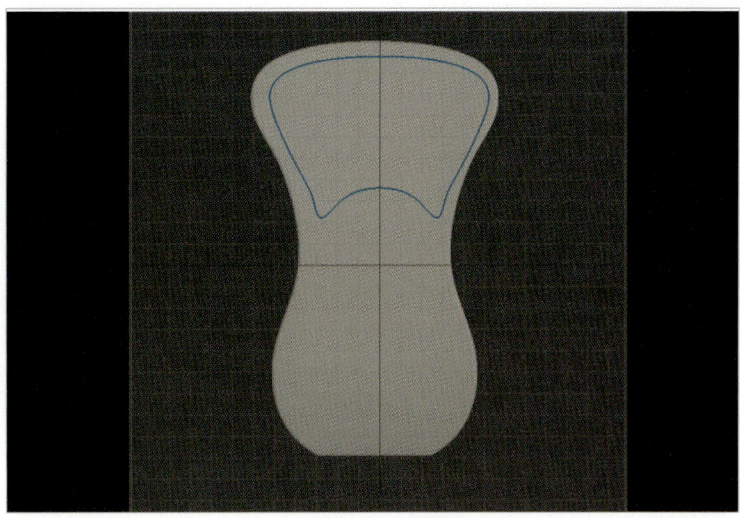

두 번째 Piece의 프로파일

04 >> Wire Cut Plane을 이동시켜 기존 부품에 튀어나오도록 새로운 부품을 Wire Cut으로 생성한다. 이때 Create Inside 옵션을 이용한다. 그 결과는 아래 그림과 같다.

05 >> Object list에서 그 부품의 이름을 변경한다. 메뉴에서 Rename을 선택하여 새 이름을 입력하면 된다. 새 부품의 이름은 "screen"으로 하고 기존 부품을 "main"으로 한다.

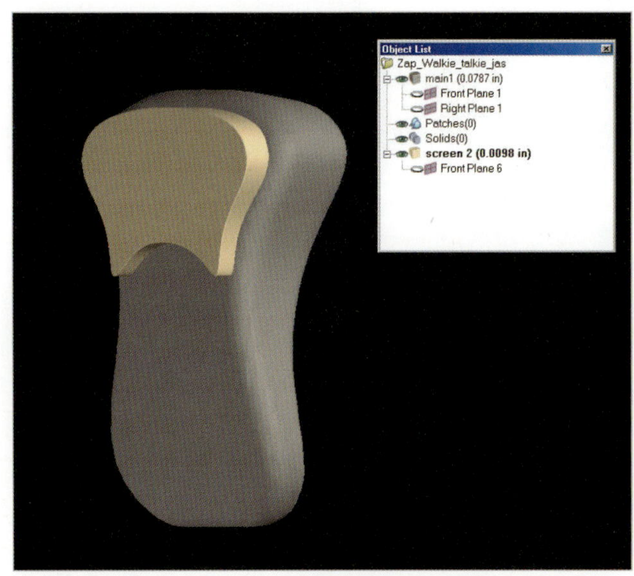

새 piece 만들기

06 >> Smooth Area에서 Smooth All 옵션을 이용하여 새 부품을 부드럽게 만들어 준다. 이 작업은 본 실습에서 활성화되어 있는 "screen"에만 적용되고 "main" 부품에는 적용되지 않는다.

07 >> 대칭 복사를 이용하여 좌우 대칭 모델로 만들어 준다. 대칭 복사 또한 현재 작업 중인 부품에 한해서 적용된다.

> **Note** **부품을 활성화하는 법**
> Pieces 모드에서 작업할 때 한번에 하나씩만 활성화된다. 비활성화된 부품을 활성화하려면 다음과 같이 한다.
> - Object 리스트에서 부품의 이름을 PHANTOM 마우스로 클릭한다.
> - 마우스를 사용하여 Object 리스트에서 부품 이름을 오른쪽 버튼으로 클릭한 후 메뉴에서 Activate 옵션을 선택한다.

31 Emboss with Curve

Emboss with Curve 기능을 사용하면 모델에 직접 커브를 그려 넣고 그 커브가 포함하는 영역을 돋구거나 파낼 수 있다.

01 >> Draw Curve 을 선택한다. 그것으로 다음 그림과 같이 "screen" 부품의 표면에 커브를 그려 넣는다. Curve tool은 Freehand Curve나 비슷하게 보이는데 차이점은 Sketch Plane이 아니라 Clay 모델의 표면에 3차원으로 그리는 커브라는 것이다.

02 >> 시작점과 끝점을 연결해서 끝마친다. 또는 End 버튼을 Dynabar에서 선택해도 된다. 커브 그리기를 끝내면 모든 중간 점들은 숨게 되어 나타나지 않는다.

03 >> 커브 편집하기

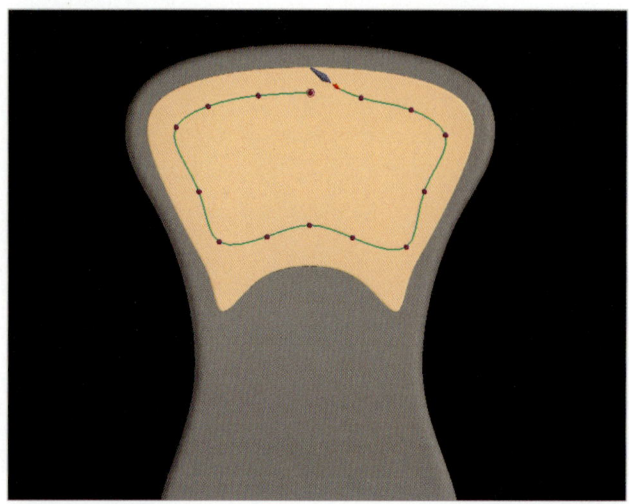

piece 위에 커브를 한번에 그린다.

커브를 그리는 도중에 실수가 있는 경우 언제나 되돌아가서 고칠 수 있다.

도구모음에서 Select 아이콘을 선택한다. PHANTOM 커서를 커브로 가져가서 Stylus 버튼을 클릭하면 그 커브가 하이라이트 된다. 그리고 중간 포인트들이 나타나는 경우 그 포인트들을 움직여서 커브의 형태를 원하는 대로 바꾸면 된다. 새로운 포인트를 추가하거나 삭제할 수 있다.

04 >> 커브가 원하는 대로 고쳐졌으면 Emboss with Curve 아이콘을 도구모음에서 선택한다.

05 >> 커서를 커브로 움직이면 커브가 하이라이트 되는데 이때 Stylus 버튼을 클릭한다. 이로써 엠보싱을 위한 커브가 선택된다. 커브는 반드시 폐곡선이라야 된다.

06 >> 그리고 그려 놓은 커브의 안쪽 영역을 선택하려면 PHANTOM 툴로 커브의 안쪽을 터치하고 Stylus 버튼을 클릭한다.

07 >> Height/Depth 상자로 들어가서 돋움 높이 또는 파내기 깊이를 준다. 우리는 1.5mm 깊이를 준다.

08 >> Lower 아이콘을 클릭한다. FreeForm은 선택된 영역을 주어진 깊이만큼 낮춰준다.

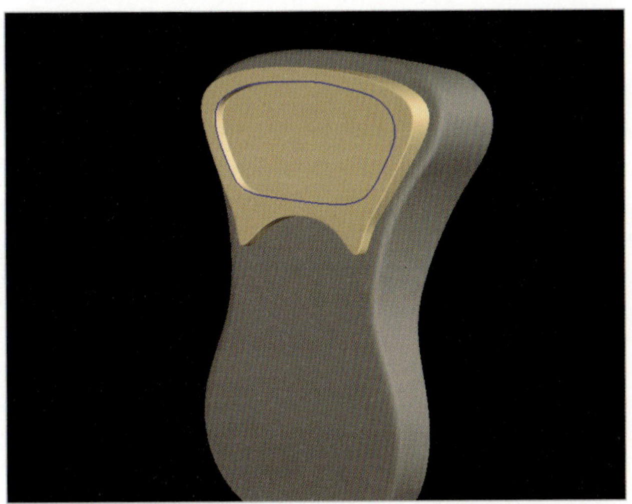

Emboss with Curve를 이용하여 음각을 한 모습

09 >> "screen"을 대칭 복사한다. 그리고 smooth 한다.

이제 "main" 부품으로 전환해서 Construct 도구모음에 있는 Emboss with Curve를 사용하여 다음 그림에서 보는 바와 같이 오목한 부분을 만든다. 돋움 부분을 만들기 위한 커브를 그릴 때 아마도 하나의 커브를 완성하고 나서 또 다른 커브를 새로 만들어야 날카로운 모서리를 만들 수 있을 것이다.

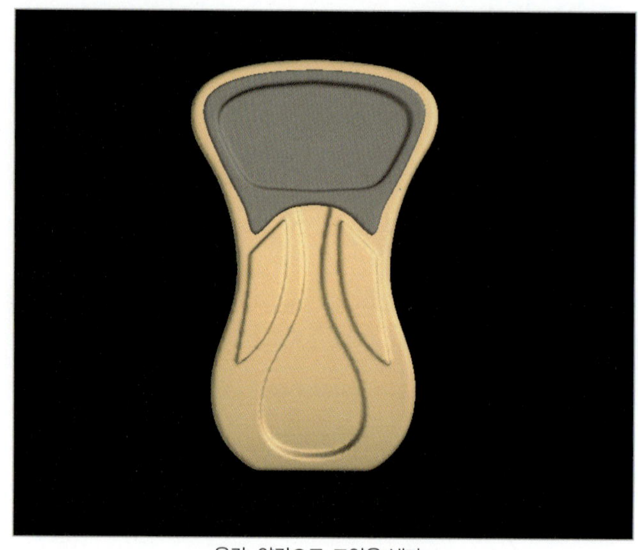

음각, 양각으로 모양을 낸다.

32 Spin

Spin 기능은 Sketch한 프로파일을 이용하여 회전체를 만드는 것이다. 링, 병, 유리잔이나 테이블 다리 같은 부품들이 좋은 예들이다.

본 실습에서는 워키토키의 스피커를 만들어 본다. 스피커는 이 모델에서 또 하나의 부품이므로 새로운 부품을 만드는 작업을 시작한다.

01 >> Pieces 메뉴에서 New Piece를 선택한다. 특성치는 앞과 같다. 즉 empty piece, size 그리고 Add Detail Coarseness level이다.

02 >> F3 키를 눌러 View를 바꾼다.

03 >> 새로운 Sketch Plane을 만든다.

04 >> 다음 그림에서 보는 것과 같이 Sketch를 그린다. 이 Sketch는 스핀 작업에 이용될 것이다.(이 Sketch의 크기는 전체 모델 크기에 비해서 매우 작다는 것을 유의한다.) Sketch 모드에서 빠져 나온다.

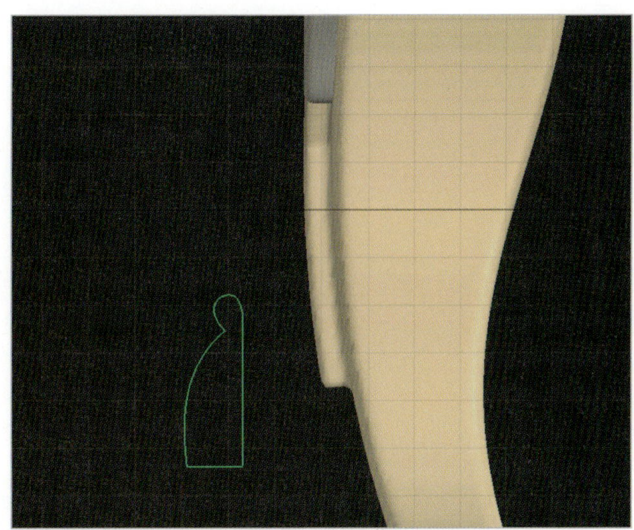

Spin을 하기 위한 프로파일

  처음으로 Sketch Plane을 만들 때 FreeForm은 그 Plane들을 작업 공간의 경계선 표면에 올려놓는다. 바로 여기서 새로운 부품을 스핀으로 만들면 FreeForm은 자동으로 그 부품에 맞춰서 작업 공간의 크기를 조절한다. 따라서 스핀 작업을 수행하기 전에 미리 Sketch Plane을 옮기고 싶어할 것이다. 그 방법은 다음과 같다.

❶ Object list에서 Sketch Plane의 이름을 선택한다.

❷ 단축 메뉴에서 Edit를 선택한다.

❸ Edit Plane Dynabar에서 Through Center 아이콘을 클릭한다. Plane이 작업 공간의 중심으로 이동하는데 그것은 또한 기존 모델의 중심이기도 하다.

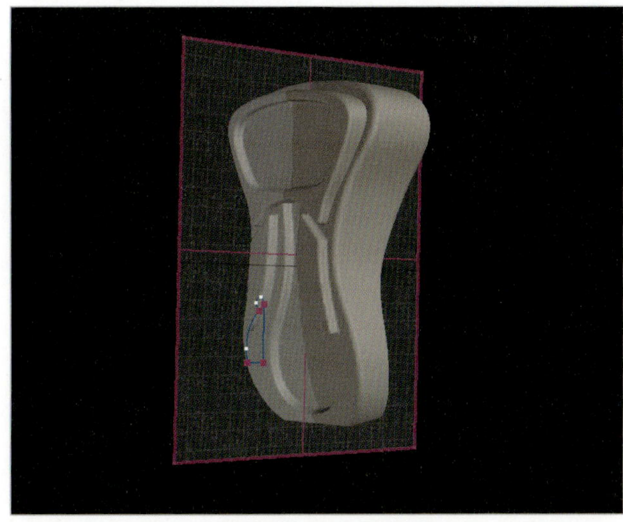

Spin을 위한 Plane 위치잡기

05 >> Spin 아이콘을 선택한다.

06 >> PHANTOM DEVICE로 스핀할 프로파일을 선택한다. 보다 쉬운 방법으로, PHANTOM DEVICE로 Sketch Plane을 터치하면 FreeForm은 가장 가까운 프로파일을 선택한다. 본 실습에서는 오직 하나의 프로파일만 있기 때문에 그 프로파일이 선택된다.

07 >> 회전을 위한 축으로 직선이 이용된다. 본 실습에서 직선이 프로파일의 일부로 되어 있다. PHANTOM DEVICE로 프로파일의 맨 아래 직선을 선택하여 축으로 이용한다.

08 >> Dynabar에서 Create Inside 옵션을 클릭하여 다음 그림과 같이 스피커 디스크를 만든다.

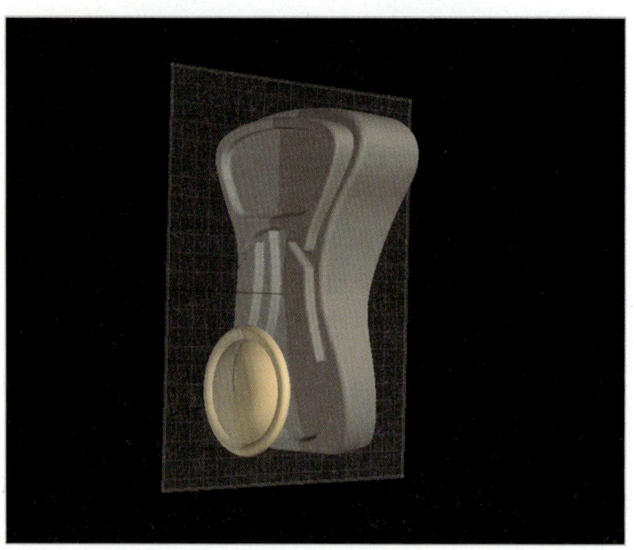

Spin 명령어로 디스크를 만든다.

09 >> 방금 새로 만든 부품의 이름을 "speaker"로 변경한다.

33 패턴 만들기

Sketch한 통로를 따라 여러 개의 복사본을 위치시켜 쉽고 빠르게 패턴을 만든다. 본 실습에서 우리는 Paste Pattern 기능을 이용하여 무선 전화기의 스피커 모양을 꾸미게 될 것이다.

01 >> 새로운 "Empty" 부품을 만든다. 특성은 다른 Pieces와 마찬가지로 한다.

02 >> 보기 안내로 디스크를 비활성화시켜 놓고 Add Clay를 이용하여 다음 그림에 보이는 대로 부품을 만든다.

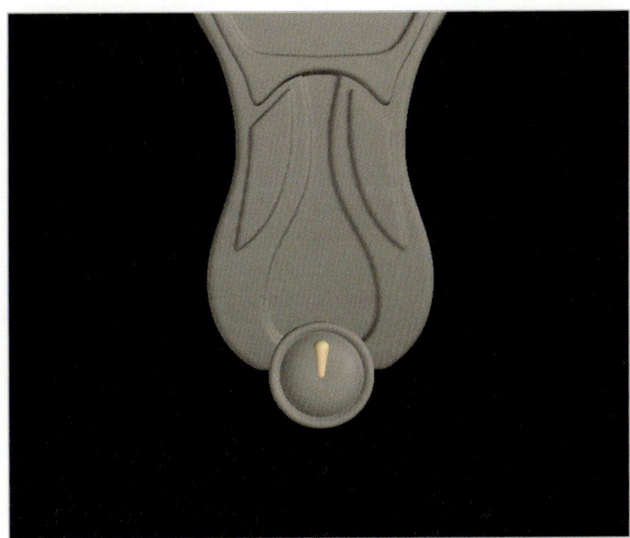

패턴을 하기 위한 첫 번째 파트

03 >> Sketch Plane을 만들고 패턴 형성을 위한 원을 Sketch한다. 다음 그림을 참조한다.

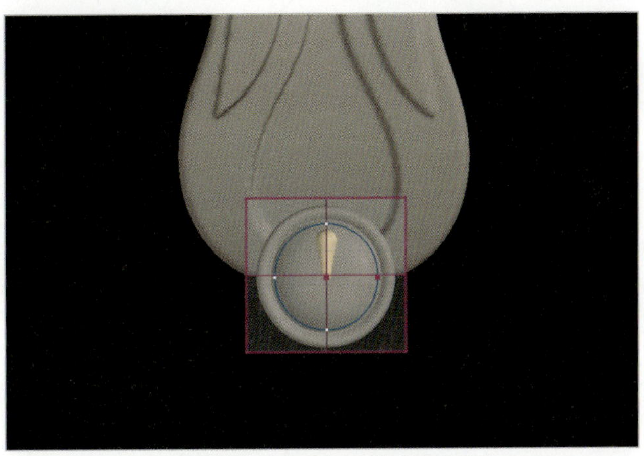

패턴 붙여 넣기를 하기 위한 원 그리기

> **N**ote Sketch 판에 원을 그리기 전에 아마도 Sketch Plane의 위치나 크기를 조절해야 될지도 모른다. 이에 대하여 명령어 사전에서 "Working with Planes"를 참조하기 바란다.

04 >> 원을 Sketch하고 Sketch 모드에서 빠져 나온 후 복사할 Clay 모델을 선택한다. 즉 작은 물방울 모양의 Clay 모델을 선택한다. 선택하는 방법 하나는 도구모음에서 Select/Move Clay에 있는 Select Lump of Clay 아이콘을 선택하는 것이다. 그래서 PHANTOM 툴로 Clay를 터치하여 Stylus 버튼을 클릭한다. 그러면 Clay의 물방울 모델이 선택되어 하이라이트 된다.

05 >> 그 Clay를 복사한다. Copy 나 또는 Ctrl+C를 이용한다. 그리고 붙여 넣기를 한다. Paste 또는 Ctrl+V를 이용한다.

그 Paste Dynabar가 나타나고 원본과 동일한 장소에 복사된 Clay 모델이 나타난다.

06 >> Dynabar에서 Paste Pattern 버튼을 클릭한다.

07 >> PHANTOM 커서로 Sketch Plane을 터치하여 Sketch Plane에 Sketch된 원을 하이라이트 한다. FreeForm은 복사된 Clay를 이용하여 패턴을 만든다. 원의 크기나 복사의 개수 등은 Dynabar에서 Copy 상자로 입력한다. 기본값은 3이다.

08 >> 복사 수량을 5로 입력하면 다음 그림과 같이 된다.

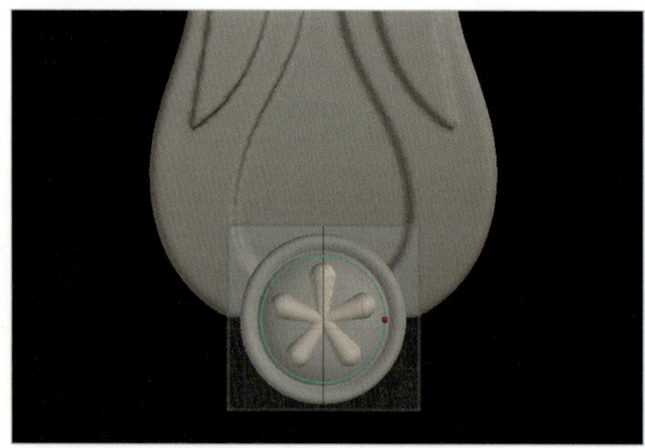

Sketch를 가이드로 패턴이 형성된다.

09 >> 다 되었으면 Add 버튼을 클릭한다.

34 Piece 합치기

방금 패턴으로 완성한 디스크 모양의 부품은 "Speaker"라 부르는 부품과 별개이다. 이것은 새로운 부품이다. 사실 모든 부품들이 지금 작업하고 있는 워키토키 파일 안에 있다. 그렇지만 이제는 스피커와 패턴을 하나의 부품으로 결합할 것이다.

왜냐하면 그것을 하나의 부품으로 보는 것이 보다 합리적이기 때문이다. 예를 들어 두 개를 옮기는 것보다 하나를 옮기는 것이 편리하다.

01 >> Object 리스트에서 방금 만든 패턴을 하이라이트한다. (본 실습에서 그 이름을 아직 주지 않았기 때문에 "Piece 2"로 되어 있다.)

02 >> 단축 메뉴에서 Combine Into를 선택한다. 무선 전화기를 구성하는 부품들의 리스트가 달린 서브 메뉴가 나온다. 리스트에서 "Speaker"를 선택한다.("Speaker"가 아닌 다른 이름으로 주었다면 그 이름을 선택한다.)

FreeForm은 패턴 부품을 스피커 부품과 결합시켜 하나로 만든다. 결합된 부품의 이름은 그대로 "Speaker"가 된다.

03 >> Smooth Arear와 Select All 옵션으로 모든 새로운 부품들에 대해 Smooth한다.

35 부품 이동

새로 만든 "스피커"와 다른 부품들 사이에 간격이 있기 때문에 그 위치를 조정할 필요가 있다.

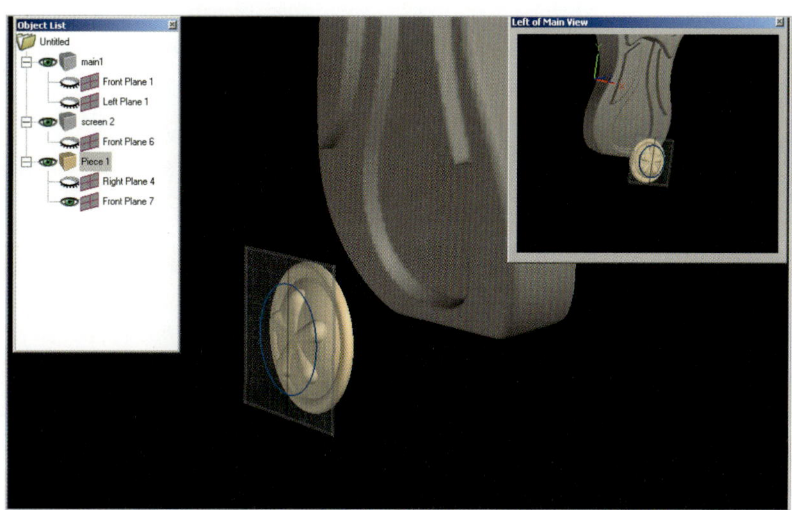

모델과 스피커 사이에 공간이 있다.

01 >> Object List에서 스피커를 하이라이트하고 단축 메뉴에서 Reposition을 선택한다.

02 >> PHANTOM 커서로 스티커를 붙잡아 무선 전화기의 몸체에 평평하도록 이동시켜 중심을 일치시킨다.

부품을 보다 정확하고 쉽게 이동하기 위해 Dynabar에서 위치 명령어들을 이용한다. 다 되었으면 스피커는 최종 위치에 놓이게 된다. 위의 그림들이 참고가 될 수 있다.

> **Note** 일단 스피커 위치를 이동했으면 다른 부품의 작업 공간들은 더 이상 동일하지 않다.

36 작업 공간의 크기 조절

01 >> 또 다른 새 부품을 만든다.

02 >> 새 부품의 이름은 "antenna"로 한다.

03 >> 새 부품을 위한 Sketch Plane을 만들고 안테나의 윤곽을 Sketch한다. Sketch 곡선이 작업 공간을 벗어난 경우 Sketch Plane이 자동으로 거기에 맞춰 키워짐을 유의한다.

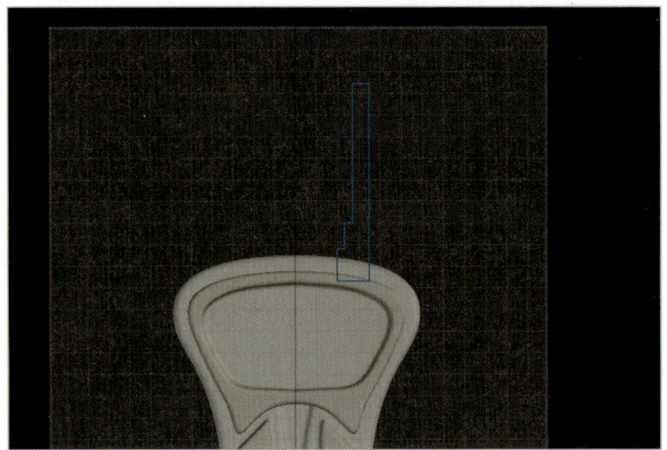

안테나를 만들기 위해 Sketch한다.

Spin을 이용하여 안테나를 만든다. Spin 작업은 이미 배운 방식을 참조한다. 그리고 안테나를 이동시켜 무선 전화기에 결합한다. 이를 위해서는 Object list 서브 메뉴로부터 Reposition 명령어를 사용한다. 다음 그림을 참고한다.

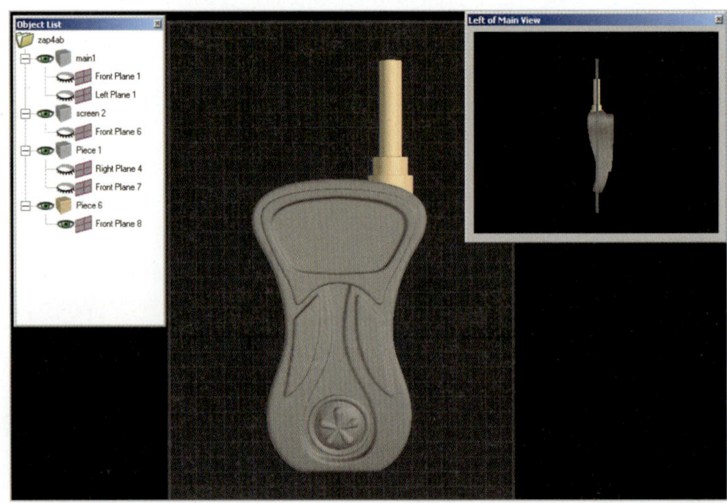

Spin 명령어를 이용해 안테나를 만든다.

37 버튼 부품

01 >> 지난번과 마찬가지로 새로운 부품을 생성한다.

02 >> 그림처럼 워키토키에 버튼 부품을 Add Clay로 추가한다.

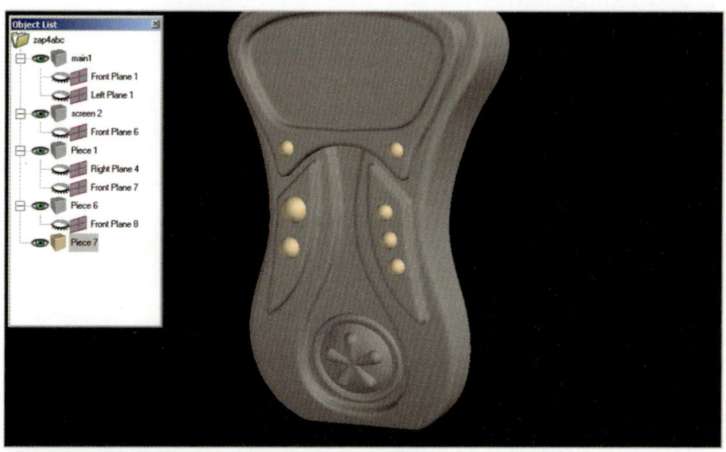

Add Clay로 버튼 만들기

38 명판을 엠보싱하기

Emboss with Image 기능을 이용하여 "Zap" 이름을 무선 전화기 스크린에 엠보싱한다. 비트맵 파일이 'c: /Program Files /Sensable /Freeform Modeling /Models' 폴더의 Zap_image.BMP로 저장되어 있으니 참조한다.

원하는 경우 다음 그림을 참조하여 높이, 넓이, 깊이 값을 동일하게 준다. 또한 엠보싱 전에 스크린의 Clay 거칠기를 보다 높여줄 수 있다. Custom Clay(0.2mm) 거칠기를 사용했다.

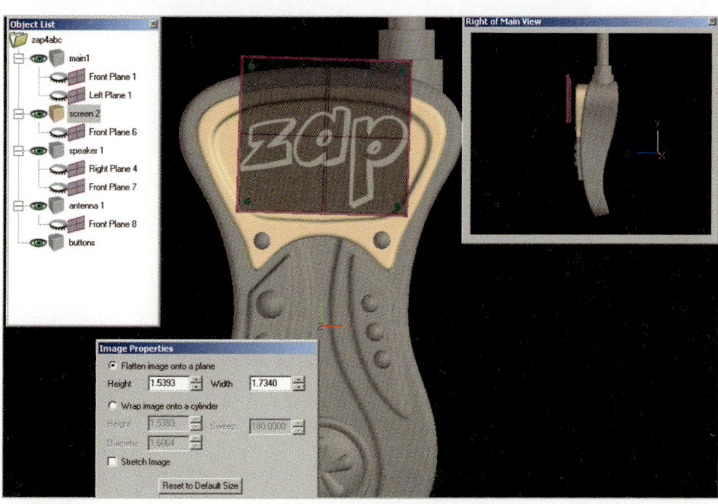

"Zap" 이미지 파일을 불러낸다.

39 그루브

본 실습의 마지막 단계로 무선 전화기의 본체 측면에 홈을 만들기 위해 Groove 명령어를 사용한다.

01 >> Object list에서 메인 부품을 선택하여 활성화시킨다.

02 >> Curve ⊙을 선택해서 활성화시키고 홈이 파질 길을 모델 측면에 커브로 그려 놓는다. 커브를 완성했으면 키보드에서 E를 누르거나 Dynabar에서 End Curve ⊙ 버튼을 누른다.

> **Note** 커브의 한쪽 끝은 반드시 프로파일 가까이 있어야 된다. 프로파일과 커브의 시작점 사이의 거리가 너무 떨어지면 FreeForm은 그 차이를 인식하지 못해서 커브를 따라 홈이 제대로 만들어지지 않는다.

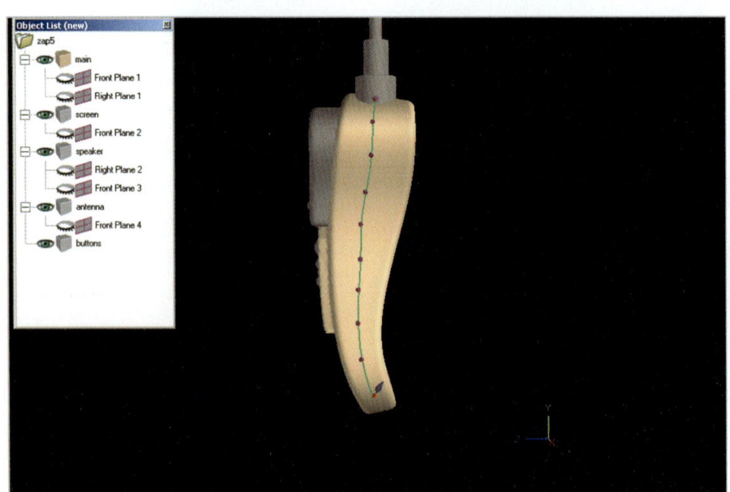

groove를 하기 위한 커브 그리기

03 >> Construct 도구모음에서 Groove ▨ 아이콘을 선택한다.

04 >> 몸체 측면에 그려 놓은 커브를 선택한다. PHANTOM 커서를 가까이 가져가면 하이라이트 되는데 이때 Stylus 버튼을 클릭하면 된다.

05 >> Groove할 값을 PHANTOM DEVICE를 이용하여 결정한 후 클릭하거나 아래의 수치창에 값을 입력한다.

06 >> Groove할 형태를 아래 Dynabar에서 고른 뒤 Cut inside ▨ 버튼을 누른다. FreeForm은 커브를 따라 홈을 만들어 준다.

홈을 만들기 위한 커브를 감추려면 파일 메뉴에서 View ➡ Curves ➡ Hide and Show를 클릭하거나 Tool 메뉴에서 Utility 탭의 Hide/Show Curves 아이콘을 클릭한다.

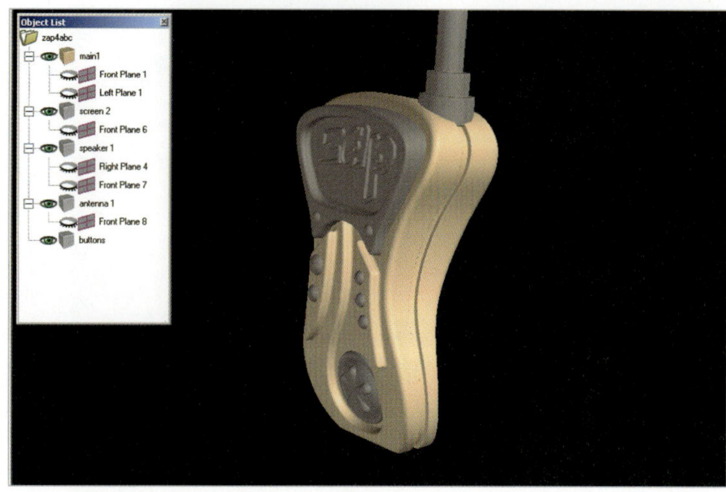

groove한 모습

끝으로 메인 부품을 대칭 복사한다.

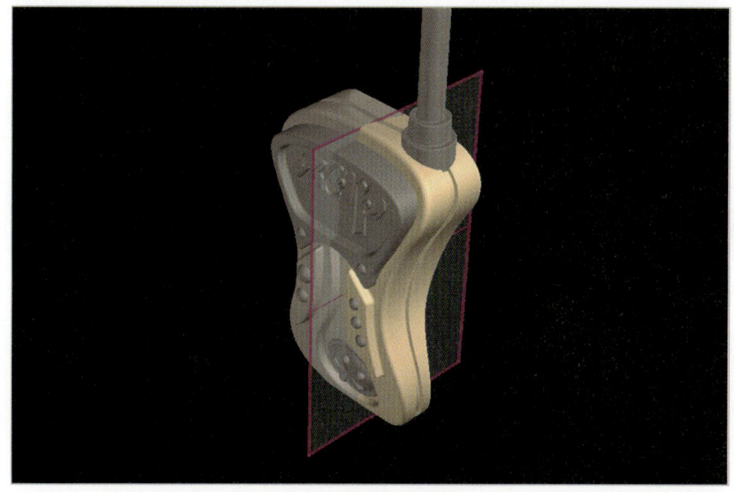

groove를 Mirror한다.

언뜻 생각할 때 대칭 복사하면 워키토키가 대칭 형상으로 되고 한쪽에 있는 상세 설계들이 모두 사라질 것 같지만 사실은 부품들을 가지고 모델링하면 오직 활성화된 부품만 대칭 복사되고 나머지 부품들은 영향을 받지 않는다.

최종 완성된 모델의 그림은 다음 그림과 같다.

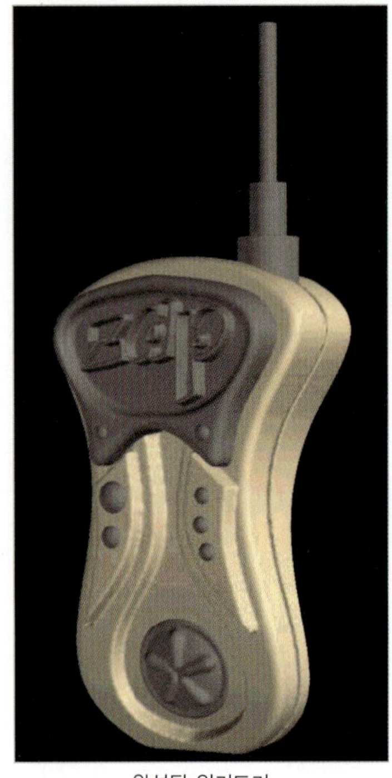

완성된 워키토키

5-5 ## Alaris30 네트워크 연결하기

❶ Alaris30 컴퓨터와 Workstation 네트워크 연결하기

❶ Alaris30 Printer와 Workstation 전원을 켠다.
– Alaris30 Printer 주전원은 본체 뒷부분에 있다.
– Workstation 컴퓨터의 주전원을 켠다.

❷ Alaris30 Printer와 Workstation 네트워크 연결 설정 방법

• **Workstation** "Computer Name", "Workgroup" 확인하기

❶ Workstation 컴퓨터 바탕화면에 있는 "My Computer" 아이콘을 마우스 오른쪽 버튼으로 클릭한 후 활성화되는 메뉴 창에서 "Properties"을 클릭하면 "시스템 등록 정보"를 확인할 수 있다.

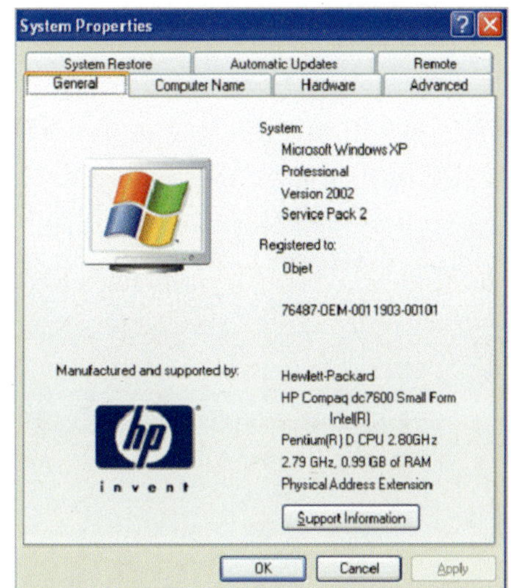

01 >> 'Computer Name' 탭을 클릭한다.

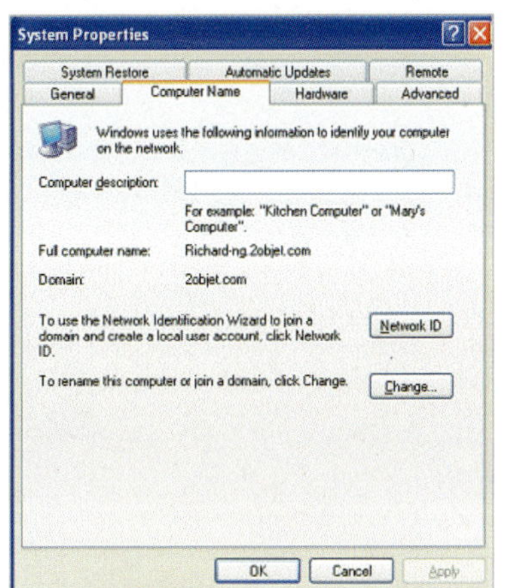

02 >> [Change..]를 클릭한다. 'Computer Name Changes' 창이 열린다.

03 >> 'Computer Name' 과 'Workgroup' 을 적어 둔다.

04 >> 'Computer Name Changes' 에서 [Cancel]를 클릭한다.

05 >> 'System Properties' 에서 [Cancel]를 클릭한다.

• Alaris30 컴퓨터 설정하기

01 >> Alaris30 컴퓨터 바탕화면에 있는 "My Computer" 아이콘을 마우스 오른쪽 버튼으로 클릭한 후 활성화되는 메뉴 창에서 "Properties"을 클릭하면 "시스템 등록 정보"를 확인할 수 있다.

02 >> 'Computer Name' 탭을 클릭한다.

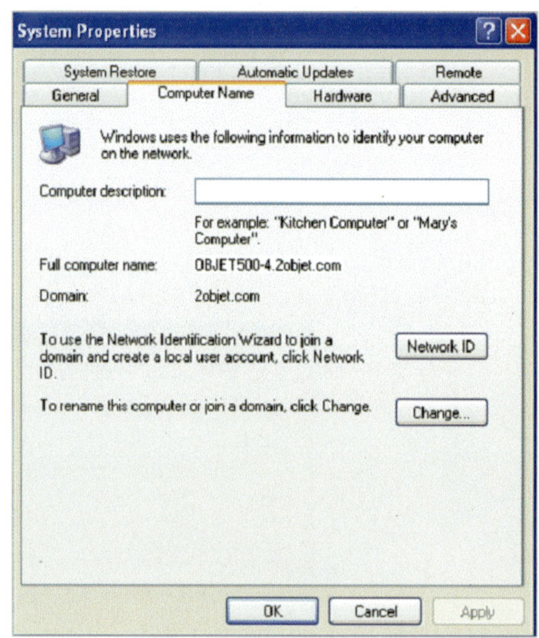

03 >> [Change..]를 클릭한다. "Computer Name changes" 창을 확인할 수 있다.

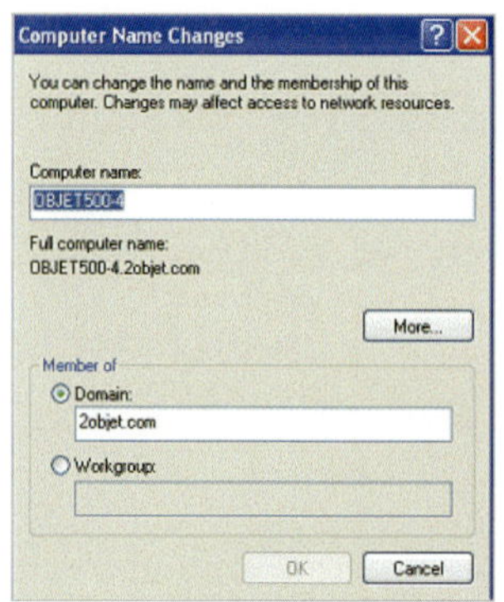

04 >> "Workgroup"을 선택한다.

05 >> Workstation "작업 그룹"을 확인 후 "Workgroup"에 똑같이 작성한다.

06 >> Alaris30 Computer의 "Computer name"부분에 새로운 이름을 작성한다.

07 >> [OK]를 클릭하면 새로운 workgroup 시작하겠다는 창을 확인할 수 있다.

08 >> [OK]를 클릭하면 컴퓨터를 다시 시작해야 변경사항이 적용된다는 메시지를 확인할 수 있다.

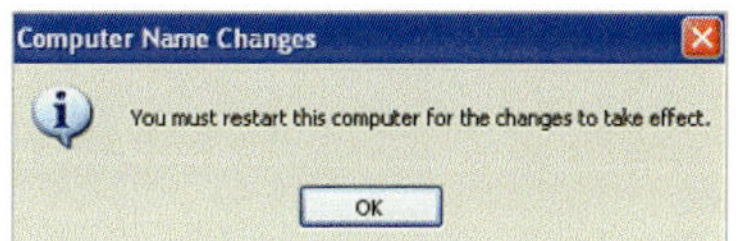

09 >> [OK]를 클릭한다.

10 >> [OK]를 클릭한다.("Computer Name Changes" 창) 그러면 "System Setting Change" 창을 확인할 수 있다.

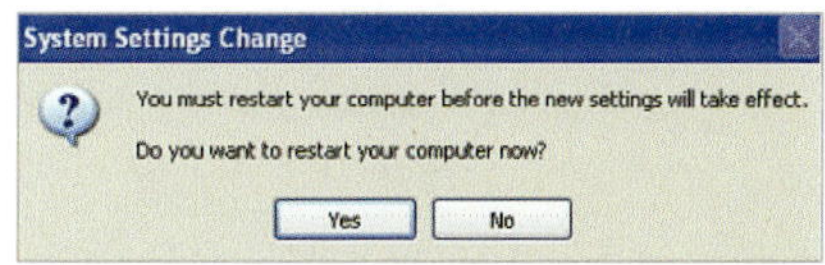

11 >> [YES]를 클릭한다. Alaris 30 Computer 재부팅을 하게 된다.

12 >> "My Network Places" 아이콘을 마우스 오른쪽 버튼으로 클릭하면 활성화되는 메뉴 창에서 "Properties"을 클릭하면 "Network Connections" 창을 확인할 수 있다.

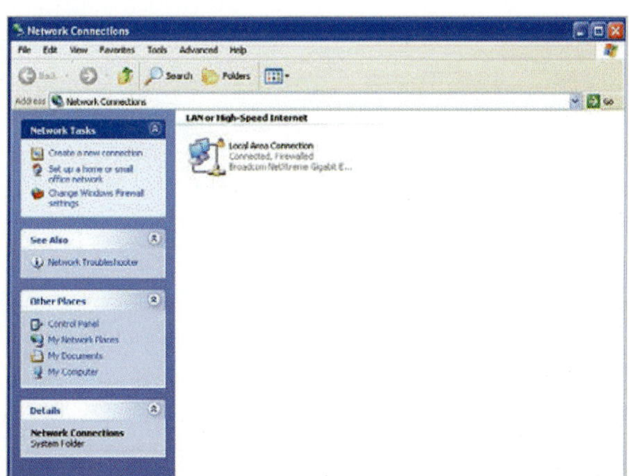

13 >> "Local Area Connection" 아이콘을 마우스 오른쪽 버튼으로 클릭한 후 활성화되는 메뉴 창에서 "Properties"을 클릭하면 "Local Area Connection Properties" 창을 확인할 수 있다.

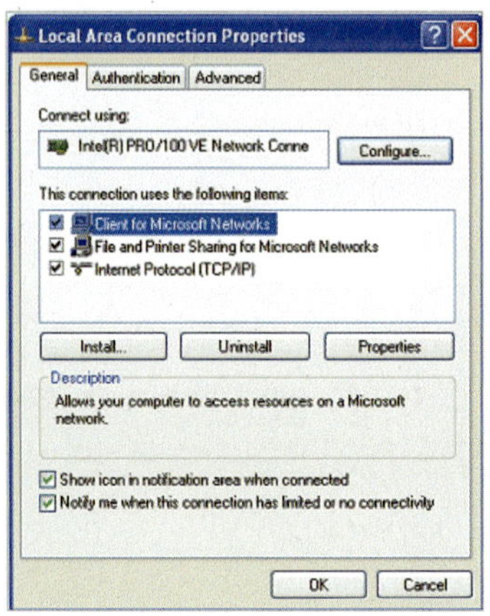

14 >> "Internet Protocol (TCP/IP)" 메뉴를 선택하고 "Properties"를 클릭한다. "Internet Protocol (TCP/IP) Properties" 창을 확인할 수 있다.

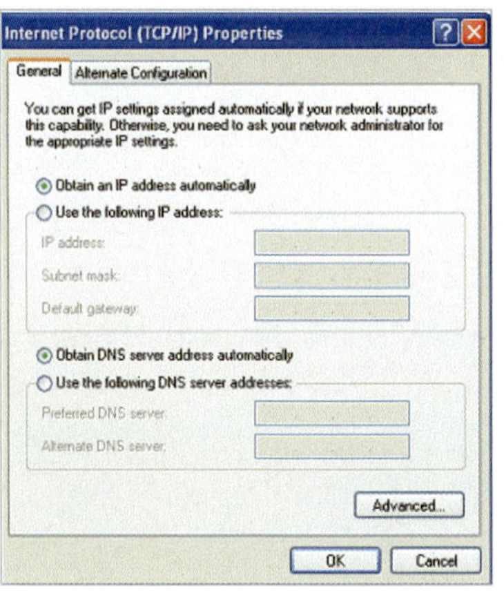

15 >> "Use the following IP address"를 선택한다.

16 >> IP address : 10.10.20.2
Subnet mask : 255.255.255.0
Default gateway : 10.10.20.1
(Alaris30 Computer 세팅 값)

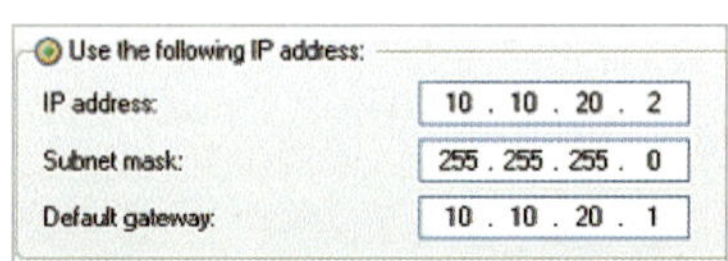

Alaris30 Computer IP address 데이터 값

17 >> [OK]를 클릭한다.

18 >> [Close]를 클릭한다. ("Local Area Connection Properties" 창)

19 >> [Close]를 클릭한다. ("Network Connections" 창)

③ Workstation 세팅하기

01 >> Windows "시작" 메뉴에서 "제어판"을 선택한다. 제어판 창에서 "네트워크 연결" 아이콘을 클릭한다.

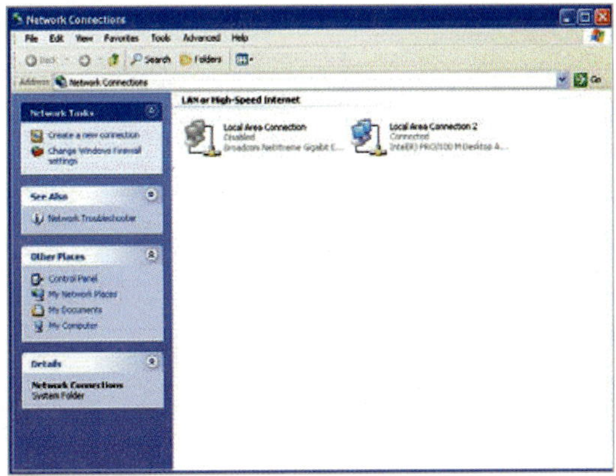

02 >> "로컬 영역 연결(네트워크 케이블 언 플러그 됨)" 아이콘을 마우스 오른쪽 버튼으로 클릭하면 활성화되는 메뉴 창에서 "속성"을 클릭한다. 그러면 "Local Area Connection Properties" 창을 확인할 수 있다.

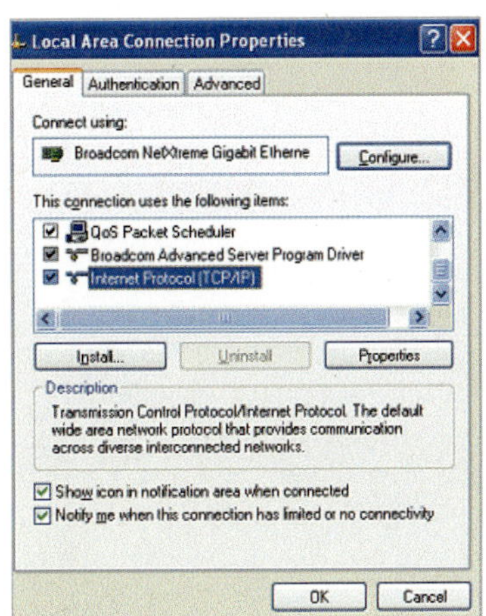

03 >> "Internet Protocal(TCP/IP)" 항목을 선택하고 "Properties"을 클릭한다.
"Internet Protocal(TCP/IP) Properties" 창을 확인할 수 있다.

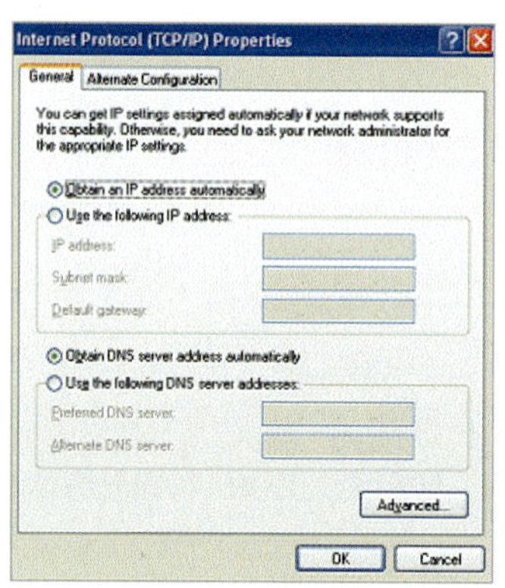

04 >> "Use the following IP address"를 선택한다.

05 >> IP address : 10.10.20.1
Subnet mask : 255.255.255.0
Default gateway : 10.10.20.2

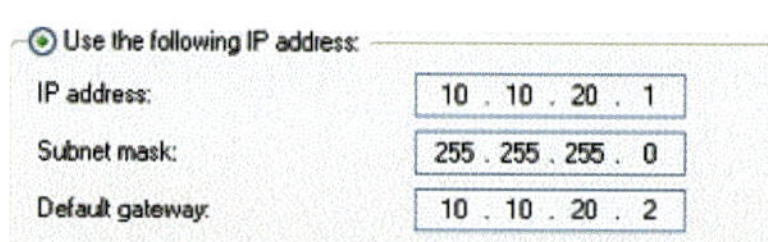

Workstation IP 주소 데이터 값

06 >> [OK]를 클릭한다.

07 >> [Cancel]를 클릭한다. ("Local Area Connection Properties" 창)

4 방화벽 사용 안 하기

01 >> Windows "시작" 메뉴에서 "제어판"을 선택한다. 제어판 창을 확인할 수 있다.

02 >> "Windows 방화벽" 아이콘을 클릭한다.
Windows 방화벽 창을 확인할 수 있다.

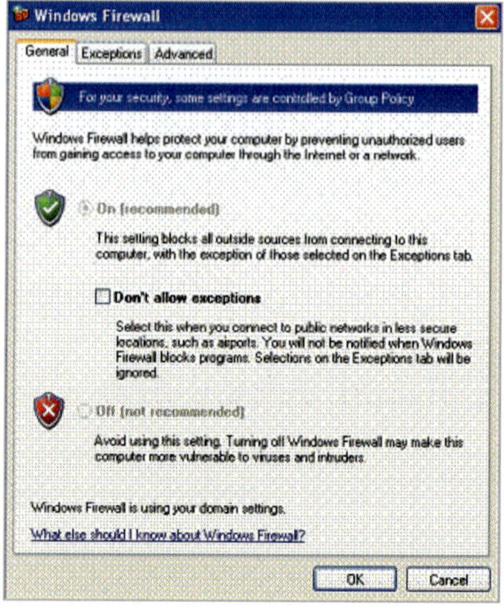

03 >> "사용 안 함"을 선택한다.

04 >> [OK]를 클릭한다.

05 >> "제어판" 창을 닫는다.

06 >> Workstation을 다시 시작한다.

5 네트워크 연결 상태 확인하기

01 >> (Workstation) Windows "Start" 메뉴에서 "run"을 선택한다.

02 >> "open" 입력란에 cmd를 입력하고 [OK]를 클릭한다.

03 >> ipconfig을 입력하고 Enter 키를 누른다. 그러면 IP 주소 정보가 표시되어야 한다.

IP 주소 정보 (예)

04 >> ping 10.10.20.1를 입력하고 Enter 키를 누른다. 회신을 받았을 경우 네트워크가 연결되었음을 확인할 수 있다.

Workstation과 Alaris30 Printer 간의 통신 (예)

05 >> ping 10.10.20.2를 입력하고 Enter 키를 누른다. 회신을 받았을 경우 Workstation 과 Alaris30 Printer 통신 상태를 확인할 수 있다.

06 >> ping 컴퓨터 이름(alaris30_name)을 입력하고 Enter 키를 누른다. 회신을 받을 경우 컴퓨터 이름을 Alaris30 Printer ping 명령어로 인식하고 있음을 알 수 있다.

• Alaris30 Computer에서 확인하기

01 >> (Alaris30 Computer) Windows "Start" 메뉴에서 "run"을 선택한다.

02 >> "open" 입력란에 cmd를 입력하고 [OK]를 클릭한다.

03 >> ping 컴퓨터 이름(Hostname)을 입력하고 Enter 키를 누른다. 회신을 받을 경우 컴퓨터 이름을 Workstation ping 명령어로 인식하고 있음을 알 수 있다.

6 Windows 자동 업데이트 사용 안 하기

01 >> (Workstation) Windows "Start" 메뉴에서 "제어판"을 선택한다.

02 >> "자동업데이트(Automatic Updates)" 아이콘을 클릭한다.

03 >> "Turn off Automatic Updates"를 선택한다.

04 >> [OK]를 클릭한다.

7 전원 옵션 사용 안 하기

01 >>   (Workstation) Windows 바탕화면에서 마우스 오른쪽 버튼을 클릭하면 활성화되는
메뉴 창에서 "Properties"를 클릭한다. 그러면 "Display Properties" 창을 확인할 수 있다.

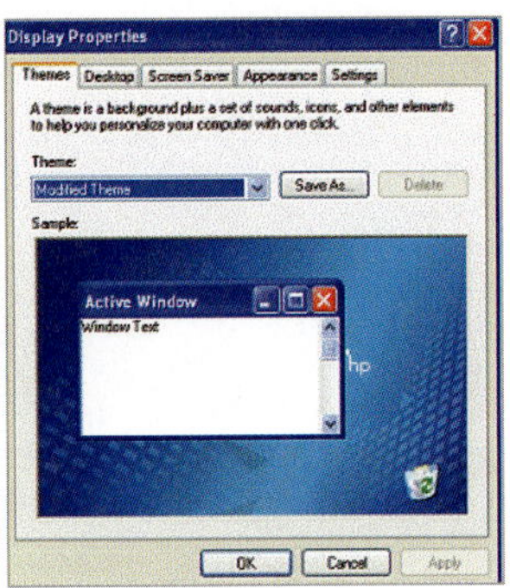

02 >>   "Screen Saver" 탭을 선택한다.

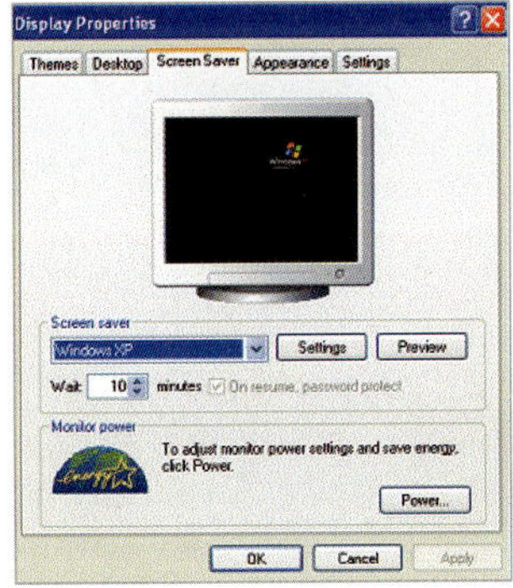

03 >>   "Power"를 선택한다("Moniter Power" 메뉴에 있음). "Power Option Properties"
창을 확인할 수 있다.

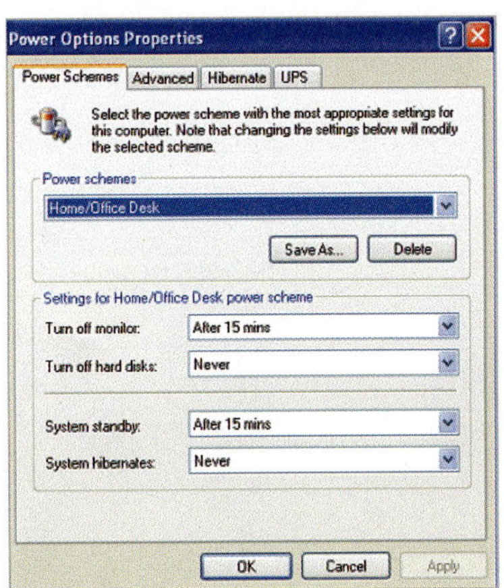

04 >> "항상 켜기"를 선택한다.("Power Schemes" 메뉴에 있음)
"항상 켜기 전원 구성표 설정" 데이터 값

하드 디스크 끄기 : 사용 안 함
시스템 대기 모드 : 사용 안 함
시스템 최대 절전 모드 : 사용 안 함

3D 스캐닝
역설계와 쾌속가공

2011년 1월 10일 인쇄
2011년 1월 15일 발행

저자 : 이해원
펴낸이 : 이정일

펴낸곳 : 도서출판 **일진사**
www.iljinsa.com

140-896 서울시 용산구 효창동 5-104
대표전화 : 704-1616, 팩스 : 715-3536
등록번호 : 제 3-40호(1979. 4. 2)

값 24,000원

ISBN : 978-89-429-1196-7

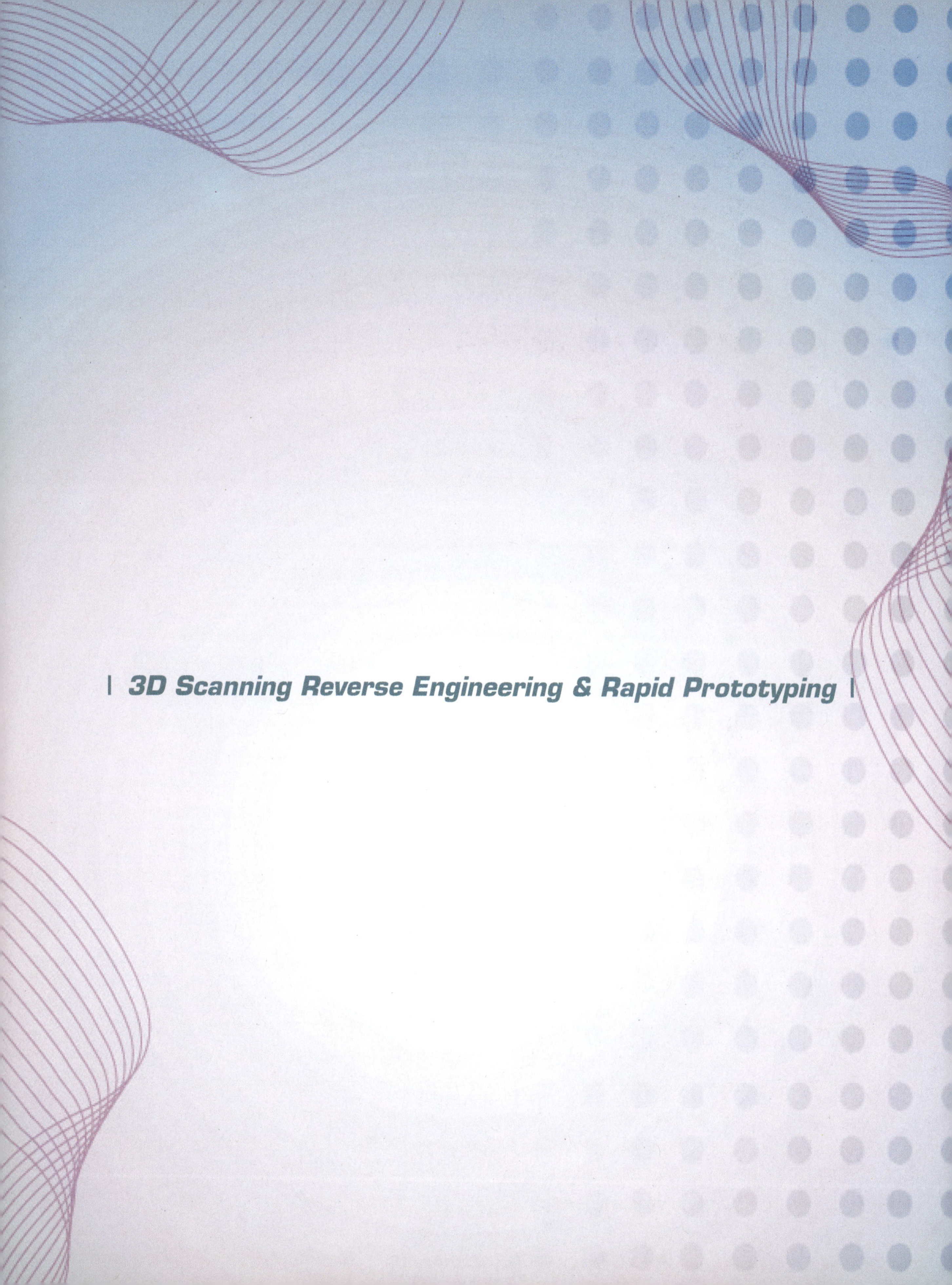
| 3D Scanning Reverse Engineering & Rapid Prototyping |